普通高等教育"十三五"规划教材

中国石油和石化工程教材出版基金资助项目

U0382992

润滑油工业生产原理

宋　军　编著

中国石化出版社

内 容 提 要

  本书系统阐述了润滑油基础油生产的原理和过程。主要内容包括：润滑油的基础知识；传统"老三套"以及加氢法生产矿物润滑油基础油工业装置的生产原理、工艺流程、主要设备及操作注意事项等相关知识；合成润滑油基础油的种类、生产过程；润滑油添加剂的种类和作用机理；润滑油调和的机理、工艺。

  本书可作为高等院校化学工程与工艺、精细化工、应用化学等专业的本科学生以及高等职业技术教育学生的教材，也可作为广大从事润滑油研发、生产的科技工作者和石油产品经销人员的参考书。

图书在版编目（CIP）数据

  润滑油工业生产原理／宋军编著. —北京：中国
石化出版社，2019.1
  普通高等教育"十三五"规划教材
  ISBN 978-7-5114-5199-6

  Ⅰ. ①润… Ⅱ. ①宋… Ⅲ. ①润滑油-生产工艺-高
等学校-教材 Ⅳ. ①TE626. 3

  中国版本图书馆 CIP 数据核字（2019）第 026056 号

  未经本社书面授权，本书任何部分不得被复制、抄袭，或者以任何
形式或任何方式传播。版权所有，侵权必究。

中国石化出版社出版发行
地址：北京市朝阳区吉市口路 9 号
邮编：100020 电话：(010)59964500
发行部电话：(010)59964526
http://www.sinopec-press.com
E-mail：press@sinopec.com
北京柏力行彩印有限公司印刷
全国各地新华书店经销

*

787×1092 毫米 16 开本 12 印张 298 千字
2019 年 3 月第 1 版 2019 年 3 月第 1 次印刷
定价：40.00 元

前　　言

　　两个作相对运动的物体表面都会产生不同程度的摩擦，摩擦会产生磨损和热，即摩擦是客观存在，磨损是摩擦的必然结果，而润滑是降低摩擦、减轻磨损、节能降耗的有效技术措施。

　　20世纪上半叶，经过两次世界大战的洗礼，润滑油工业步入了现代化的里程。发达国家的专家学者在他们的专著中描述了当时润滑油工业体系的形成和生产工艺。目前，世界润滑油工业无论在制造技术、生产规模、品种质量以及应用技术上，都有了很大发展和创新。我国润滑油工业起步较晚，经过几十年的探索，获得了长足的进步，已跻身于世界矿物润滑油生产大国的行列。培养我国现代化的炼油工业需要的后备技术人员一直是石油高等院校的重要工作，而"润滑油加工与利用"是化学工程和相关专业学生的一门重要的专业基础课。

　　在多年的教学过程中，笔者发现，虽然有关润滑油及其添加剂方面的专著、教材已不少，但这些书往往侧重于某一方面的论述，而能够系统地反映本门专业课内容、并与高等院校教学大纲及教学学时相适应的教材却没有，学生亟需一本能够系统全面了解润滑油相关知识的教科书。《润滑油工业生产原理》正是为了适应这一要求，并结合化学工程与工艺、应用化学等专业的实际需要，在广泛参考相关资料的前提下，以讲稿为主线，经提炼、修改完善而编撰成书的。

　　本书共分6章，内容涵盖润滑油基本知识、润滑油基础油生产工艺、润滑油添加剂及润滑油的调和等内容。通过本教材的学习，能够使读者对滑油润滑油的工业生产过程、原理有较系统、全面的了解。本书可作为高等院校教材，亦可作为石油化工、润滑油行业等有关工程技术人员、管理人员的参考书。

　　本书在编写过程中参考并引用了有关图书文献资料，在此特向作者表示衷心的感谢！

　　由于编者能力和水平有限，书中难免存在疏漏和不妥之处，敬请广大读者和专家不吝赐教，指点谬误，在此亦表谢忱！

目　　录

第1章　润滑油基础知识

世界能源的 1/3~1/2 最终以各种不同形式的摩擦消耗掉，因此，降低机械的摩擦损失，对节约能源至关重要。为了减小机械的摩擦和磨损，必须对机械表面的性状、摩擦和磨损的情形进行研究。

1.1　摩擦、磨损与润滑

1.1.1　摩擦

1. 摩擦的定义

相互接触的物体在相对运动时或具有相对运动的趋势时，接触面间所产生阻碍其相对运动的阻力称为摩擦力，发生的现象则称为摩擦。

互相接触的物体相对运动时产生的摩擦现象，在生产实践中早就被人们注意到。早在 1519 年，达·芬奇就正确地阐述了有关摩擦力的概念。1699 年，法国工程师阿蒙顿归纳了两条有关摩擦的基本定律：第一，摩擦与两物体的接触面的大小无关；第二，摩擦阻力与垂直负荷成正比。

根据此定律得出摩擦力与负荷的关系：

$$\mu = F/P \tag{1-1}$$

式中　μ——摩擦系数；

　　F——摩擦力，N；

　　P——摩擦面上的垂直负荷，N。

在一定条件下，摩擦系数 μ 是一个常数，但摩擦系数与摩擦接触表面积、摩擦表面的材料、摩擦的种类和摩擦表面的加工精度等有关。如两块铜材在空气中的摩擦系数约为 0.6，石墨与石墨的摩擦系数在不太干燥的空气中约为 0.1，在很干燥的空气中超过 0.5。

摩擦现象是在两个摩擦表面之间产生的，摩擦力的大小与摩擦表面的相互作用有密切的关系。

2. 摩擦的作用

在许多场合，摩擦对人类有利。比如，人们依靠摩擦来拿起和握住物品，房间内的家具依靠与地面的摩擦而保持在固定的位置，水龙头利用摩擦力而拧紧，钉子依靠摩擦力而固定在木材中以及人们生活中用刷子洗刷掉衣服上的污渍等。

3. 摩擦的危害

在更多的情况下，摩擦是一个有害的因素，需要采取一定的措施进行限制，这在机械行业是一个十分普遍的问题。摩擦产生的危害主要体现在以下几个方面。

①在机械运转中造成大量的功率损耗，有时甚至能占功率消耗的 50%~70%。

②摩擦会造成机械的严重磨损，特别是机械的研磨性磨损，从而导致机械的迅速损坏。

③机械在摩擦过程中会放出大量的热，使摩擦面温度急剧升高，降低了机件的机械强度，破坏其正常配合。

④在极端的干摩擦情况下，突出的接触点在高负荷和高温的作用下，会出现粘连现象，以至于机械被迅速熔融而烧毁。

除了传动皮带、摩擦轮等部件外，一般的机械部件都要求减小摩擦和磨损，以保证机械的正常、高效运转。

摩擦对人们的生活既有利又有害，这是一个客观规律。只要认真研究和了解摩擦的原因，并采取相应的措施，就能达到利用摩擦为人类造福和控制、减缓摩擦，提高机械效率，延长机器零件使用寿命的目的。

4. 摩擦产生的原因

当两个金属表面被负荷压紧并发生相对运动时，阻碍运动进行的阻力就是产生摩擦的根本原因。

（1）机械啮合

机械啮合由物体表面不平滑的凸起部分阻挡相互的运动而产生。任何实际存在的表面都不是绝对平滑的，一般都留有加工的痕迹，即使经过精密的加工，如研磨，其表面也只是相对光滑些，绝对光滑的表面是不存在的。

即使加工很"光滑"的零件表面，在显微镜的观察下也是凸凹不平的，有如地球表面的地貌一样，布满了高山和深谷。零件表面的这种凸凹不平的几何形状，称为表面形貌。

（2）摩擦副表面产生的热量

当表面发生相对运动时，由于所有摩擦作用都发生在很小的实际接触面上，因此支撑点附近的表面温度会迅速升高，产生的热量造成局部的软化和熔化而使黏结力增大。因此发生相对运动特别是高速运动时撕裂黏结点要消耗更多的动力。

（3）摩擦副相互接触部分的分子间引力

实践表明，摩擦力不一定随摩擦副表面的粗糙度降低而减小，有时反而增大。这是因为表面越光滑，相互接触的部分越多，分子间引力产生的摩擦阻力也越大。

5. 摩擦的分类

摩擦的现象极为普遍，种类很多，根据对摩擦现象观察和研究的依据不同，可将摩擦划分为不同的类型。摩擦的分类通常按摩擦副的运动状态、运动形式和润滑状况来划分。

（1）按摩擦副的运动状态分类

按摩擦副的运动状态分类，摩擦可分为静摩擦和动摩擦两种。

①静摩擦。当物体在外力作用下对另一物体产生微观弹性位移，但尚未发生相对运动时的摩擦称为静摩擦。在相对运动即将开始瞬间的静摩擦即最大静摩擦，又称极限静摩擦。

此时的摩擦系数，称为静摩擦系数。

②动摩擦。当物体在外力作用下沿另一物体表面相对运动时，产生的摩擦称为动摩擦。两物体之间具有相对运动时的摩擦系数，称为动摩擦系数。

静摩擦小于极限静摩擦，而动摩擦则一般大于极限静摩擦。

（2）按摩擦副的运动形式分类

按摩擦副的运动形式分类，摩擦可分为滑动摩擦、滚动摩擦和自旋摩擦三种。

①滑动摩擦。一个物体在另一个物体上滑动时产生的摩擦称为滑动摩擦。如机床导轨的往复运动、曲轴在轴瓦套中的转动和活塞在汽缸内的运动等。

②滚动摩擦。圆柱形或球形的物体在另一物体上滚动时产生的摩擦称为滚动摩擦。如滚珠或滚柱在轴承中滚动等。

③自旋摩擦（转动摩擦）。物体沿垂直于接触表面的轴线作自旋运动时的摩擦，称为自旋摩擦。在分类时有时不作为单独的摩擦形式出现，以摩擦力矩来表征。

6. 减小摩擦的措施

众所周知，减小摩擦的有效措施包括减小摩擦副间的压力及提高加工精度，降低摩擦面的粗糙程度。但是前者受制于机械构造和实际工况；而通过提高摩擦副间的光滑程度减小摩擦的效果也是有限的。前已述及，即使很"光滑"的摩擦面，在微观形貌上也是凸凹不平的，对于加工过于光滑的零件，摩擦面间突出的接触点的数量增多，分子或原子间的引力增大，导致相对运动时的摩擦阻力增大。实践证明，在很多情况下，采用润滑剂把两个摩擦面隔开（或部分隔开）是降低摩擦、减少磨损最行之有效的措施。

1.1.2 磨损

1. 磨损的原理

（1）磨损的定义

两个物体作相对运动时，在摩擦力和垂直负荷的作用下，摩擦副的表层材料不断发生损耗的过程或者产生残余变形的现象称为磨损。

磨损是摩擦副运动所造成的，即使是经过润滑的摩擦副，也不能从根本上消除磨损。特别是在机械启动时，由于零件的摩擦表面上还没有形成油膜，就会发生金属间的直接接触，从而造成一定的磨损。

（2）磨损的危害

摩擦副材料表面磨损后，往往造成设备精度丧失，需要进行维修，造成停工损失、材料消耗与生产率降低，尤其在现代工业自动化、连续化的生产中，由于某一零件的磨损失效甚至会影响到全线的生产。磨损是机械运转中普遍存在的一种现象，人们必须对磨损现象不断进行研究，寻求提高零件耐磨性和使用寿命以及控制磨损的措施，才能减少制造和维修费用。

（3）磨损过程的三个阶段

机械摩擦副的磨损随使用时间的不同而不同。摩擦副从开始使用到完全失效的磨损过程大致可分为三个阶段，即跑合阶段、稳定磨损阶段和急剧磨损阶段，如图1-1所示。

①跑合阶段。跑合阶段又称磨合阶段，摩擦副在使用初期，在载荷的作用下，摩擦表面逐渐被磨平，实际接触面积逐渐增大，磨损速度开始很快，然后减慢，见图1-1中的 oa 段。

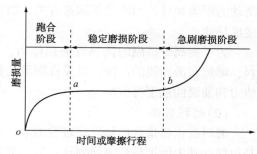

图1-1 磨损过程的三个阶段

②稳定磨损阶段。经过跑合阶段的磨合，摩擦表面硬化，微观几何形状改变，从而建立了弹性接触的条件，这时磨损已经稳定下来，磨损量与时间成正比缓慢增加，见图 1-1 中的 ab 段。

③急剧磨损阶段。经过较长时间的稳定磨损之后，由于摩擦表面之间的间隙和表面形状的改变，以及产生金属晶格疲劳等情况，磨损速度急剧加快，直至摩擦副不能正常运转。当摩擦副工作达到这一阶段时，机械效率下降，精度降低，出现异常的噪声及振动，最后导致零件完全失效。

从磨损过程的变化来看，为了提高机械零件的使用寿命，应尽量延长稳定磨损阶段。但是，恶劣条件下的磨合磨损之后，可能会直接进入急剧磨损阶段，不能建立正常工作条件。

因此，对于新的机械设备保证良好的磨合是非常重要的。实践证明，良好的磨合能够使摩擦副的正常工作寿命延长 1~2 倍，而且还能有效地改善摩擦副的其他性能。例如对于滑动轴承，良好的磨合可改善表面形貌，更有利于建立流体动压润滑膜；发动机的合理磨合可提高汽缸活塞环的表面品质，减少擦伤痕迹，提高密合性，使发动机的耗油量降低。

良好的磨合性能表现为磨合时间短，磨合磨损量小，以及磨合后的表面耐磨性高。为了提高磨合性能，一般可选择合理的磨合规范。合理的磨合规范应当是逐步地增加载荷和摩擦速度，使表面品质得到改善，磨合的最后阶段应当接近使用工况。

2. 磨损的分类

根据磨损产生的原因和磨损过程的本质，磨损主要可分为四种类型，即黏着磨损、磨料磨损、疲劳磨损和腐蚀磨损。

（1）黏着磨损

当摩擦副接触时，由于表面不平发生点接触，在相对滑动和一定载荷作用下，在接触点发生塑性变形或剪切，使其表面膜破裂，摩擦表面温度升高，严重时表层金属会软化或熔化，此时，接触点产生黏着。在摩擦滑动中，黏着点被剪断，同时出现新的黏着点，如果黏着点被剪断的位置不是原来的交界面，而是在金属表层，则会造成材料的消耗，即黏着磨损。

根据黏着程度不同，黏着磨损情况也有差异。若剪切发生在黏着结合面上，表面转移的材料极轻微，则称"轻微磨损"；若剪切发生在摩擦副一方或两方金属较深的地方，称为"撕脱"，在一些高负荷的摩擦副表面可以看到这种现象。黏着磨损的磨损量与载荷大小、滑动的距离和材料的硬度等因素有关，通常与载荷大小和滑动的距离成正比，与材料的硬度成反比。

为了提高摩擦副的抗黏着磨损能力，通常可以使用不易相互黏附的金属作摩擦副材料，增加润滑油膜的厚度，以及在润滑油脂中加入油性和极压添加剂，提高润滑油的吸附能力和油膜的强度等方法。

（2）磨料磨损

磨料磨损是指硬的物质使较软的金属表面擦伤而引起的磨损。它包括两种类型，一种是粗糙的硬表面把较软表面划伤；另一种是硬的颗粒在两摩擦面间滑动引起摩擦副表面的划伤。

对于第一种情况，摩擦表面的磨损主要与材料表面的粗糙程度和两表面硬度的差异相关。一般来讲，材料表面的光洁度越高，所造成划伤的情况就越轻微；两摩擦表面的硬度相差越大，就越容易使硬表面将软表面划伤。

硬的颗粒在摩擦面间引起的划伤，往往是因为摩擦面间混入了灰尘、泥沙、铁锈以及发动机中的焦末等，在黏着磨损、腐蚀磨损中产生的颗粒也能引起磨料磨损。磨料磨损是造成摩擦面磨损的一个重要类别。据统计，因磨料磨损而造成的损失，占整个工业范围内磨损损失的50%。因此，对机械摩擦副要特别注意保持摩擦面、润滑系统以及润滑油的清洁，防止混入杂质颗粒。

（3）疲劳磨损

黏着磨损和磨料磨损都是基于摩擦副表面直接接触，相接触的表面出现的材料损耗。金属磨损颗粒尺寸非常小，而且在摩擦副开始工作时就出现。还有一种磨损，在摩擦副工作的初期阶段一般不会发生，而发生在摩擦副经过长时期工作以后的阶段，其摩擦现象是较大的片状颗粒从材料上脱落，在摩擦表面上出现针状或豆瓣状的小凹坑，此磨损类型被称为疲劳磨损。

疲劳磨损通常出现在滚动形式的摩擦机件上，如滚动轴承、齿轮、凸轮以及钢轨与轮箍等。出现疲劳磨损的主要原因是在滚动摩擦面上，两摩擦面接触的部位产生接触应力，表层发生弹性变形，而在内部产生较大的剪切应力。由于接触应力的反复作用，使得金属的晶格结构逐渐遭到破坏，当晶格结构被破坏到使材料承载强度低于载荷应力时，材料将会出现裂纹，而随着摩擦过程的进行，裂纹逐渐扩大，沿着最大剪应力的方向裂纹扩展到材料表面，最终使少量的材料从表面上脱落，在摩擦表面出现豆瓣状凹坑。

对于完善的、无缺陷的金属材料来说，在滚动接触的情况下，损坏的位置决定于出现最大剪应力的位置。如果还伴随着滑动，损坏的位置就移向表面。由于材料很少是完美无缺的，因此，发生损坏的位置就与材料中的杂质、孔隙、细小的裂纹以及其他因素有关。

工作一定时间后开始出现大的磨损碎片是疲劳磨损的特点，摩擦副一旦出现了疲劳磨损，就标志着使用寿命的终结。改善摩擦副的材质、减小接触点的接触应力和采用合适的润滑剂可以延缓疲劳磨损的出现。尤其是高黏度的润滑油不易从摩擦面挤掉，有助于接触区域压力的均匀分布，从而降低了最高接触应力值。例如某单位有两台同型号减速器，其中一台先投入生产，采用30号机械油润滑，运行两个月后出现疲劳磨损；另一台换用28号轧钢机油，由于提高了用油黏度，运行了一年半未出现疲劳磨损。

（4）腐蚀磨损

当摩擦在腐蚀性环境中进行时，摩擦表面会发生化学反应，并在表面上生成反应产物。一般反应产物与表面黏结不牢，容易在摩擦过程中被擦掉，被擦掉反应层的金属可又产生新的反应层，如此循环下去，会造成金属摩擦副材料很快地被消耗掉，这就是腐蚀磨损。由此可见，材料的腐蚀磨损实质是腐蚀与摩擦两个过程共同作用的结果。

根据与材料发生作用的环境介质的不同，腐蚀磨损可分为氧化腐蚀磨损和特殊介质腐蚀磨损。氧化腐蚀磨损是材料与氧气作用而产生的，是最常见的一种磨损形式，它的损坏特征是在金属的摩擦表面沿滑动方向呈匀细磨痕。特殊介质腐蚀磨损是在摩擦过程中，零件受到酸、碱、盐介质的强烈腐蚀而造成的腐蚀磨损。

摩擦副的磨损除以上讨论的几种主要情况外，还有一些其他类型，如微动磨损、冲蚀磨损和热磨损等。微动磨损是两接触表面相对低幅振荡而引起的磨损现象，多发生在机械连接处的零件上。冲蚀磨损是指流体束冲击固体表面而造成的磨损，它包括颗粒束冲蚀、流体冲蚀、汽蚀和电火花冲蚀（如电机上的电刷的冲蚀等）。热磨损是指在滑动摩擦中，由于摩擦区温度升高使金属组织软化，而使表面"涂沫"、转移和摩擦表面的微粒脱落。

1.1.3 润滑

1. 润滑的基本概念

润滑就是通过润滑剂的作用，将摩擦面用润滑剂的液体层或润滑剂中的某些分子形成的表面膜将摩擦面的表面隔开或部分地隔开。润滑条件下，固体表面间的干摩擦转化为润滑剂分子间的摩擦。由于润滑剂分子间的摩擦系数比金属表面的干摩擦系数要小得多，从而达到降低摩擦、节省能耗、减小磨损、延长机械设备使用寿命的目的。

2. 润滑的分类

用润滑剂来隔开摩擦表面，防止它们直接接触，就是通常所说的"机械的润滑"。根据润滑剂在摩擦表面上所形成润滑膜层的状态和性质，润滑分为流体动力润滑、边界润滑、混合润滑和弹性流体动力润滑。

（1）流体动力润滑

通过轴承的转动或摩擦面在楔形间隙中的滑动而产生油压自动形成流体油膜的方式叫做流体动力润滑。流体动力润滑广泛应用于滑动轴承和高速滑动摩擦部件之中，是机械设备中应用最普遍的润滑方式。流体动力润滑的摩擦系数低，通常为 0.001~0.008，是最理想的润滑。

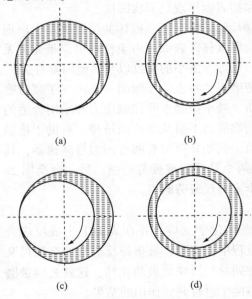

(a)　　　　　　(b)

(c)　　　　　　(d)

图 1-2　滑动轴承的润滑油润滑

一个完全的润滑油油膜是怎样形成的呢？现在我们用滑动轴承的润滑情况为例，来说明油膜的形成过程（见图 1-2）。

轴在转动前的状况如图 1-2 中（a）所示。轴与轴承的底部互相紧挨着，润滑油则介于轴与轴承之间的月牙形缝隙中。当轴开始转动（按箭头所示的方向）时，状况如图 1-2 中（b）所示，由于润滑油受金属表面分子吸引力的作用，在润滑油中的极性分子便会被牢固地吸附在金属表面，形成边界油膜层，随着轴表面移动，而离摩擦面较远的那些未被金属表面吸附的润滑油分子，则依靠润滑油分子之间的黏滞力，被随轴转动的边界油膜层的分子携带着卷入轴与轴承紧挨着的底部，开始将轴与轴承隔开。随着轴转速的加快，由于润滑油分子间内摩擦力的作用，而使更多的润滑油分子被裹携进入轴承底部的狭窄的缝隙中去，在这个过程中形成了一个楔形力，如图 1-2 中（c）所示，把润滑油压入轴与轴承间的底部缝隙。这个力分解为两个分力。一个分力竖直向上，把轴向上抬起，另一个分力沿着水平方向把轴稍稍向后推移。当轴的转速逐渐增加时，轴承底部油膜的厚度也随着增大。当轴的转速达到正常值时，轴与轴承之间的整个环形缝隙中的油膜厚度就逐渐趋于均匀，轴就渐渐地移到轴承的中心并稳定在这个位置上。于是，一个完全的润滑油油膜便建立起来，如图 1-2 中（d）所示，这时，运转中的轴就像浮在"油垫"上一样，完全被油膜托起，并被包围在环形油膜当中。

润滑油在轴与轴承中间能否形成油膜以及形成的油膜厚度如何，一方面取决于轴的工作条件(轴的转速与负荷)，另一方面也取决于润滑油的油性(即润滑油的分子在金属表面的吸附能力)和黏度。黏度、轴的转速和负荷是决定轴承能否形成流体动力润滑的三个因素。三者联系用轴承特性因数 C 表示：

$$C = \frac{\eta N}{P} \tag{1-2}$$

式中　η——润滑油的黏度，mPa·s；

　　　N——轴承转速，r/min；

　　　P——轴单位投影面积上的负荷，MPa。

经验表明，C 的数值较大时，该轴承一般能保持在良好的润滑状态。$C = 500 \sim 600$ 时即能保证可靠的流体动力润滑。

通常情况下，轴的转速及负荷，是由机器的机械性能所决定的。石油的润滑油产品具有一定的油性，还可以加入添加剂以改善其油性。因此，在选择使用润滑油时，需要考虑的主要问题，就是如何根据机器的机械性能来选用具有适宜黏度的润滑油。由上述分析不难看出，选择原则有以下几个方面。

①润滑油黏度随温度增加而减小，所以高温润滑部位应选择黏度大的润滑油。

②负荷较大的部位，应选择黏度大的润滑油。

③转速较快的轴承，应选择黏度小的润滑油，因为转速快容易容易带动润滑油产生较大的油楔力。

④接触面粗糙的机件，一般宜选用黏度大的润滑油，以便形成较厚的油膜，避免金属直接接触。

(2)边界润滑

流体动力润滑必须在润滑油的黏度和机械的转速、负荷、间隙等配合恰当的条件下才能实现。当负荷增大或黏度、转速较低，也就是轴承特性因数 C 太小时，流体动力润滑膜将要变薄，当油膜厚度小于摩擦面的凸峰的高度时，两摩擦面的较高凸峰将会直接接触，其余的地方被一到几层分子厚的油膜隔开，摩擦系数增大，此时，在摩擦面间不能形成流动油膜，但在接触面上有一层极薄的油膜，且依靠特殊的结合力与摩擦面结合在一起形成的表面膜，在一定程度上仍能起到保护表面的作用，即出现能控制住的有限摩擦，这种润滑状态称为边界润滑。形成的膜称为边界膜，边界膜的存在可以避免摩擦件之间的干摩擦，从而显著降低摩擦损耗，大大减少磨损。决定边界润滑摩擦磨损的主要是吸附在固体界面的边界膜的化学特性和摩擦面的性状，而非液体润滑中起重要作用的黏度等因素。边界润滑的摩擦系数大于流体动力润滑的，约为 $0.05 \sim 0.15$。边界润滑具有以下特点。

①金属透过油膜接触或黏结时是发生在一些孤立的点上。

②降低磨损的效果比降低摩擦显著。

③摩擦系数只取决于摩擦表面的性质和边界膜的结构形式，而与润滑剂的黏度无关。

边界润滑状态下，在大部分摩擦面上存在一层与介质性质不同的边界膜，这层薄膜的厚度在 $0.1\mu m$ 以下，并具有良好的润滑性能。边界膜有可能是吸附于摩擦件表面的极性物质所形成的吸附膜，也可能是由摩擦件表面和润滑油添加剂在摩擦产生的高温下形成的反应膜。边界膜的存在可以避免摩擦件之间的干摩擦，从而显著降低摩擦损耗，大大减少磨损。

在边界润滑状态中，边界膜是由润滑剂的极性分子吸附在摩擦表面所形成的，称为吸附膜。根据添加剂的性能不同，边界膜可分为以下三种：

①物理吸附膜。它是润滑油中添加剂的分子借助于范德华力吸附在金属表面上而形成单分子层或多分子层的吸附润滑膜。

它要求添加剂分子必须是极性分子(极性基可与金属以偶极形式吸附)，同时还应有长链烃基(可与油分子凝聚，形成油层)。这种膜温度较高即脱落，只适用于较低温度，产生摩擦热较小的情况，即适用于低速、低负荷的运动机械。

②化学吸附膜。润滑油中添加剂分子具有化学结合力很强的活性键，它与金属表面分子产生化学吸附而形成的吸附膜。

适用于中等负荷、温度和速度条件下边界润滑的条件。这种膜高温即脱落。

③化学反应膜。含硫、磷、氯等元素的润滑油添加剂(极压剂)能与摩擦表面起化学反应，生成一层边界膜，叫化学反应膜。在高温条件下反应生成，比任何吸附膜都要稳定得多。适用于重载、高温、高速。

由于这些反应薄膜的熔点、抗剪强度低，又能降低单位表面的负荷，所以它们能减少金属的黏结、磨损和提高承载能力。

化学反应膜的形成条件：

①添加剂必须具有化学活性；

②金属表面必须是可反应的；

③表面必须有足够的能参与摩擦化学反应的组分。

（3）混合润滑

当 C 小到一定程度，摩擦件之间不能形成连续的流体层，流体动力润滑膜不足以使两个表面隔开，微凸体开始接触，且是间断接触，即出现流体动力润滑和边界润滑兼而有之的情况，可称为混合润滑。

图1-3所示为Stribeck曲线，它表示处于流体动力润滑、边界润滑及混合润滑三种状态下摩擦系数与轴承特性因数 C 之间的关系以及上述三种润滑状态的分区。

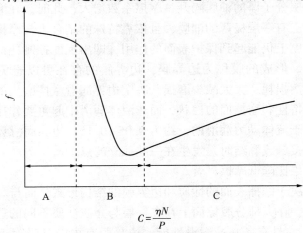

$$C = \frac{\eta N}{P}$$

图1-3　摩擦系数与轴承特性因数之间的关系

A—边界润滑区；B—混合润滑区；C—流体动力润滑区

Stribeck 曲线是轴承特性因数 C 和摩擦系数 f 的关系曲线。若 C 值足够大时就形成了流体动力润滑。这时流体膜的厚度足以将固体表面隔开，没有微凸体的碰撞，完全为液体润滑。这个区域为流体动力润滑区。可以看出一旦形成流体动润滑之后，再增大 C 值，是没有好处的，因为这将使摩擦系数 f 加大，在运动中要增大阻力。

第二区域在图中两条虚线之间，在这个区域内随着 C 值的减小，f 值迅速地增加。这是因为当 C 值小到左边虚线处，开始发生微凸体间的接触。这时摩擦系数由两部分组成，一部分是固体摩擦(或有边界膜存在)的摩擦系数，一部分是液体间的摩擦系数。众所周知，前者比后者大得多。所以当 C 的数值减小时，固体间的接触的份额增大，摩擦系数急剧上升。

第三区域为边界润滑区。当 C 值小到一定程度时，微凸体发生连续的接触，这个区域称为边界润滑区。这时固体间靠金属表面吸附的极性物质润滑，其摩擦系数决定于吸附膜的性质，理论上不受 C 值得影响。

(4)弹性流体动力润滑

但在齿轮、滚动轴承等零件中，两摩擦面的几何形状差别很大，实际接触面较小，因此承受的压力也较高。如所谓"线接触"的齿轮和"点接触"的滚珠轴承，它们的接触面积仅为滑动轴承的千分之几，接触面的平均压力高于滑动轴承的上千倍。在很高的压力下，材料产生的弹性变形和使润滑油黏度增大的影响便不能忽视。在较大压力下，考虑到压力对零件弹性变形和润滑油黏度影响的润滑称之为弹性流体动力润滑。

弹性流体动力润滑常存在于滚珠、滚动轴承或齿轮传动等机件中。由于齿轮、滚动轴承等零件中，两摩擦面的几何形状差别很大，实际接触面较小，因此承受的压力也高。在很高的压力下，材料产生的弹性变形和使润滑油黏度增大，是形成弹性流体动力润滑的两个主要原因。

①弹性变形。图 1-4 表示两个圆柱体接触时的变形及压力分布示意图。其变形区叫赫兹区。赫兹区越靠中心，变形越大，承受压力越大，而越靠近边缘，承受压力越小。

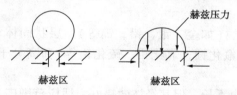

图 1-4　圆柱体接触时的变形及压力分布

②润滑油黏度和压力的关系

$$\eta_P = \eta_0 e^{\alpha P} \tag{1-3}$$

式中　η_P——在压力下的黏度，mPa·s；

　　η_0——在常压下的黏度，mPa·s；

　　P——压强，kgf/cm^2；

　　α——黏度-压力常数，压力的倒数。

α 随油品性质不同而异。在压力为 137.2MPa 时，黏度可增加 10 倍，而在此压力下，润滑油稠得几乎不能流动。这样油品进入赫兹区的边缘以后，随压力增高，油的黏度增加。在高速运动中，接触时间很短，还没来得及将油挤出，接触已经脱离，这就是弹性流体动力润滑膜能够建立的原因。

在弹性流体动力润滑中，由于在很高压力下黏度的增大和表面变平的联合作用，产生了增益效应，使摩擦表面间得以保持住足够厚的油膜，并能在油膜中产生较大的压力，足以和赫兹压力抗衡，保证了油膜不挤出，防止了机件表面的磨损。

3. 润滑材料的分类

按照润滑材料（润滑剂）的物理状态，可分为液体润滑剂、半固体润滑剂、固体润滑剂和气体润滑剂四大类。

（1）液体润滑剂

液体润滑剂是用量最大、品种最多的一类润滑材料，包括矿物润滑油、合成润滑油、动植物油和水基液体等。液体润滑剂的特点是具有较宽的黏度范围，为不同的负荷、速率和温度条件下工作的运动部件提供了较宽的选择余地。液体润滑剂可提供低的、稳定的摩擦系数，低的可压缩性，能有效地从摩擦表面带走热量，保证相对运动部件的尺寸稳定和设备精度，而且多数是价廉产品，因而获得广泛应用。

（2）半固体润滑剂

润滑脂又称为半固体润滑剂，是在常温常压下呈半流动状态并且具有胶体结构的润滑材料。按使用的稠化剂种类不同，润滑脂分为皂基脂、烃基脂、无机脂和有机脂四类。皂基脂中的锂基脂具有多方面的优良性能，产量一般占润滑脂总产量的60%以上。目前使用的润滑剂主要是液体状态的润滑油，润滑脂的产量只占润滑剂总产量的2%左右。润滑脂由具有良好润滑性能的润滑油与具有良好亲油性的碱土金属皂类、膨润土、硅胶脂、有机高分子聚合物等稠化剂形成具有安定网架结构的胶体。

在一些特殊条件下，要求使用润滑脂作润滑剂，例如：某些开放式的润滑部位要求有良好的黏附性，防止润滑剂流失或滴落；在有尘埃、水分或有害气体侵蚀的情况下，要求有良好的密封性、防护性和防腐蚀性；由于运转条件限制要求长期不换润滑油的摩擦部位，以及摩擦部位的温度和速度变化范围很大的机械，往往需要使用耐负荷能力强的润滑脂。其缺点是流动性小，散热性差，高温下易产生相变、分解等。

（3）固体润滑剂

固体润滑剂包括软金属（如金、银、铅、镉等）、层状固体材料（如石墨、二硫化钼等）、其他无机化合物（如氟化锂、氧化铅、硫化铅等）和高分子聚合物（如聚四氟乙烯、聚酰亚胺）四类。

这类润滑材料虽然历史不长，但其经济效果好，适应范围广，发展速度快。润滑油脂的使用温度范围一般在−60～350℃，在此范围之外，固体润滑剂仍可发挥其效能，且固体润滑剂承载能力大，能够适应高压、低速、高真空、强辐射等特殊使用工况，特别适合于给油不方便、装拆困难的场合。其缺点是摩擦系数较高、冷却散热不良、易产生碎屑、噪声和振动等。

（4）气体润滑剂

气体润滑剂的优点是摩擦系数小，在高速下产生摩擦热少，温升低，运转灵活，工作温度范围广，形成的润滑膜比液体薄，气体支撑能保持较小间隙，在高速支撑中容易保持较高的回转精度，在放射性和其他特殊环境中也能保持正常工作，而且能在润滑表面普遍分布，不会产生局部热斑，不存在密封、堵塞和污染等问题。

气体润滑剂可用在比润滑油脂更高或更低的温度下，如在10000～600000r/min高速转动和−200～2000℃温度范围内润滑滚动轴承，其摩擦系数可低到测不出的程度。使用在高速精密轴承(如医用牙钻、精密磨床主轴及惯性导航陀螺)上可获得高精度。但气体润滑剂密度低,承载能力低只有润滑油的约几千分之一,因此只能用在 30~70kPa 的空气动力学装置和不高于 100kPa 的空气静力学装置中,对使用的设备精度要求很高,需要用价格较高的特殊材料制成,而且存在排气噪声高,在开车、停车瞬间极易损伤轴承表面等缺点,应用方面受到限制。

常用的气体润滑剂有空气、氦气、氮气、氢气等。空气适宜在 650℃ 以下使用,氮气和氦气等惰性气体可用在 1000℃ 以上的润滑温度。

气体润滑剂要求清净度很高,使用前必须进行严格的精制处理。目前气体润滑剂在高速设备中的应用有所增加,如在精密光学仪器、牙医的钻床、测定仪器、电子计算机、精密的研磨设备中,以及在制药、化学、食品、纺织和核工业这类低负载而要求避免污染的领域。

综上所述,这四类润滑剂各有优缺点和适用范围,但液体润滑剂中的润滑油是应用最广泛的润滑剂,尤其是来自石油的矿物油用量占总用量的 97% 以上,因此,润滑油通常指矿物油。本书主要对润滑油进行阐述。

1.2   润滑油的分类、作用和质量要求

1.2.1   润滑油的分类标准

由于各种机械的使用条件相差很大,它们对所需润滑油的要求也大不一样,因此,润滑油按其使用的场合和条件的不同,分为很多种类。各类润滑油的性质各异,均有其特定的用途,不可随意使用,否则会影响机器的正常运转,甚至导致机件的烧损。

1987 年,我国按照国际标准化组织(International Standardization Organization)的润滑剂分类标准 ISO 6743/0—1981 制定了 GB/T 7631.1—87 国家标准,把润滑剂分为 19 组。2008 年,对此标准进行了修订,形成 GB/T 7631.1—2008《润滑剂、工业用油和有关产品(L 类)的分类》国家标准,把润滑剂分为 18 个类(组),其分组及代号与 ISO 标准一致,见表 1-1。每一类润滑剂又根据其产品的主要特性、应用场合和使用对象进行详细的分类。

表 1-1   我国润滑剂及有关产品的分类标准(GB/T 7631.1—2008)

组别	应用场合	组别	应用场合
A	全损耗系统	N	电器绝缘
B	脱膜	P	风动工具
C	齿轮	Q	热传导液
D	压缩机(冷冻和真空)	R	防蚀、保护
E	内燃机	T	透平机
F	主轴、轴承和离合器	U	热处理
G	导轨	X	用润滑脂的场合
H	液压系统	Y	其他应用场合
M	金属加工	Z	蒸汽汽缸

实际上，各国在统计各种润滑油的品种构成时，为更好反映市场应用情况，习惯上多沿用与上述分类大同小异的按用途分类的分类法，将润滑油分为内燃机油、工业润滑油和特种润滑油三大类。内燃机油广泛应用于汽车、铁路内燃机车、矿山机械、各式船舶发动机、小型农用机械、雪橇车和小型发电机组等设备，最常见的有车用汽油机油、车用柴油机油、摩托车油及船舶发动机油等。工业润滑油主要包括液压油、齿轮油、压缩机油、汽轮机油、冷冻机油、导轨油、轴承油、全损耗机械油等。一般将变压器油、橡胶油、金属加工油、白油和热传导液等称为特种润滑油。

此外，润滑油还有其他的分类方法，如按原料及生产方法，可将润滑油分为矿物油型润滑油（包括馏分型和渣油型）、合成润滑油（含合成烃类润滑油、其他有特殊性能的有机化合物）、动植物油润滑油（以精制后的动植物油为基础油）、混成润滑油（以高黏度矿物油和动植物油为基础油）等。

工业润滑剂产品的命名规则是结合润滑剂及有关产品的分类标准制订的。根据该规则，一个润滑剂产品的名称由三部分构成，首先是字母 L，代表石油产品中的第 3 类"润滑剂、工业润滑油和有关产品"；其次由一组英文字母所组成，其首字母为润滑剂及有关产品的分类标中的组别代码，见表 1-1，任何后面的字母单独存在时有无含义，应在有关组或品种的详细非类标准中给予明确的规定；第三部分是位于产品名称的最后数字，该数字按 GB 3141—82《工业用润滑黏度分类》的规定标明了产品的黏度等级。我国制定了工业用润滑油黏度分类标准 GB 3141—82，其原则为：参照 ISO 3448 标准中规定的黏度分类法，工业用润滑油统一以 40℃ 运动黏度为基础进行分类。运动黏度的 SI 单位为 mm²/s，克·厘米·秒单位制为厘斯，符号为 cSt。其相互关系为：

$$1cSt = 1mm^2/s = 10^{-6}m^2/s \qquad (1-4)$$

把 40℃ 的运动黏度在 2.0~1500 mm²/s 范围内分为 18 个牌号，取最小的中心黏度值为 2.2，后面一个的中心黏度值比前面一个约增加 50%，各产品的牌号以中心黏度值的厘斯数（取整数）表示。

综上所述，润滑油的产品名称一般形式为：类别-组别-数字，例如：L-AN32，其含义为：润滑剂类，全损耗系统用油，其黏度等级 32mm²/s；又如 L-FC10，代表：润滑剂类，主轴、轴承和离合器使用场合的，黏度等级 10mm²/s。

需要说明的是，此标准不适用于内燃机油和车辆齿轮油黏度牌号的分类。

1.2.2　润滑油的作用

80% 以上润滑油在设备中的主要作用是降低摩擦和减少磨损，但在一些特殊工况条件下，其作用却并不主要是润滑或完全与润滑作用无关。例如橡胶操作油或填充油是作为橡胶的有效组分存在的，其作用主要是改善橡胶性能同时增加产量；热传导油的作用是传递热量等；有的则是润滑与其他性能并重，如液压油和液力传动油，润滑与传递动力同样重要。在大多数情况下，润滑油在使用过程中，对机械设备起着如下几个主要作用：

①润滑作用。润滑油在机械中主要起降低摩擦和减缓磨损的作用，以保证机械有效和长期的工作。

②冷却作用。润滑油能将机械摩擦时产生的热带走，保持一定的热平衡状态，控制机械在一定的温度范围内工作，防止温度不断升高而损坏零件。

③防护作用。覆盖于摩擦表面的润滑油脂，可隔离含氧、含水、含酸等腐蚀介质，从

而减轻腐蚀磨损，防止生锈。

④密封作用。用于内燃机的润滑油，可以防止燃烧室的气体通过汽缸壁与活塞之间的间隙窜入曲轴箱中。

⑤清洗作用。是在循环式润滑系统中润滑油可将摩擦面间的一些磨屑等污物冲走，并将其携带到油池经沉淀或过滤后除去。

⑥减振作用。润滑油在摩擦面上形成油膜，对设备的振动起一定的缓冲作用。

⑦卸荷作用。由于摩擦面间有油膜，作用在摩擦面上的负荷就比较均匀的通过油膜作用在摩擦面上。

1.2.3 质量要求

润滑油是石油产品中品种、牌号最多的一类，其产量虽然只为石油产品的 2%~5%，但应用却极为广泛，随着机械工业的发展，对其质量和使用性能提出不断更新的要求，这些性能主要是：

1. 良好的润滑性

润滑油降低摩擦，减缓磨损的能力统称之为润滑性能。因为润滑油要具有良好的润滑性才可能降低机械的摩擦和减缓机械的磨损。对于边界润滑，摩擦表面间的油膜，其强度不仅只与润滑油的黏度有关，更主要是润滑油的化学成分。在流体动力润滑和弹性流体动力润滑中，润滑油的润滑性可由黏度来判别。对润滑油的要求，就集中在对润滑油黏度的要求，黏度大的润滑油，在其余条件相同的情况下形成的油膜较厚，不易发生金属的直接接触，降低了摩擦和磨损。由于机械运转时温度会发生变化，要求润滑油黏温性质要好。

2. 良好的抗氧化安定性

润滑油抵抗氧化变质的能力称为抗氧化安定性。润滑油在高温下的氧化速度比常温下要快得多。润滑油在高温使用条件下，由于氧化使颜色变黑，黏度改变，酸性物质增多，并产生沉淀。因此，高温氧化是润滑油安定性的主要问题。

3. 良好的低温流动性

只有具有良好的流动性才能保证润滑油迅速流到润滑油表面而起润滑作用，并将摩擦产生的热带走起到冷却作用。

4. 腐蚀性小

润滑油中含有的有机酸等物质对金属的腐蚀程度称为润滑油的腐蚀性。通常要求润滑油在使用中不应腐蚀金属零件。润滑油中的烃类对金属是无腐蚀作用的，腐蚀性物质的来源主要是原油中含有的有机酸或炼制过程中残留的酸和碱，润滑油氧化后产生的酸性物质，储运过程中混入的水分等。

5. 润滑油还要有良好的消泡性、抗乳化性及无水分、灰沙杂质等

为了改进润滑油的性质，使用了各种添加剂。有些添加剂本身就是表面活性物质，所以常常出现发泡问题。如果发泡过多会造成供油系统气阻、工作不良和泄漏等事故，以致供油不足或中断，使摩擦副造成严重磨损或烧结。

机械的润滑系统如果是循环式的，润滑油就会在系统内反复循环使用。当润滑油在工作面受到激烈搅动，将空气混入油中时，就会产生泡沫。泡沫如果不能及时消除，会出现润滑油的冷却效果下降、管路产生气阻、润滑油供应不足、增大磨损、油箱溢油，甚至使

油泵抽空等故障。因此，要求润滑油要有良好的抗泡性，在出现泡沫后应能及时消除，以保证润滑油在润滑系统中能正常工作。

容易与水接触的润滑油如汽轮机油等应有良好的抗乳化性，以便油水容易分离。对所有的润滑油来说，应严格防止水分、灰沙等外界杂质混入油中，以防止油品原来的优良品质遭到破坏。

1.3 润滑油的应用

1.3.1 内燃机润滑油

内燃机润滑油简称内燃机油，也称发动机油或曲轴箱油，主要品种有汽油机油、柴油机油、通用油、摩托车机油等，其消耗量占润滑油总量的50%左右，是润滑油中技术含量最高、耗量最大、发展最快的一类。由于其在汽油机或柴油机中的工作条件相当苛刻，对它的质量要求也就比较高，所以除需经过严格精制外，通常还要加入一系列一定量的各类添加剂后，才能符合其质量指标。

1. 内燃机油的工作条件

内燃机润滑系统见图1-5。

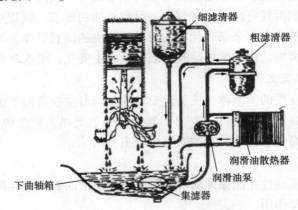

图 1-5 内燃机润滑系统

内燃机润滑系统由下曲轴箱、润滑油泵、润滑油散热器、粗滤清器、细滤清器所组成。润滑油通过油泵的压力循环或通过激溅等方法，被送到汽缸和活塞之间，以及连杆轴承、曲轴轴承等摩擦部位，以保证发动机的正常润滑和运转。随着内燃机向高速和大功率的方向发展，它的工作条件越来越苛刻，其主要特点如下：

（1）使用温度高

汽油机活塞顶部的温度可达250℃，而柴油机的条件更苛刻，其活塞顶部的温度更要高一些，约为300℃左右，曲轴箱油温也在100℃上下。

（2）摩擦件间的负荷较大

主轴承处的负荷为5~12MPa，连杆轴承处可达35MPa。

（3）运动速度多变

活塞在汽缸中的运动速度是周期性变化的，其速度最快时达每秒数十米，而在上止点和下止点时其速度为零。

（4）所处的环境复杂

内燃机润滑油是循环使用的，它长时间与空气中的氧以及多种能对氧化反应起催化作用的金属相接触。

2. 润滑油在内燃机中的作用

内燃机的工作条件苛刻，工作环境复杂，既要适应在高速公路的行驶，又要在城市中忽快忽慢的行驶，甚至在高温沼泽或高寒沙漠上工作，这些都要求内燃机油起到减摩、冷却、密封等作用，以保持发动机长寿命、高效运行。润滑油在内燃机工作过程中的具体作用主要体现在以下几个方面。

（1）润滑与减摩作用

润滑油的首要任务是供给发动机各主要部件如活塞、气缸壁、轴与轴承等以适当的润滑，即在相互运动的金属摩擦面之间形成一层保持一定黏度和厚度的油膜，避免金属面接触摩擦而造成磨损加剧，以减少内燃机各运动部件之间的磨损和因摩擦引起的功率损失和摩擦热，这样就增加了机械的有效功率，降低了燃料的消耗，节约了能量，同时也延长了机械的使用寿命。

（2）冷却发动机部件作用

燃料在内燃机中的燃烧产生很高的温度，如不对机件加以冷却，内燃机就不能正常工作。内燃机的冷却介质是润滑油、水或空气等。新设计的内燃机常采用风冷而不是水冷，这就更增加了润滑油冷却作用的负荷，要求润滑油有更好的耐高温性能和冷却发动机的性能。

（3）密封作用

发动机各机件间，如气缸和活塞间、活塞环与环槽间都有一定的间隙，这些间隙如果得不到密封，燃烧室就会漏气，其结果是降低了气缸压力，从而降低了发动机输出功率。同时，废气还会从燃烧室经过活塞环与气缸壁的间隙，向下窜进油底壳，造成油底壳内润滑油受到稀释和污染。从密封来看，高黏度润滑油比低黏度润滑油所起的作用大。

（4）保持摩擦部件清洁作用

发动机油在发动机内受恶劣环境影响，机油的氧化是无法完全避免的。氧化物易形成油泥、积炭，使润滑油和发动机变脏，造成局部过热、磨损加剧、机件损坏等。同时，不完全燃烧的燃料窜入润滑油的油箱中，形成油泥的母体，它与发动机油深度氧化的产物一起进入活塞环区，在高温下形成漆膜，严重时会把活塞粘死，使活塞环失去密封作用。同时漆膜的导热性很差，漆膜太多使活塞所受的热不能及时传出，导致活塞过热而膨胀，以致发生拉缸现象。API SD 以上质量级别的润滑油含有金属清净剂和无灰分散剂，能够清洁金属表面、分散污垢，保持发动机部件清洁。

（5）防锈和抗腐蚀作用

发动机在运转或存放时，大气中的水或机油中的水及燃烧时产生的酸性气体窜入曲轴箱，都会对机件产生锈蚀、腐蚀作用，进而在摩擦面上造成腐蚀磨损或磨粒磨损，使发动机损坏。为了使发动机能长期可靠的运转，要求润滑油有防锈性。API SD 以上质量级别的润滑油中添加有防锈剂或具有防锈性能的多效添加剂，可有效抵御各种腐蚀介质；同时，使油品具有中和及增溶酸的能力，以减少腐蚀介质侵蚀金属表面，起到良好的抗腐蚀作用。

3. 内燃机润滑油的主要质量要求

内燃机润滑油的多方面作用要依靠高品质的油品来实现，对内燃机油的主要质量要求有：

(1) 适当的黏度和良好的黏温性能

发动机中的活塞环与缸套、活塞环与环槽之间都有一定的间隙，润滑油在这些部位要起到密封作用，防止窜气，保证发动机的正常工作。如果内燃机油的黏度过低，就不能形成良好的油膜来保证润滑，而且密封性也差，会造成磨损加大和功率下降。但黏度过大则流动性能差，进入机件摩擦面所需时间长，会使机件磨损加大，清洗和冷却效果变差。因此应根据工作温度及负荷选择合适黏度的润滑油。此外，内燃机油的工作范围很宽(-40~300℃)，必须要有足够的黏度保证润滑，因此也要求润滑油有良好的黏温特性，一般要求其黏度指数在 90 以上，四季通用的多级油的黏度指数应在 130 以上，以减少内燃机各运动部件之间的磨损和因摩擦引起的功率损失和摩擦热，降低燃料的消耗，节约能量，延长机械的使用寿命。

(2) 较强的抗氧化能力和良好的清净分散性

内燃机在工作过程中会因为润滑油发生氧化而生成含炭沉积物(如漆膜、油泥)，内燃机油应具有良好的清净分散作用，使氧化产物在油中处于悬浮分散状态，通过内燃机油的循环流动把它们从工作面清洗下来，使其不致堵塞油路或成为磨损介质。

(3) 良好的油性和极压性

汽车内燃机的滑动轴承承受着很大的负荷，因此在高负荷和极压条件下，内燃机油必须有良好的油性和极压性，把零件间的点接触变为液体的面接触，分散了应力，减轻振动，保证正常使用。

(4) 良好的防腐蚀性能

现代内燃机的主轴承和曲轴轴承均使用机械强度较高的耐磨合金，如铜铅、镉银等合金，燃料在发动机中燃烧会产生一定量的水和氧化硫，它们随着窜气进入曲轴箱，对各金属部件起腐蚀作用。另外，油品含有的或在氧化过程中生成的酸性物质，对这些合金也有很强的腐蚀作用，因此要求在油品中添加抗氧抗腐剂以阻止氧化的进行，并能中和已经形成的有机酸和无机酸。

(5) 良好的抗泡沫性

由于在油底壳中曲轴的强烈搅动和进行飞溅润滑的结果，汽车发动机润滑油很容易产生泡沫，而汽车发动机润滑油中使用的添加剂大多数是极性物质，它们也使油容易产生泡沫，因此，汽车发动机润滑油中要加入抗泡剂。

4. 内燃机油的分类

内燃机油质量分级按美国石油学会(API)标准进行分级，黏度分级按美国汽车工程师学会(SAE)标准进行分类。我国内燃机油的分类，也采用了国际上通用的 API 质量等级分类和 SAE 黏度分类。

(1) 内燃机油质量等级的分类

API 是美国石油协会的简称，API 等级代表发动机油质量等级的分类。当一种发动机油已经标明质量等级，也就表明该油通过了发动机台架试验。

发动机油按发动机的型式分为汽油发动机和柴油发动机，发动机油也相应分为汽油发动机油和柴油发动机油。以"S"代表汽油机油系列(加油站供售用油，Service Station Oil)，如果包装上只标有 API S*（*代表 A、B、C、D、E、F、G、H、J、K、L）的是汽油机油，从"SA"一直到"SL"，每递增一个字母，机油的性能都会优于前一种，机油中会有更多用来保护发动机的添加剂，即字母越靠后，质量等级越高（SH、SJ、SK、SL 几个等级之间的差距并不大，主要的差别在于含磷量的多少，及对于催化转化器的毒害程度，字母越靠后含磷量越少，毒害催化剂的程度也越轻微）；以"C"代表柴油机油系列（商业用油，Commercial Oil），如果包装上只标有 API C*（*代表 A、B、C、D、E、F、G 或 H）的是柴油机油，字母越靠后，质量等级越高。当"S"和"C"两上字母同时存在则为汽柴通用型油，若包装上标有 API S*/C* 或 C*/S*，如 API SF/CD 或 CF-4/SG，则表示此机油是适用于柴油发动机和汽油发动机的两用机油。如"S"在前则主要用于汽油发动机，反之，则主要用于柴油发动机。

（2）内燃机油黏度等级的分类

SAE 是美国汽车工程师学会的简称，它规定了机油的黏度等级，该分类将机油分为冬季用油和春秋与夏季用油，黏度从低到高有十一个黏度等级 0W、5W、10W、15W、20W、25W、20、30、40、50、60。

"W"为英文"Winter"（冬天）的缩写，意指含"W"等级的发动机油，适合于冬天的低温气候使用。其牌号是根据最大低温黏度、最低边界泵送温度以及 100℃ 的运动黏度范围划分的，如 0W、5W、10W 等，号数愈低，表示其所适用的环境温度也愈低，低温的流动性愈好，对发动机于低温起动的磨损保护也就愈好。

不带"W"的为春秋与夏季用油，牌号仅根据 100℃ 时的运动黏度划分。号数越大，表示其高温时的黏度越大，适用的最高气温越高，对发动机高温下的保护也就越好，该类油品低温性能差。

以上十一个级号的油品，只符合一个黏度等级的要求，称为"单级油"。如果一种机油的黏度既符合"W"系列的低温黏度级别，又符合非"W"系列的 100℃ 运动黏度级别，即具有两个黏度等级，则称为多级油。SAE 标准把多级油分为 12 个级号，如 5W/10、5W/20、5W/30 等。多级油能同时满足高温及低温环境的要求，全年都适合使用，不需按季节换油。

内燃机油黏度牌号的选择，主要考虑的因素有环境温度、发动机本身的设计要求、发动机本身的新旧状况、负荷等。表 1-2 列出了部分内燃机油黏度牌号与使用环境温度范围的对应关系。

表 1-2　部分内燃机油黏度牌号与使用环境温度范围的对应关系

黏度等级	使用温度/℃	黏度等级	使用温度/℃
0W	−35~−15	5W/30	−30~−30
5W	−30~−10	10W/30	−25~30
20	−10~20	15W/40	−20~40
30	−5~30	20W/40	−15~40
40	5~40	20W/50	−15~50

掌握以上车用润滑油的基本知识，我们就很容易解读润滑油外包装上常见符号的意义，如"API SE/CC SEA 20W/40"，表示这是一种汽油、柴油机通用油，主要适用于汽油发动机，但柴油发动机也可使用，适用气温为 −15~40℃ 的"多级"润滑油。而"API CD

SEA40"则表示这是仅适用于柴油发动机，适用温度范围5~40℃的"单级"油，其余可由此类推。

国外进口和香港等地的发动机油，通常以SAE开头，后面标注出黏度代号；而按API质量分类的发动机油标号一般省略API，直接标注出质量等级代号。例如：标号为SAE 10W SD，表示黏度分类是SAE 10W，质量级别为API SD的冬季汽油机油。

1.3.2 工业润滑油

工业润滑油是广泛应用于工业企业各类机械设备的各种润滑油的总称，主要包括液压油、齿轮油、压缩机油、冷冻机油、汽轮机油、导轨油、轴承油、全损耗机械油等。这里主要介绍液压油、齿轮油、压缩机油和冷冻机油。

1. 液压油

液压传动是机械设备中常用的一种传动装置，是利用液体作传动介质，利用液体的压力或动能来传递能量的系统。液压传动离不开液压介质，液压介质是液压系统中传递和转换能量的工作介质，同时还具有润滑、冷却、防锈、减震等功能。通常把液压介质分为两类：将利用液体动能的液力传动系统所用的介质称为液力传动油，应用液体压力能的液压系统所使用的液压介质称为液压油。

液力传动油又叫自动传动液（ATF）、液力油、液力变扭器油等，它是自动变速器中用来传递能量的介质和润滑、冷却零件的液体。其中主要是汽车自动传动液，它用于轿车和轻型卡车的自动变速系统，使汽车能自动适应行驶阻力的变化，做到起步无冲击，变速震动小，乘坐舒适；也用于大型装载车的变速传动箱、动力转向系统、农用机械的分动箱。其主要功能为：在扭矩转换器中作为流体动能的传动介质；在伺服机构和压力环路系统中作为静压能的传递介质；在离合器中作为滑动摩擦能的传递介质。

液压油是根据巴斯噶尔原理传递液体静压能的介质，可用于操纵各种机械。由于液压传动具有结构紧凑、反应灵敏、易于实现自动化等优点，所以在机床、冶金、船舶、建筑及航空航天等行业得到广泛的应用，是工业润滑油中用量最大的品种，占工业润滑油的40%~50%。

（1）液压系统工作示意图

各种机械设备的液压系统的具体构造各不相同，但一般来说，应该包括能源装置、控制装置、执行装置和辅助装置四部分，见图1-6。

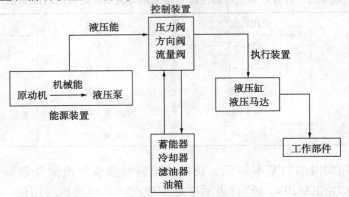

图1-6 液压系统示意图

①能源装置。又称动力元件，是把机械能转换成压力能以供给液压系统压力的装置，如各类液压泵。

②控制装置。对系统中的压力、流动方向或流量进行控制调节的装置，如节流阀、换向阀等。

③执行装置。又称执行元件，是把液压能转换成机械能的装置，如液压缸、液压马达等。

④辅助装置。上述三部分之外的装置，如滤油器、油箱等。

液压油在系统运转过程中，除了传递静压能实现了能量的传递、转换和控制外，还具有润滑、冷却、防锈、减震等作用，以保证液压系统在不同的环境和工作条件下长期、有效地工作。因此，液压油除像一般润滑油一样要求有合适的黏度、良好的黏温性质、良好的防锈性及抗氧化安定性等之外，还有一些特殊的性能要求。

(2)液压油的主要性能

随着大功率、小体积、高压力液压技术的发展，对液压油的性能提出了更高的要求，一些主要性能如下：

①抗磨性。在高负荷或启动、停车的工况下，系统中各种摩擦元件(如泵和大功率的油马达等)经常处于边界润滑状态，会产生不同程度的摩擦磨损，会造成运动部件性能降低，寿命缩短，系统发生故障。因此，往往需要加入抗磨添加剂以便在摩擦副中形成边界润滑膜，具有足够的润滑性，避免干摩擦，减少磨损。

②破乳化性和水解安定性。液压油在使用过程中，均与铜、铁等金属直接接触，但由于冷凝、泄漏等很容易混入水分，在调节装置、泵及其他元件的剧烈搅动下，易形成乳化液，不仅使其性能劣化，还促使液压元件锈蚀，这些锈蚀颗粒会随着油循环造成摩擦表面的磨损，所以要求液压油应具有良好的破乳化性和水解安定性，避免液压系统金属材料的锈蚀。

③抗泡沫性和空气释放性。液压系统中可能混进空气，液压油在循环时，溶于油中的空气量会不断增加，油中空气以气泡和雾沫空气形式存在，气泡上升到油面会消失，但雾沫空气不易逸出油面，从而会影响液压机构传递能量的稳定性和效率，还会因为增加了油与空气接触的面积而加速油的氧化。因此，要求溶解和分散在油中的气泡尽快从油中释放出来，即要求液压油应具有较好空气释放性。

④抗剪切安定性。液压油中通常加入聚甲基丙烯酸酯等黏度指数改进剂，这些物质的分子链较长，液压油在高压、高速使用条件下，通过泵、阀件、微孔等元件，要经受很高剪切速率的剪切作用，往往使高分子断链成小分子，使黏度降低，当黏度降低到一定程度时油就不能使用了，这就要求添加增黏剂的液压油具有良好的抗剪切安定性，以免因黏度降低过多而造成磨损。

⑤对密封材料的适应性。液压系统比较普遍采用橡胶为密封件，还采用尼龙、塑料、皮革等其他密封材料。对于用橡胶为密封材料的液压系统来说，要求液压油不侵蚀橡胶，不使其过分溶胀，也不允许使其收缩或硬化，以免降低其密封性能。以石油为原料获得的液压油中芳烃含量越高，对橡胶的侵蚀越厉害。

此外，液压油还应具有良好的抗氧化性、防锈和防腐蚀性等。

液力传动油是一类性能更为全面的油品，要求它具有良好的扭矩转换性能、低温流动性能、抗烧结和抗磨损性能、抗氧化性能、清净分散性能、抗泡沫性能、防锈性能、与各种密封材料的适应性能以及适当的摩擦特性。它虽然没有像内燃机油对抗氧化性和清净分散性要求那样严格，也没有像齿轮油对抗磨性要求那样苛刻，但它却集中了对内燃机油、齿轮油和液压油各方面性能的全面要求，而且还增加了对摩擦特性的要求。

2. 齿轮油

齿轮传动是机械传动中最主要的一种方式，主要用来传递动力，改变运动的速度和方向。由于它传递功率范围大、传递动力准确可靠、传递效率高等特点，因而在汽车、拖拉机、机床和轧钢机等机械设备中已得到广泛应用。用于润滑齿轮传动装置的润滑油就是齿轮油，齿轮油可以防止和减少齿面的磨损、冲洗齿面上的磨粒和杂质、防止齿面腐蚀、减轻齿轮转动等。齿轮油是润滑油三大油品之一，虽然其用量远低于内燃机油和液压油，但它广泛用于车辆和工业部门的机械润滑。齿轮油包括车辆齿轮油和工业齿轮油两种。

（1）齿轮油的工作条件

齿轮之间的接触面积很小，基本是线接触，而在运动过程中既有滚动摩擦，又有滑动摩擦，这样，齿轮油的工作条件就与其他润滑油有很大差别。齿轮工作温度主要与齿轮的结构、外界气温、润滑方式及齿轮油性质等有关。对于高级轿车，车速较高时，双曲线齿轮油的油温可达到 $160 \sim 180℃$，而汽车行驶的环境差异较大，对于我国北方地区，冬季气温低至 $-30 \sim -20℃$，这就要求齿轮油具有较好的低温流动性和黏温特性。此外，由于齿轮间接触面积小，所以其承受的压力很大。一些载重机械的减速器齿轮的齿面压力达 $400 \sim 1000MPa$。

汽车传动装置中双曲线齿轮的使用条件更为苛刻，负荷更重，其接触部位的压力可高达 $1000 \sim 4000MPa$。在如此高的压力下，润滑油极易从齿间被挤压出来，容易引起齿面的擦伤和磨损。为此，齿轮油要具有在高负荷下使齿面处于边界润滑和弹性流体动力润滑状态的性能。

（2）齿轮油的主要性能

由齿轮油的工作条件可知，齿轮油的主要作用是在齿与齿之间的接触面上形成吸附膜和反应膜，保证正常的润滑。这就要求齿轮油有适当的黏度以及良好的黏温性能，此外，还要具有以下几种性能：

①好的极压抗磨性。齿轮油在高速、低速重载或冲击负荷条件下，应能够迅速形成反应膜或吸附膜，防止齿面磨损擦伤、胶合等。如汽车后轴的双曲面齿轮，传递压力非常大，而且齿面间的侧滑速度很大，瞬间温度可高达 $600 \sim 800℃$，一般油性添加剂在 $100℃$ 就会从摩擦表面脱附不能形成油膜。为提高齿轮油的抗磨性能，在中等载荷以下，必须用含油性剂和中等极压剂的齿轮油；重载荷的齿轮传动，必须使用含强极压剂的重载荷齿轮油。齿轮油的极压添加剂都是一些活性很强的添加剂，在高温摩擦面上其活性元素与金属表面发生反应，形成化学反应膜，这种膜的抗磨、抗胶合能力很强，从而减缓齿面磨损和擦伤。所以良好的极压抗磨性是齿轮油最重要的性能。

②良好的热氧化安定性。由于齿轮的高速运转会产生大量的热而使油温升高，齿轮油在温度较高的情况下使用时，由于油品更容易氧化变质而使油品的质量劣化，同时还接触空气、水和具有催化作用的金属，所以很容易氧化而影响油品的正常使用，造成金属的腐蚀锈蚀，因此，齿轮油应具有良好的热安定性和氧化安定性。

③良好的防锈、抗腐蚀性。齿轮油中的酸性物质和硫化物添加剂，在配伍失调或配方本身配伍性较差的情况下，会对齿轮造成腐蚀，在水和氧的作用下，齿轮和油箱还会生

锈。腐蚀和锈蚀会破坏齿的表面，影响正常的润滑状态，因此，齿轮油应具有良好的防锈、抗腐蚀性。

④良好的抗乳化性和抗泡性。齿轮油在使用过程中，不可避免与水接触，若齿轮油的分水能力差，油与水会发生乳化形成乳化液，降低润滑性能，还容易形成油泥，所以齿轮油应具有良好的抗乳化性。另外，齿轮油在循环流动和被搅动过程中，很容易产生泡沫，如果形成的泡沫不能很快消失，会影响油膜的完整性，使润滑失效，夹带泡沫也使实际工作油量减少，易造成齿轮磨损和胶合等事故，因此，齿轮油还应具有良好的抗泡性。

此外，齿轮油还应具有良好的剪切安定性、低温流动性和储存安定性等。

3. 压缩机油

压缩机是一种压缩气体提高气体压力或输送气体的机器。压缩机的用途广泛，种类繁多，例如，按照压缩机压缩气体的方式和结构不同，压缩机主要分为往复式压缩机和回转式压缩机；按照压缩气体性质不同，压缩机又分为空气压缩机和气体压缩机。压缩机内部需要专用油进行润滑，这种专用油即为压缩机油。

（1）压缩机的润滑

压缩机的润滑主要是借助于相对摩擦面之间形成的液体层减少磨损、降低消耗。不同结构类型的压缩机，由于工作条件、压缩介质等的不同，压缩机油所起的作用也不完全相同。往复式压缩机主要由汽缸、活塞、曲轴、气阀、十字头、机体等组成，是通过利用活塞在汽缸中作往复运动来压缩和输送气体的，整个工作循环包括压缩、膨胀、排气和吸气四个过程。往复式压缩机油不仅要对汽缸、排气阀进行润滑与密封，同时对曲轴轴承、连杆、十字头等运动部件进行润滑与冷却，并起到防锈、防腐的作用。回转式压缩机主要由汽缸、曲轴、转子、排气阀、外壳等组成，借助汽缸内一个或多个转子的旋转运动而产生工作容积的变化，从而实现气体压缩和输送的。回转式压缩机油的使用工况、润滑方式等与往复式压缩机油截然不同，润滑油被直接喷入汽缸压缩室内，对机件进行润滑、密封和冷却，然后与压缩气体一起排至分离器内，进行油气分离，回收润滑油并循环使用，因此油品很易被污染和老化，同时压缩机油突出地起到冷却压缩气体的作用。

（2）压缩机油的主要性能

不同类型的压缩机对润滑油的性能要求不同，但对大多数压缩机而言，空气或其他介质气体经过各段压缩后，温度通常超过 170~180℃，为了保证压缩机安全运转，延长换油期，降低磨损，压缩机油应具有以下主要性能：

①适宜的黏度。在动力润滑的条件下，油膜厚度随油品的黏度提高而增加，但摩擦力也随油品黏度的提高而增加。黏度过低的润滑油不易形成足够强的油膜，会加速磨损，缩短机件的使用寿命；黏度过高的润滑油会加大内摩擦力，使压缩机的比功率增大，以致增大功耗和油耗，也会在活塞环槽内、气阀上、排气通道内等处形成沉积物。因此，选择合适的黏度是正确选用压缩机油的首要问题，只有合适黏度的润滑油才能使压缩机在工作温度和压力下起到良好的润滑、冷却和密封作用，保证压缩机的正常运转。

②良好的黏温性能。喷油内冷回转式空气压缩机在工作过程中反复被加热和冷却。因此，要求压缩机油黏度不应由于温度变化而有太大变化，即应具有良好的黏温性能。

③适宜的闪点。闪点过高，油品馏分重，黏度大，沥青质等含量就高，使用时易积炭。若片面追求高闪点的压缩机油，反而会成为不安全因素。所以，压缩机油的闪点要求适宜即可，一般控制在 200℃ 以上都可以安全使用。

④较小的积炭倾向性。积炭倾向性是指压缩机油生成积炭的能力。在实际工业使用中，大中型压缩机由于积炭而发生着火爆炸的事故已屡见不鲜，因此，要求压缩机油的积炭倾向性越小越好。油品中易生成积炭的主要物质是胶质、沥青质及多环芳烃聚合物，而润滑油料经深度精制后均可去掉大部分上述物质。因此，优质的压缩机油应选用深度精制的基础油，添加剂的选用上也应尽量选用无灰型添加剂。

⑤良好的氧化安定性。由于压缩机的排气温度较高，压缩机油易于在高温下氧化而变质生成油泥。对往复式压缩机而言，润滑油在汽缸内活塞部位与高压热空气不断接触会引起油品的氧化、分解，生成胶质和各种酸类物质。若有氧化催化作用的磨损的金属杂质掺入，更易引起氧化。分解的油气在汽缸中与氧混合到一定浓度和温度时，有自燃和汽缸爆炸的危险。因此，往复式压缩机油的氧化安定性是保证油品质量的关键指标。

对回转式压缩机而言，虽然润滑油的工作温度不太高，但润滑的环境苛刻，油品在循环使用中，易被氧化变质生成各种酸类、胶质、沥青质等物质，使油品的颜色变深，酸值增高，黏度增大并出现沉积物，从而减少油的喷入量，使油品和机器的温度升高，产生过量磨损，降低工作性能，甚至可能引起汽缸爆炸。因此，回转式压缩机油的氧化安定性是保证油品能长期安全使用的主要质量指标。

⑥良好的防腐防锈性。压缩机的油冷却等部件的材质为铜或铜金属，易被腐蚀，会使油品出现早期氧化变质，生成油泥。这就要求油品应有良好的抗腐蚀能力。另外，空气中的水分易在间歇操作的压缩机汽缸内冷却，这对润滑不利并能产生磨损和锈蚀，所以还要求压缩机油应具有良好的防锈蚀作用。

⑦良好的抗乳化性和消泡性。压缩机在运行中不断与空气中的冷凝水相遇并被剧烈搅拌，易产生乳化现象，造成油气分离不清，油耗增大。乳化的油会促使灰尘、砂砾和污泥分散，影响阀的功能，增加摩擦、磨损和氧化。因此，优质压缩机油均具有好的抗乳化性。回转式压缩机油在循环使用过程中，循环速度快，使油品处于剧烈搅拌状态，极易产生泡沫。压缩机油在启动或泄压时，油池中的油也易起泡，大量的油泡沫灌进油气分离器，使阻力增大，油耗增加，会造成严重过载、超温等异常现象。因此，优良的回转式压缩机油均加有抗泡沫添加剂，以保证油品的泡沫倾向性(即起泡性)小和泡沫稳定性(即消泡性)好。

此外，还要求压缩机油具有合适的倾点，挥发性小，无机械杂质和水分等性能，以保证压缩机能够长期安全运行。

4. 冷冻机油

压缩式制冷是目前最常用的制冷方法，其工作原理是在制冷过程中，制冷压缩机在动力(电动机)的驱动下，不断地将蒸发器中低温、低压的制冷剂蒸气压缩成高压高温的过热蒸气，经冷凝器冷却到常温进入蒸发器挥发制冷，以维持制冷剂在制冷系统中的循环流动，达到控制和维持低温的目的。制冷压缩机是压缩式制冷的主要设备，其种类很多，最主要的有活塞式、离心式和螺杆式三种，其中，活塞式制冷机是应用最广泛的制冷机器；按密封方式的不同，制冷压缩机又分为开启式、半封闭式和全封闭式三类。

冷冻机油是对制冷压缩机的运转部件进行润滑和密封的专用润滑油。它需要与制冷剂结合在一起，在压缩机中从高温到低温大跨度循环运行，也是决定和影响制冷系统制冷功效的一个重要组成部分。

（1）冷冻机油的作用

冷冻机油是制冷压缩机的专用润滑油，对制冷压缩机的工作部件起润滑、密封、清洁和散热等作用。例如在全封闭活塞式制冷压缩机润滑系统中，冷冻机油经齿轮泵增压后，压缩机内分三路循环，分别对主轴承、动力连杆和压缩做功部件（活塞、活塞销、汽缸壁）进行润滑、冷却后回到压缩机的曲轴箱内。由压缩机汽缸排出的制冷剂、油混合物在油分离器中被分出大部分油，分出的油再流回至压缩机曲轴箱内；少量分不出的油则与制冷剂一起进入制冷剂管线。可见，冷冻机油的润滑过程具有如下特点：

①油品不可避免地与制冷剂直接接触；

②少量冷冻机油被制冷剂携入到管线中参与冷冻循环；

③在全封闭压缩机中，冷冻机油与电机的线圈及密封件等有机材料密切接触；

④冷冻机油处于压缩机排气阀高温和膨胀阀（或毛细管）、蒸发器低温的极端温度环境中。

（2）冷冻机油的主要性能

由于冷冻机油使用过程的如上特点，理想的冷冻机油应具备以下主要性能：

①适宜的黏度和良好的黏温特性。冷冻机油通常具有润滑和密封的双重作用，避免系统出现制冷剂泄漏、窜气等现象。考虑到制冷剂溶于冷冻机油后，造成油品实际使用黏度下降的特点，在选用冷冻机油时，应当考虑冷冻机油的实际工况，确保油品的实际黏度能够满足压缩机轴承、活塞与汽缸间的润滑和密封要求。此外，由于制冷剂的工作温度变化范围大，要求冷冻机油的黏温特性好，以保证冷冻机油在低温下能够从蒸发器返回压缩机。

②与制冷剂具有良好的互溶特性。通常情况下，冷冻机油的密度远远小于制冷剂的密度，若二者的互溶性较差，曲轴箱中的油品与制冷剂就会分为两层，油品漂浮在制冷剂的上部，远离压缩机的润滑油路。此时启动压缩机，则可能造成压缩机的滑动部件因润滑不足导致损坏。此外，还会造成冷冻机油因回流困难、滞留在制冷系统管路中，造成系统的传热效率下降及管路堵塞等问题。因此，理想的冷冻机油与制冷剂之间应具有良好的互溶性。

③良好的低温性能。在制冷系统中，热交换设备和管道通常在低温下工作，而管壁上或多或少都有油膜层出现。若油品的凝点过高，就会影响制冷剂的流动，增加流动阻力，影响传热效果。所以，良好的低温性能是油品保障压缩机正常工作的前提条件。

④极低的水分含量。在制冷循环系统中，少量水分的存在，很可能会导致膨胀阀、蒸发器等低温部位产生冰塞现象，或促使冷冻机油过早地产生絮状蜡结晶物质，堵塞制冷剂的循环管路，最终引发系统出现循环中断或停机等不良后果；对于以聚酯为基础油的合成冷冻机油来说，水分的存在还会使油品发生水解，产生大量的游离酸，产生腐蚀；油中的水分含量过高，还会大大降低冷冻机油的绝缘性能，这对全封闭制冷压缩机的正常运转是极为不利的因素。因此，要严格控制冷冻机油中的含水量，用于氟利昂类及环保型混合工质为制冷剂的油品，其水含量一般不得超过 $50\mu g/g$。

⑤较低的积炭倾向。积炭倾向是指在规定的热分析条件下，油品在裂解过程中所形成的黑色残留物。形成积炭的物质主要是油品中的沥青质、胶质及多环芳烃等有机化合物，烷烃通常只发生分解反应，组分间发生聚合反应的倾向小，因而不易形成积炭。油品裂解产生的积炭成分极易造成制冷循环管路的堵塞现象，影响制冷系统的正常运行，所以要求

冷冻机油具有较低的积炭倾向。

⑥优异的热稳定性和抗氧化安定性。冷冻机油在制冷压缩机内会遇到很高的温度，特别是在制冷压缩机的排气阀片附近，工作温度有时高达160℃左右。热稳定性差的冷冻机油极易在此处发生分解，产生积炭及其他沉积物，导致阀片的运动受阻、密封效果变差等不良后果，降低制冷效果。对于开启式或半封闭式制冷压缩机而言，冷冻机油的抗氧化安定性越差，则油品的换油周期会越短。而在全封闭式制冷压缩机中，冷冻机油的使用周期通常在10~15年，因而必须具备良好的抗氧化安定性。

⑦优良的电器绝缘性能。纯润滑油绝缘性能很好，但当其含有水分、灰尘等杂质时，绝缘性能就会降低。在半封闭和全封闭压缩机中，冷冻机油与电动机绕组及其接线柱的绝缘体直接接触。因此，冷冻机油必须具有优良的电器绝缘性能。

⑧与有机材料的相互适应性好。在冷冻机油与制冷剂共存的状态下，化学活性较强的冷冻机油会导致系统中有机材料的溶解及高分子材料组分的溶出等现象。因此，理想的冷冻机油产品与橡胶、漆包线等有机材料之间具有良好的相容性。

此外，还需要冷冻机油具有优异的抗磨特性、较低的挥发性等。

1.3.3 特种润滑油

特种润滑油的含义和分类有很多种，一般而言，是指其原材料、加工工艺和用途相对特殊，主要功能并不是以润滑为主的金属加工液、变压器油、橡胶油和白油等。其中，金属加工液、变压器油和橡胶油是数量较多的特种润滑油，这里对金属加工液、变压器油和橡胶油加以介绍。

1. 金属加工液

(1)金属加工液的作用

金属加工液是适用于金属切削、磨削、冲压、轧制、拉拔等各种加工过程的一类润滑剂。根据金属加工工艺的不同，可将金属加工液分为金属成型、金属切削、金属防护和金属处理等四大类，其中金属成型和金属切削液的需求量占整个金属加工液总量的80%以上。

各种金属加工工艺不同，润滑剂所发挥的作用也不同，但大多数金属加工润滑剂都具有控制摩擦、减少磨损、控制热量和金属表面保护等基本性能。

①润滑作用。在机械加工的过程中，金属表面受到较大的切削力，并且有相对运动，从而在刀具与工件表面、刀具与切屑之间产生较大的摩擦，从而产生较多的热量、加剧刀具的磨损和工件表面精度的恶化、降低加工效率等。金属加工液可以防止金属之间直接接触，大大降低摩擦，减少磨损，延长刀具寿命并提高加工件表面质量。

②冷却作用。机械加工过程中存在剪切和摩擦的双重作用，不可避免地会产生较大的热量，若热量不能及时被带走，会造成刀具和工件之间产生高温，软化刀具甚至降低工件表面的硬度，加剧刀具磨损，高温还会产生积屑瘤，造成工件加工精度偏差。通过大流量的金属加工液的冲洗作用，可以带走机械加工过程中产生的热量，控制热加工工件热损失所造成的温度梯度，使冷加工过程均匀散热以避免工件过热，这也是金属加工液俗称为"冷却液"的原因。

③排屑作用。金属加工过程中产生的加工屑必须及时从加工区域移走，防止产生积屑瘤并造成已加工面的磨损，这可以通过金属加工液的排屑作用实现。

④防锈作用。大多数的金属材料与潮湿的空气与水接触后会很快产生锈蚀，而在金属机械加工过程中，在两道不同工序之间，金属加工液必须提供良好的防锈功能，否则可能会造成半成品产生锈蚀，从而使产品报废。

此外，金属加工液还要具有防泡沫、抗菌、环保、安全等功能。

（2）金属加工液的主要性能

各种金属加工工艺不同，对金属加工工艺润滑剂的主要性能要求也各不相同，这里重点介绍需求量较大的金属成型加工液和金属切削液的主要性能要求。

金属成型加工是指通过锻造、轧制、挤压、拉拔、薄板成型等加工手段，通过塑性变形改变金属毛坯形状，使加工件从厚变薄或从粗变细而成型为产品，又称无削成型。对金属成型加工液的主要性能要求如下：

①良好的润滑性。金属成型加工液要对被加工金属和工（模）具起到润滑作用，以减少或控制摩擦。不同的工艺种类对控制摩擦的要求有所不同，例如，在拔丝和深拉过程中，减少摩擦可以降低拉力，从而防止产品的断裂或增大每个加工道次的变形量，提高效率；但在轧制过程中，过小的摩擦系数会造成轧辊"咬"不住坯料的现象。

②良好的成膜性。金属成型加工液要使生成的膜能将模具与工件表面分开，防止金属与金属直接接触，以降低模具的磨损，延长其使用寿命，同时改善加工金属表面质量和公差，提高金属表面的光洁度。

③良好的冷却性。要求金属成型加工液能够控制加工件在加工过程中的热量损失所造成的温度梯度，以减少加工变形，对冷却加工过程中产生的热量起到均匀散热的作用。

④良好的防锈性。要求金属成型加工液具有保护加工金属表面不受氧化或锈蚀的性能。

金属切削成型是指通过车、铣、钻、切磨、抛光、电蚀等加工手段，以一定的速度和足够大的力通过某种工具或研磨对材料进行加工，将多余部分以金属-碎屑的形式除去成型，又称有削成型。对金属切削加工液的主要性能要求如下：

①良好好的润滑性。在金属切削过程中，金属切削液可以减少刀面与切削面、后刀面与加工表面间的摩擦，降低刀具与工件坯料摩擦部位的表面温度和刀具的磨损，改善工件材料的表面光洁度。在磨削过程中，磨削液可以渗入砂轮磨粒-工件及磨粒-磨屑之间形成润滑膜，使界面间的摩擦减少，提高砂轮耐用度以及工件表面质量。

②良好的冷却性。由于金属的塑性变形，切削面与前刀面以及工件与后刀面的摩擦，在切削过程中会产生大量的热量，过高的温度会降低刀具的强度和硬度，使刀具寿命缩短，还会因热变形而影响工件的尺寸精度。切削液可以通过减少摩擦和带走热量有效降低切削温度，减少工件和刀具的热变形，提高加工精度，延长刀具的使用寿命。

③良好的清洗作用。金属切削加工液可以除去切削过程中生成的切屑、磨屑、铁粉、油污和砂粒等，防止这些细小的颗粒黏结或附着在机床、刀具和工件上，使刀具或砂轮的切削刃口保持锋利，不至影响切削效果。

此外，金属切削加工液还要具有防锈性、耐腐蚀性、抗雾性和抗泡性等。

2. 变压器油

（1）变压器油的作用

变压器油是适用于变压器、互感器、套管、油开关等电气设备的一类油品。

变压器的主要构成部分是铁芯、线圈及各种绝缘材料等，其中铁芯和线圈都浸在变压器油中，以与空气和潮湿气体隔绝。变压器油能使变压器的线端之间、高低压线圈之间、线圈和接地铁芯之间以及油箱壁之间达到良好的绝缘，避免发生短路和电弧。变压器运行时，电流通过线圈和铁芯，会引起功率损耗，分别称为"铜耗"和"铁芯损耗"。这两部分损耗均以发热的形式表现出来，运行中的油依靠冷热对流的原理，通过循环对流，将热散发到大气中去，从而使变压器的运行温度不至于过高。

变压器油的主要作用并不是起润滑作用，绝缘、散热冷却和灭弧是其三大作用。

①绝缘作用。变压器油可以将不同电位（势）的带电部分隔离开来，起到很好的绝缘作用。因为变压器油的介电常数（25℃）为 2.2~2.3，而空气的介电常数（25℃）为 1.0，即油的绝缘强度比空气大得多。若变压器线圈之间充满变压器油，则增大了绝缘强度，运行时不会被击穿。所以，变压器油又称为液体绝缘材料或绝缘油。

②散热冷却作用。变压器运行时的"铜耗"和"铁芯损耗"产生的热量要及时散发出去，以免使铁芯内部温度升高，以致烧毁线圈。使用变压器油时，这部分热量先被变压器油吸收，然后通过油的自然冷却或强制循环冷却使热量散发出去，保证设备的安全运行。

③灭弧作用。在开关设备中，当油浸开关在断开电力负荷时，其固定触头和滑动触头之间会产生电弧。由于变压器油导热性能好，且在电弧的高温作用下分解产生了大量气体，瞬间吸收大量的热并传导至油中，从而使触头冷却，起到灭弧的作用。

（2）变压器油的主要性能

变压器油的运行周期长，对电力设备的安全起着至关重要的作用。由于它是一种特殊的介质，所以，对其性能的要求与一般润滑油有很大差别。主要的性能要求如下：

①良好的电气绝缘性能。变压器油作为绝缘介质存在，其绝缘性能主要由击穿电压和脉冲击穿电压、介质损耗因数、体积电阻率等指标来表示。良好的变压器油要具有较高的击穿电压、脉冲击穿电压和体积电阻率以防止在高电压下电极之间发生跳火现象，还要具有较低的介质损耗因数以大幅度降低交流电改变极性时引起的能量损失。

②良好的散热冷却性能。变压器油的作用之一是填充于固体绝缘材料之间进行热传导，故其黏度要尽量低，同时又要保证变压器循环泵不抽空，其 40℃ 时的运动黏度一般在 7~12mm²/s 之间。另外，为保证低温下变压器的正常启动，变压器最低冷启动加电压温度（LCSET）下的黏度不应大于 1800mm²/s。变压器油的黏度必须在合适的范围内才能充分发挥散热冷却的作用，确保变压器铁芯和线圈得到有效冷却，使开关、泵、调节阀等能够灵活动作。

③良好的低温性能。变压器油只有在液态时才能较好地发挥冷却和灭弧作用。为了保证变压器在寒冷的地区和冬季的低温下正常安全运行，要求变压器油具有良好的低温流动性，主要用倾点和低温运动黏度来评定。一般要求倾点比 LCSET 低 10℃。由于常用的润滑油降凝剂对变压器油的介质损耗因数、界面张力以及氧化安定性均有不利影响，因此，除非用户同意，一般不允许通过添加降凝剂的方式来满足倾点指标要求。

④良好的氧化安定性。变压器油运行时油温一般在 60~80℃，再加上电场、水分和金属催化剂（铁、铜、铝等）的作用，会发生氧化缩合产生酸性油泥，不仅使其绝缘性能下降，还会沉积下来影响散热，所以要求变压器油具有良好的氧化安定性，从而保证电气设备长期、安全运行，延长油品使用寿命，降低维护成本。

⑤适宜的溶解性能。变压器油的溶解性能是指其溶解氧化油泥及溶解电气设备故障局部高压放电使油分解产生碳粒的能力。但这种溶解性能也不能太强，避免溶解变压器的绝

缘漆，使绝缘性能变差。一般用苯胺点衡量，苯胺点越低，溶解性能越好。美国 ASTM D3487 标准要求苯胺点为 63~84℃。

⑥良好的抗析气性能。变压器油在高压电场下会发生吸气或放气的现象，称为油品的析气性。由于变压器油工作温度比较高，变压器的介质不断发生膨胀与收缩，易于生成汽泡，局部放电或电子撞击油分子，使之分解析出气体，可能会导致绝缘的破坏，所以要求变压器油具有良好的抗析气性能。

此外，还要考虑到变压器油的安全、健康和环境可接受性，如要求极性多环芳烃和致癌物含量小于 3%。

3. 橡胶油

橡胶，又称弹性体，是高分子材料中的一种。无论是汽车、航空、航海等交通运输业还是建筑、尖端科技、医药卫生、日常生活等都离不开橡胶，橡胶对于促进国民经济的发展和提高人民生活水平起到了不可估量的作用。在橡胶合成或加工成型过程中需添加一定量的润滑油，填充在橡胶长链分子之间，以改善聚合物的产品性能和加工性能，这种润滑油称为橡胶油。

（1）橡胶油的作用

在胶料生产过程中填充一定量的橡胶油，使其填充在橡胶的长链分子之间，这类橡胶油称为"橡胶填充油"；在购入胶料生产橡胶制品的橡胶厂，必须加入适量的橡胶油才能将各种配料和橡胶混合均匀，改善胶料的加工性，补强剂和填充剂的分散性，这类橡胶油称为"橡胶操作油"或"橡胶加工油"；胶料的硬度较高，且在橡胶制品生产过程中还需加入其他的填料，会使胶料的硬度更大，所以一般在配料中加入一定量的橡胶油，使橡胶制品变得柔软并有良好的弹性，这类橡胶油称为"橡胶软化油"。可见，橡胶油的主要作用有降低橡胶分子链之间的作用力、改善橡胶的可塑性、流动性和黏着性、改善硫化胶的弹性等性能，此外，由于橡胶油的价格一般比生胶低，所以橡胶油的使用还可以降低成本。

（2）橡胶油的主要性能

对橡胶油的主要物理性能要求有密度、黏度、苯胺点、折射率、倾点、闪点、黏重常数（VGC）、蒸发损失等，例如，苯胺点越低，橡胶油与橡胶的相容性就越高；倾点越低，橡胶的耐寒性和低温物理性能越好。对橡胶油的主要化学性能要求有稠环芳烃、260 nm 紫外吸光度、光稳定性、热稳定性等，例如，260 nm 紫外光的吸收量和橡胶油中芳烃的含量有关，当 260 nm 紫外光吸收小于 0.5 时，该橡胶油的颜色稳定性就较好。此外，还要以充油橡胶的性能检测结果来评定橡胶油的优劣。

一种理想的橡胶油应具备以下条件：

①与橡胶等原材料的相容性好；

②对硫化胶或热塑性弹性体等产品的物理性能无不良影响；

③充油和加工过程中挥发性小；

④在用乳聚工艺合成的充油橡胶生产中应具有良好的乳化性能；

⑤在生胶混炼过程中应使其具有良好的加工性、操作性及润滑性；

⑥环保、无污染；

⑦具有良好的光、热稳定性；

⑧质量稳定，来源充足，价格适中。

1.4 润滑油的主要使用性能与化学组成的关系

石油化学科学家在这个命题下，已探索了一个世纪。20 世纪上半叶人们探索了矿物润滑油烃类的性质、化学组成以及它们与润滑油主要物理、化学性质之间的某些关系。50 年代以来，人们发现一般理化性质已不能很好地表征润滑油日益苛刻的使用性能。人们开始寻求润滑油化学组成与使用性能的关系，与台架试验相关联，与添加剂的感受性相关联。进入 20 世纪 80 年代以来，人们试图在油品化学组成和使用性能之间建立某种数学模型。在加工方案评价、油品使用性能和添加剂配方方面进行预测和指导，获得了某些进展。需要指出的是，现代润滑油的大部分已经是矿物基础油与化学合成功能添加剂的组合润滑剂。其使用性能在一定程度上已不取决于石油烃类的天然特性，而受到外加的各种功能添加剂的作用和复合配伍优劣的深刻影响。可以说，现代润滑油的许多使用特性是由不同配方的添加剂赋予的，而基本的、共同的一些性能则是由基础油提供的，诸如黏温性能、挥发度、热安定性、氧化安定性、色度、流动性，以及对添加剂的感受性等。润滑油生产工艺对润滑油性能的作用范围，也在于基础油的上述性能。当然，这些基本性能是与基础油中烃类组成相关联的。所以，研讨润滑油的化学组成，对于确定润滑油的生产工艺结构，优化各生产过程的操作，都具有重大的指导意义。

1.4.1 润滑油的化学组成

石油经过常压蒸馏后，塔底出常压渣油。常压渣油经过减压蒸馏，便分割出轻重不同的润滑油馏分油。减压渣油经过脱沥青后，便得到了脱沥青油。上述润滑油馏分油和脱沥青油都是制取润滑油的原料。这些润滑油馏分油和脱沥青油可以单独制成润滑油产品，也可以通过调和的方法生产不同的润滑油产品。

矿物润滑油料由烷烃、环烷烃、芳烃、环状芳烃，以及含氧、含氮、含硫有机化合物和胶质、沥青质等非烃化合物组成。

对馏分润滑油料而言，其烃类碳数分布约为 $C_{20} \sim C_{40}$；沸点范围约为 350~535℃；平均相对分子质量（曾称分子量）约为 300~500。对残渣润滑油料而言，其烃类碳数分布更高（$>C_{40}$）；沸点范围更高（>500~535℃）；相对分子质量也更大（>500）。

烃类是构成润滑油的主体成分。在成品润滑油基础油中，由于在常温下能以固态存在的主要组分——正构烷烃和异构烷烃大部分被脱除，因此，烷烃不是润滑油基础油的主体烃。润滑油馏分含环烷烃较多，环烷烃主要是单环，双环和三环，而且环上的碳原子大多数是五个碳和六个碳的。随馏分沸点的升高，环烷环上的烷基侧链与环数均有增加，而且烷基侧链碳原子数的增加比环数增加更为显著。环烷烃是润滑油黏度的载体之一。由于环烷烃环的数目、环的结构、环上的烷基侧链的数目和长短不同，就使润滑油具有不同的性质。润滑油馏分中的芳烃有两种类型，一种是烷基芳烃型（芳环上有一个或数个碳原子数不等的烷基侧链）；另一种是环烷基芳烃型（即分子中含有环烷环和芳环的混合烃）。润滑油馏分中芳烃分子环的数目一般为 1~4 个，随着润滑油馏分的沸点升高，不论是轻芳烃、中芳烃或重芳烃，它们的环数和烷基侧链的碳原子数均有增加，但侧链中碳原子数增加的更为显著。在高沸点馏分中，呈现出环烷基芳烃类型的结构。与环烷烃相比，芳烃的烷基侧链比环烷烃要短，而烷基侧链数要多。这种多环多侧链、短侧链的芳烃的黏度指数低，是润滑油的非理想组分，在润滑油馏分进行加工时，需经溶剂精制加以脱除。

润滑油馏分中的非烃类是一些含氧、氮、硫的化合物以及胶状物质等，它们的含量一般都随馏分沸点的升高而增加，而且绝大部分集中在减压渣油中。非烃类在润滑油中的含量一般很少，但其存在对润滑油加工过程往往起着不可忽视的影响，对润滑油的许多性能会产生或正或负的影响。

润滑油中的烃类和非烃类对润滑油的特性起着不同的作用，如表1-3所示。

表1-3　烃类和非烃类对润滑油基础油性质的影响

组　　成	对润滑油基础油性质的影响
烃类 烷烃、环烷烃、芳烃、环烷-芳烃	密度、黏度指数、倾点、苯胺点、溶解能力、硫酸灰分、氧化稳定性和抗氧剂感受性、黏度指数改进剂的感受性、挥发性等
非烃类 含氧化合物、含硫化合物、含氮化合物、有机金属化合物	抗氧剂感受性、溶解能力、抗磨性、极压性、泡沫、锈蚀等

另外，也有将基础油的组成分为非极性组分和极性组分两大类的，前者是指饱和烃——链烷烃和环烷烃，后者是指芳烃和极性化合物——胶质、沥青质等。它们对基础油特性的影响存在很大的差别，见表1-4。

表1-4　基础油极性与非极性组分的特性

项目	倾点	抗氧化性	添加剂感受性	溶解性	黏度指数	承载负荷能力
极性组分	低	好	差	好	低	好
非极性组分	高	差	好	差	高	差

在加工润滑油基础油的过程中，进行脱沥青、精制、脱蜡、吸附补充精制等一系列加工，不论是物理加工过程还是化学加工过程，从根本上讲，就是调整烃类和非烃类、极性成分和非极性成分在成品基础油中应该存在的比例。矿物润滑油化学的研究目标，基础油生产工艺的评价任务，也就在于确定组成基础油的化学成分间的最佳比例，并确定实现最佳组成所应采取的最优化的生产工艺和操作参数。

1.4.2　黏度与化学组成的关系

黏度反映了流体流动时分子间内部阻力的大小，润滑油的黏度一般分为运动黏度、动力黏度(又称绝对黏度)和条件黏度(包括恩氏黏度、雷氏黏度和赛氏黏度)。运动黏度只能用于测定牛顿型流体的黏度，即新的润滑油黏度(不是所有的新润滑油)；动力黏度既可测定牛顿型流体的黏度，也可测定非牛顿型流体的黏度，所以可测定新的润滑油、在用的润滑油及废润滑油的黏度；条件黏度一般用于重质润滑油的黏度测定。但由于动力黏度的测定方法较多，条件不同导致结果各异，所以，目前国内外一般均采用运动黏度测定润滑油的黏度，我国采用的标准是 GB/T 265 和 GB/T 11137。

要使摩擦副保持液体润滑，润滑油黏度的大小必须足以使它能在机件之间形成连续的油膜。假如润滑油的黏度太小，那就会导致油膜厚度太薄，从而加大机件的磨损，甚至烧坏；假如润滑油的黏度太大，则用于克服液体内摩擦所耗的能量就会太大，这也是不经济的。此外，从润滑油的冷却作用来看，黏度较小的润滑油冷却效果较好；而从密封作用来看，则要求润滑油的黏度不能太小。至于黏度以多大为宜，则要根据不同的具体使用条件来确定。

黏度反映润滑油内部分子之间的摩擦力，液体流动时，液体自身分子之间相互发生摩擦，这就是内摩擦。液体的内摩擦大即液体的黏度大，流动时就困难；黏度小，则易流动。

一般条件下，液体的内摩擦主要是由液体分之间相互吸引造成的，它必然与分子的大小、结构有密切的关系，见表1-5～表1-7。

表1-5 烃类的黏度

烃类	正己烷	正庚烷	正辛烷	正壬烷	正癸烷
绝对黏度/mPa·s	0.298	0.396	0.514	0.668	0.859
烃类	环己烷	甲基环己烷(CH_3)	乙基环己烷(C_2H_5)	丙基环己烷(C_3H_7)	丁基环己烷(C_4H_9)
绝对黏度/mPa·s	0.895	0.683	0.785	0.931	1.204
烃类	苯	甲苯(CH_3)	乙苯(C_2H_5)	丙苯(C_3H_7)	丁苯(C_4H_9)
绝对黏度/mPa·s	0.601	0.550	0.635	0.796	0.957

表1-6 烃类分子中环数对黏度的影响

烃类	$C_8-C(C_8)-C_8$	$C_2-C(C_2)-C_8$（带一环己基）	$C_8-C(C_2)-C_2$（带二环己基）	$C_2-C(C_2)-C_2$（带三环己基）
运动黏度(ν_{98})/(mm²/s)	2.49	3.29	4.98	10.10
烃类	$C_8-C(C_2)-C_8$（带一苯基）	$C_8-C(C_2)-C_2$（带二苯基）	$C_2-C(C_2)-C_2$（带三苯基）	
运动黏度(ν_{98})/(mm²/s)	2.53	2.74	3.82	

表1-7 环状烃类分子中侧链长度对黏度的影响

烃 类	十氢萘-$C_{18}H_{37}$	十氢萘-$C_{22}H_{45}$	萘-$C_{18}H_{37}$	萘-$C_{22}H_{45}$
赛氏黏度(100℃)/SUS	148.0	208.0	113.5	168.0

由表1-5~表1-7可知，黏度与其化学组成存在以下关系：

①对于同一系列的烃类，除个别情况外，化合物的相对分子质量越大，其黏度也越大。就黏度方面来看，润滑油中的理想组分应是环状烃类。

②当相对分子质量相近时，具有环状结构的分子的黏度大于链状结构的，而且分子中的环数越多则其黏度也就越大。因此，在习惯上有润滑油中的环状烃是润滑油黏度的载体的说法。就黏度方面来看，润滑油中的理想组分应是环状烃类。

③当烃类分子中的环数相同时，其侧链越长则其黏度也越大。

此外，在环烃中，多环烃的黏度大于单环烃；同碳数同环数的环烷烃黏度大于相对应芳烃的黏度；杂环烃的黏度大于同碳数芳烃和环烷烃的黏度。

在润滑油加工过程中，由于烷烃的黏度最低，尤其是正构烷烃，所以，经过脱蜡以后的润滑油馏分的黏度有所升高，这是因为具有低黏度的烷烃脱蜡后含量大大减少的缘故。而经过精制后，润滑油的黏度就有所降低，这是由于具有高黏度的多环烃类和胶质等非烃类被除去而含量减少的结果。

润滑油的黏度取决于其馏分与化学组成。切割同一原油而得到的各种润滑油馏分，黏度随馏分的变重而增大；从不同原油中切割出沸点范围相同的润滑油馏分，它们的黏度并不相同；即使是同一原油的同一种润滑油馏分，加工的方法或加工的工序不同，产品的黏度都有差异。

此外，润滑油的黏度还和温度、压力有关。润滑油的黏度随温度的升高而减小。润滑油的黏度随压力的升高而增大，这是因为当液体所受的压力增大时，其分子间的距离缩小，引力也就增强，导致其黏度增大，且在高压下显著变大。

最后要说明的是，润滑油馏分中含的胶质、沥青质的黏度虽然很大，但是它们的存在易使润滑油产生漆状物和生成焦炭，所以在润滑油的生产过程中必须除去。

1.4.3　黏温特性与化学组成的关系

1. 黏度与温度的关系

油品的黏度随温度发生变化，因此在讨论黏度时需指明液体所处的温度。液体黏度随温度发生变化的原因，是因为液体的黏度由液体分子间的作用力所决定，这种由分子相互作用而呈现出的性质与温度有着密切的关系。当温度升高时，液体体积膨胀，内部的分子间距增大，分子间作用力减小，结果导致液体黏度下降。反之，随温度降低黏度升高。表1-8为SC30内燃机润滑油和20号航空润滑油在不同温度下的黏度值。

表1-8　油品在不同温度下的黏度

温度/℃	SC30 内燃机润滑油/（mm²/s）	20 号航空润滑油/（mm²/s）
100	11.0	20.8
90	14.4	28.7
80	19.3	40.2
70	27.0	60.9
60	40.0	96.4
50	61.0	156.7

温度/℃	SC30 内燃机润滑油/(mm²/s)	20 号航空润滑油/(mm²/s)
40	99.3	289.9
30	178.6	580.8
20	345.9	1276.7
10	738.5	3219.5
0	1801.3	9278.5

由油品黏度与温度的关系图可以看出，油品的黏度随温度发生变化是非常显著的，这种变化在低温下更为突出。对于液体黏度与温度的关系，普遍认为二者之间的关系为指数关系，这种关系最简单的表达式为：

$$\nu = C_1 \cdot e^{\frac{c_2}{T}} \tag{1-5}$$

式中　C_1、C_2——常数；

　　　　T——绝对温度。

在石油产品中，液体的黏度与温度间的指数关系有许多经验式，其中较为准确和应用较广泛的是瓦尔塞方程（Walther）：

$$\lg\lg(\nu + 0.6) = b + m\lg T \tag{1-6}$$

式中　ν——在温度 T 时的运动黏度，mm^2/s；

　　　　T——绝对温度，K；

　b、m——每一油品的常数。

利用瓦尔塞方程，对已知 b、m 常数的油品可计算油品在不同温度时的黏度值，同时，也可以根据油品不同温度时的黏度值来计算油品的 b、m 常数。

润滑油的黏度随着温度发生变化的性质称为黏温特性。润滑油的黏温性能好是指黏度随温度变化而变化的幅度小，在润滑油的使用中，良好的黏温性能是非常重要的。例如，内燃机在正常运转时，有些部位的温度可高达 300℃，而在启动时温度又比较低，在高寒地区的冬季，室外的气温甚至低到零下几十摄氏度。假如润滑油的黏度随温度的变化太大，也就是说在高温时太稀，不能保持必要厚度的油膜，这将使机器的磨损加大；而在低温时又太稠，这不仅造成启动困难，同时也会导致磨损。这就要求内燃机润滑油的黏度随温度的变化而变化较小。

2. 黏温性质的表示方法

润滑油黏温特性的评价，通常采用黏度比、黏温系数和黏度指数等指标。

（1）黏度比

同一润滑油，低温黏度与高温黏度的比值叫黏度比。对于内燃机润滑油，通常用 50℃ 和 100℃ 下的运动黏度之比来衡量油品黏温性质的优劣。

$$黏度比 = \nu_{50℃}/\nu_{100℃} \tag{1-7}$$

黏度比小，黏温特性好；黏度比大，黏温特性差。黏度大的润滑油，黏度随温度变化大，反之变化小。所以黏度大小不同的润滑油的黏度比要求也不同。比较时，只能比较黏度大小相似的润滑油。两种黏度相似的润滑油，某种油的黏度比小，则其黏温特性比另一种好。

（2）黏度温度系数

润滑油 20℃黏度与 100℃黏度间差值同 50℃黏度的比值定义为黏度温度系数，简称黏温系数，见式（1-8）。这一指标常用于航空活塞式发动机润滑油的黏温性能评定。同黏度比一样，油品的黏温系数小表明黏温特性好，反之则差。

$$黏度温度系数 = \frac{\nu_{20} - \nu_{100}}{\nu_{50}} \tag{1-8}$$

式中　ν_{20}、ν_{50} 和 ν_{100}——油品在 20℃、50℃和 100℃下的黏度。

（3）黏度指数（VI）

黏度指数是目前应用最为广泛的黏温性能指标，它是通过与标准油黏温特性比较而得出润滑油黏温性能评定结果。

黏度指数是通过与标准油比较而得出的黏温性能指标。它的应用始于 1929 年，为衡量油品黏温特性的优劣，选择了两种黏温性能相差悬殊的原油（美国宾夕法尼亚州油和海岸油）作为标准油。其中，宾夕法尼亚州原油黏温性优异，黏度指数定为 100；海岸油黏温性能很差，黏度指数定为 0。两种原油被制成一系列不同黏度的窄馏分，并测得其 100℃和 40℃时的运动黏度作为基准数据。

对欲评定黏度指数的油品，在测得 100℃和 40℃的黏度后，与其 100℃黏度相同的两标准油比较 40℃黏度值，由式（1-9）计算黏度指数：

$$黏度指数（VI） = \frac{L - U}{L - H} \times 100 \tag{1-9}$$

式中　U——测定油 40℃的运动黏度，mm^2/s；

　　　L——低标准油 40℃的运动黏度，mm^2/s；

　　　H——高标准油 40℃的运动黏度，mm^2/s。

随着润滑油性能的提高，已出现黏度指数超过 100 的油品，甚至有些油品的黏度指数高达 200，这样就不能按上式求取黏度指数。当黏度指数超过 100 时，按下两式计算：

$$黏度指数（VI_E） = \frac{10^N - 1}{0.00715} \times 100 \tag{1-10}$$

$$N = \frac{\log H - \log U}{\log \nu} \tag{1-11}$$

式中　ν——试油在 100℃时的运动黏度，mm^2/s；

　　　H——黏度指数为 100 的标准油在 40℃的运动黏度，mm^2/s；

　　　U——试油在 40℃时的运动黏度，mm^2/s。

黏度指数是试油的黏温特性与标准油比较得出的相对数值，黏度指数高，则黏温性能优。黏度指数是国际上普遍使用的黏温特性指标，它可用于不同黏度等级油品间黏温性的比较。

3. 黏温性质和化学组成的关系

基础油的黏度指数是其化学组成的函数。

烃类本身的黏度指数差别很大，表 1-9 的数据清楚地表明，正构烷烃的黏温性质最好，黏度指数最高；其次是异构烷烃，其黏度指数要比正构烷烃低；具有烷烃侧链的单环、双环环烷烃和单环、双环芳烃黏度指数居中；最差的是重芳香烃、多环环烷烃和环烷-芳烃。环状烃分子中环数越多，黏温性质越差，甚至黏度指数为负值。

表 1-9　润滑油中不同烃类的黏度指数

烃类	$n\text{-}C_{25}$	(结构式)	(结构式)	(结构式)	(结构式)
黏度指数	177	117	101	77	70

烃类	(结构式)	(结构式)	(结构式)
黏度指数	-6	-15	-365

研究还表明，在混合结构的多环烃中，芳烃环数越多，黏温性质越差；烃类分子中环数相同时，烷基侧链越长，黏温性质越好，侧链上有分支也会使黏度指数下降。

综上所述，正构烷烃的黏温性质最好，少环长烷基侧链的烃类黏温性质良好，多环短侧链的环状烃的黏温性质很差。

根据以上的论述，要制取黏温特性好的润滑油，必须做到：

①尽量完全除去胶状物质（可通过脱沥青装置除去）；

②尽量除去具有短侧链的多环环状烃（可通过精制装置除去）；

③适当除去一部分烷烃（可通过脱蜡装置除去），因为烷烃虽然黏度指数高，但在低温下流动性能差；

④尽量保留长侧链的单环或双环环状烃。

结合润滑油的黏度和黏温特性这两方面来看，少环长侧链的环状烃是润滑油的理想组分。而正构烷烃的黏温特性虽好，但是它的低温流动性却很差，因而不属于理想组分。

1.4.4　低温流动性与化学组成的关系

不同用途的润滑油应具有不同要求的性能，但要求润滑油在使用温度下具有流动性，都是任何一种润滑油必须具备的一个使用性能。只不过对保持流动能力的温度界限要求不同罢了。对内燃机而言，磨损主要是启动时造成的，冬季尤为显著。因为，当内燃机冷启动时，如果润滑油的低温流动性不好，润滑油就不能在发动机的输油管内顺利流动，因而各摩擦部件就不能得到及时而又良好的润滑，这就造成磨损。

润滑油的流动性随温度的变化而变化，当温度下降到一定程度时，润滑油就丧失了流动性。引起润滑油丧失流动性的原因有两种：

（1）油中某些烃类在低温时形成固体结晶，而结晶靠分子引力连接起来，形成结晶网，将油包住，使油品流动性变差，以致凝固，这种现象称为结构凝固。影响结构凝固的是油中高熔点的正构烷烃、异构烷烃及长烷基链的环状烃。

（2）由于大分子烃类的黏度大，在低温时，黏度变得更大，温度降到一定程度时，就完全丧失了流动性，以致凝固，这种现象称为黏温凝固。影响黏温凝固的是油中的胶状物质以及多环短侧链的环状烃。

在各种烃类中,当碳原子数相同时,以正构烷烃的凝固点最高,其次是环状烃,异构烷烃最小。

不同类的烃族以及不同相对分子质量的烃族,其低温流动性相差很大。正构烷烃的凝点随其相对分子质量的增大而增高。碳原子数目相同的异构烷烃的凝点,异构化程度越小、凝点就越高。环状烃的凝点随环数增多而增高,有侧链的环状烃的凝点随其侧链的长度和数目的不同而不同,其变化和正构烷烃相似。

石油中的胶质、沥青质是含氧、硫、氮的多环化合物,属于非烃类物质。研究表明,它们对润滑油的低温流动性会产生或正或负的影响。然而,润滑油中存在的胶质、沥青质,对润滑油的加工过程以及对润滑油的许多性能,如热氧化安定性、色度等,会产生不良影响。

为了改善润滑油的低温流动性,在润滑油馏分加工时,应通过脱蜡除去高凝点的正构、异构烷烃及长烷基侧链的环状烃(通称为固态烃类,因它们在常温下呈固态而得名),除去程度由对润滑油凝点的要求而定。但从润滑油馏分中脱除蜡是一种能耗很高的加工工艺,生产费用大。因此,润滑油馏分脱蜡通常并不要求将所有蜡脱除,而是将蜡脱到一定深度后,再加入降凝剂,使其凝点达到规定的要求,同时避免形成结构凝固。生产中常常采用溶剂脱沥青和精制的方法将润滑油中胶状物质以及多环短侧链的环状烃除去,以防形成黏温凝固。

评价润滑油低温流动性的重要指标是凝点和倾点,测定方法分别为石油产品凝点测定法 GB/T 510 和石油产品倾点测定法 GB/T 3535。

1.4.5 抗氧化安定性与化学组成的关系

润滑油在生产、储运和使用过程中,不可避免地会与空气接触,因此,氧化反应是必然发生的,并且,润滑油在使用过程中与铁、铜等金属的接触也会对其氧化起到催化作用。氧化后,润滑油产生沉淀、油泥和酸,使润滑油变质、引起腐蚀、油变稠、使用性能恶化、使用寿命缩短、加快换油期、增加使用费用等。润滑油本身在一定条件下耐氧化的能力,称为抗氧化安定性。含不同烃类的润滑油,氧化产物不同,当烃类氧化生成醇和酯类时,对润滑油无害;当烃类氧化生成醛、酮及胶质时,会由于这些产物的进一步氧化和缩合,使润滑油黏度增大,残炭上升;不同烃类的润滑油,氧化难易程度也不同,这与其化学组成有关。在各种烃类中,烯烃最容易氧化,但由于润滑油中烯烃含量极少,所以主要关注烷烃、环烷烃和芳烃对其氧化安定性的影响。

1. 烷烃

烷烃属于饱和烃,比较稳定,但在高温条件下,容易氧化成低分子的醇、醛、酮、酸等含氧化合物,带有支链的异构烷烃,还能氧化成羟基酸,深度氧化后,则容易生成胶状沉淀物的氧化缩合产物。石蜡基油较环烷基油起初有较高的抗氧化能力,而氧化产物一形成就较快沉淀下来。

2. 芳烃

芳烃的氧化性因其结构而异,分子结构越复杂,含芳环越多,越容易氧化。

含有短侧链或芳环间以短链相连接的芳烃,氧化产物主要是酚和胶状物质,侧链长度增加,氧化产物中胶状物质减少,而酸性产物(羧、羟基酸)及中性产物(醇、酮、醛、酯)则增多。

3. 环烷烃

环烷烃容易氧化，相对分子质量大的比相对分子质量小的更易氧化，环烷烃带有短侧链时，环本身氧化安定性降低。环烷烃氧化产物是羧基酸、羟基酸及酮、醇、胶状物质。

4. 环烷芳烃

环烷芳烃易氧化生成酸及其他化合物和缩聚产物，当分子中环烷环居多时，氧化产物与环烷烃氧化产物相似，当分子中芳环居多时，氧化产物与芳烃氧化产物相似。

环烷烃中混有足够浓度的芳烃时，可以增加环烷烃的抗氧化性能。一般说来，含有3%～5%的无侧链的芳烃时，即起明显的抗氧化作用，短侧链芳烃则需要10%～15%才能起抗氧化作用，长侧链芳烃则需要20%～30%才能起抗氧化作用。

若润滑油中芳烃含量过多，因芳烃本身的氧化产物多是一些不溶于油的沉淀物，所以，润滑油中的芳烃含量不宜过高。若润滑油中芳烃含量过少，又会抑制不了烷烃和环烷烃的氧化。由此产生了"最佳芳烃性"的概念。最佳芳烃性是指润滑油中应含有适宜的芳烃量，在此适宜的芳烃含量下，润滑油的抗氧化性能最好，这种现象称为最佳芳烃性，这一现象对实际制备抗氧化性能好的润滑油具有指导意义。

最初，所谓最佳芳烃性只是考虑饱和烃组分与芳烃组分之间的相互作用，而现在则是考虑芳烃与含硫化合物之间的相互作用，原因是研究一些饱和烃组分与芳烃组分共同氧化时，最佳芳烃性重复性差。为此，认为最佳芳烃性是芳烃与含硫化合物合理匹配的结果。因为，芳烃与含硫化合物反应能生成很强的抗氧化剂。此外，许多含硫化合物自身也是芳烃的衍生物，这可能是一种物质能同时起两种作用。关于最佳芳烃性问题仍然是一个有待深入研究的课题。

5. 含硫化合物对氧化安定性的影响

实践证明，润滑油中的含硫化合物具有抗氧作用，含有一定量的硫会使其更加安定。而进一步的研究还发现，在各类含硫化合物中，硫醚类尤其是环硫醚类对润滑油氧化的抑制作用最为明显，而噻吩类则影响很小。硫醚类化合物对氧化的抑制，是由于其能分解润滑油氧化时所产生的过氧化物，从而阻滞了氧化的链反应所致。

6. 含氮化合物对氧化安定性的影响

据研究，含氮化合物在润滑油的氧化过程中起引发或促进自由基形成及加快抗氧剂消耗的作用，所以，含氮化合物对润滑油的氧化是起促进作用的。

7. 胶质对润滑油的热氧化稳定性的影响

石油中的胶质、沥青质是含有氧、硫、氮的结构十分复杂的稠环化合物。尽管许多研究证明，润滑油中的胶质有延缓氧化的作用，是天然的抗氧化剂。但胶质在被加热时，与空气相遇，极易氧化而缩聚成沥青质。胶质的着色力很强，微量级胶质的存在即可使润滑油呈黄褐色到暗褐色。胶质对热是很不稳定的，在热加工和催化加工过程中通过极复杂的化学转化最终形成气体和焦炭，对加工过程产生很坏的影响。因而，胶质仍被人们划分为润滑油的非理想成分，而应加以脱除，这在制备优质基础油生产高档润滑油时，更应充分加以脱除。

8. 含氧有机化合物与润滑油的氧化稳定性

石油中的氧，90%以上载于胶质、沥青质。胶质、沥青质的氧化倾向已如上述。

石油中的另一类含氧化合物为酚类、脂肪酸类和环烷酸类。在润滑油中存在的含氧有机化合物，除胶质外，主要是有机羧酸——脂肪酸和环烷酸，环烷酸占90%以上。环烷基原油和环烷中间基原油的润滑油馏分中含有较多的脂肪酸和环烷酸，在石蜡基原油中含量很低。

润滑油中的环烷酸主要是含有环烷环及芳香环的多环羧酸，环上可连接着短的烷基链，羧基一般不与环相连，而是隔着几个碳原子与环相连。

环烷酸、脂肪酸在润滑油使用条件下的氧化倾向，尚缺乏研究。然而，环烷酸的金属盐，是氧化促进剂已确定无疑。它的金属皂往往是强乳化剂，使润滑油在操作过程中遇水发生严重乳化。此外，环烷酸、脂肪酸的特殊臭味，以及对铁、铜、铅等金属的强烈腐蚀性，都会影响润滑油的品质，因此，作为非理想成分应从润滑油中脱除。最有效的方法是催化加氢。

由于润滑油的烃类和非烃类组成对其氧化安定性的影响比较复杂，迄今还没有比较成熟的看法。但是，总的来说，在润滑油中饱和烃和单环芳烃的含量高有利于改善其氧化安定性，同时，含有一定量的硫对烃类的氧化能起抑制作用，而多环芳烃和碱氮的含量高则对润滑油的氧化安定性不利。针对我国大部分原油含氮量高、含硫量低的特点，为了改善润滑油的氧化安定性，必须通过精制把其中所含的氮尤其是碱性氮脱到相当低的水平，但同时又要注意保存一定量的硫。实际上，单靠用精制手段来除去非理想组分的方法，还不能使其符合某些润滑油氧化安定性的要求，一般还需添加适量的抗氧抗腐添加剂。

此外，润滑油的氧化安定性还与温度、金属以及油与空气的接触面积等有关。一般来说，温度每升高8~10℃，润滑油的氧化速度提高1倍。金属中，铜的氧化作用较强，而钢铁、镍、锌、铝较弱。润滑油与空气的接触面积越大，氧化速度就越快。

评价润滑油氧化安定性的常用方法是旋转氧弹法 SH/T 0193。根据润滑油的特性和应用场所，还有其他的评价方法，如内燃机油氧化安定性测定法 SH/T 0299，极压润滑油氧化性能测定法 SH/T 0123。

1.4.6 溶解能力与化学组成的关系

润滑油的溶解能力是指对润滑油添加剂和氧化产物的溶解能力。润滑油对各种不同类型的添加剂溶解能力强时，添加剂能较均匀地分散在油中，可充分发挥添加剂的作用。若润滑油对氧化产物的溶解能力好，则可充分发挥清净分散剂的作用。

溶解能力通常以苯胺点来表征，而润滑油的苯胺点与烃类组成关系十分密切。

①烃类的苯胺点：烷烃>环烷烃>芳烃。

②随着相对分子质量的增大，同系物的苯胺点逐步升高。

③由加氢处理工艺获得的润滑油基础油，由于烷烃和环烷烃含量高达95%~98%，因此，苯胺点较高，溶解能力较差。这是加氢处理油的一个缺点。可通过与常规"老三套"方法生产的基础油调配使用以弥补不足。

④不同级别的油，对复合添加剂的溶解极限苯胺点的要求是很不同的。这是因为不同级别的油，添加剂含量和配方不同。例如，船用汽缸油需要大量添加剂，有时高达25%~30%，且碱值很高，因此，极限苯胺点要求较低，在130%以下为宜。正因为此，船用汽缸油倾向于用环烷基基础油来调制，或用环烷基油与石蜡基油混合调制。因此，若润滑油中使用大量添加剂时，应事先测定润滑油的苯胺点。

⑤在工艺用油中，某些油品与介质的互溶性很重要。冷冻机油与冷冻剂之间需要有最

优化的溶解性能，既要有较低的临界溶解温度，又要有较好的氧化安定性。橡胶填充油也需要有高的芳烃含量。所以，这两类油通常由环烷基油来制备。

测定润滑油苯胺点的方法为石油产品苯胺点测定法 GB/T 262。

1.4.7　挥发性与化学组成的关系

基础油的挥发性对油耗、黏度稳定性、氧化安定性都有一定影响。这些性质对多级油和节能油尤其重要。研究表明，同等黏度下，饱和烃（烷烃、环烷烃）的挥发性比芳烃小，因此，石蜡基油比环烷基油挥发性小；黏度指数越高，挥发性越小，窄馏分和深度精制有助于挥发性的降低。加氢处理油、超精制油、合成烃油的挥发性低于传统精制矿物油，故在多级油中显示了它们的优越性。

闪点是评价润滑油高温蒸发性的一项指标，也是评价油品安全性能的指标。根据测定方法和仪器的不同，闪点可分为开口闪点和闭口闪点，测定开口闪点的方法是克利夫兰法 GB/T 3536，测定闭口闪点的方法是宾斯基-马丁法 GB/T 261。

1.4.8　残炭值与化学组成的关系

将油品放入残炭测定器中，在不通入空气的条件下加热，油中的多环芳烃、胶质和沥青质等受热蒸发、分解并缩合，排出燃烧气体后所剩的鳞版状黑色残余物，称为残炭，以质量百分数表示残炭值。它反映了油品的热稳定性，并且残炭值在一定程度上反映了油品在使用时生成漆状物和积炭的倾向性。

油品的残炭值大小与其化学组成有关，生成焦炭的主要物质是沥青质、胶质及芳香烃。在芳香烃中，以多环芳香烃的残炭值最大，而环烷烃生成的焦炭很少，烷烃则不生成焦炭。

综上所述，矿物润滑油中的化学组成对润滑油各项主要性能的影响，往往是多重性的，甚至是相互矛盾，相互影响，互为因果的。因此，制取一个化学组成十分理想而且万能通用的基础油，几乎是不可能的。况且，润滑油烃类与非烃类化学结构极其复杂，以致无法用可计算的函数方程式来表征性能与化学组成间的定量关系。因此，人们只能通过试验和经验总结，提出定性的指导和化学组成上的大致平衡。

综合上述润滑油使用性能与化学组成的关系，可以看出，要制得品种优良的润滑油，在润滑油馏分精制时，必须做到以下几点：

①尽量除去大部分的胶质、沥青质；

②尽量除去多环短侧链的环状烃；

③尽量除去含氧、氮、硫化合物；

④尽量保留少环长侧链的环状烃；

⑤适当除去一些高凝点的烷烃。

可见，从黏度、黏温性能、低温流动性和氧化安定性等方面考虑，润滑油的理想组分是带长侧链的少环环状烃，特别是侧链中部具有分支，这种烃具有较大黏度，较低凝点和较高黏度指数，而多环短侧链的芳香烃和正构烷烃则是非理想组分，应该通过脱蜡和精制等方法将它们除去。至于非烃类化合物，一般来说是非理想组分，但少量含硫化合物有时能对氧化反应起到抑制作用。

1.5 润滑油基础油的特性、分类及加工过程

由于机械的要求和使用条件的千差万别,润滑油的品种多达上千种,假如每种润滑油都单独生产,润滑油的生产就太复杂了。为了简化润滑油生产,目前各国都采取先制成一系列符合一定规格的、黏度不同的基础油,然后根据市场需要将不同牌号的若干种基础油进行调和,并加入适量的各种(复合)添加剂,以制得符合各种规格的润滑油商品。这样不仅使润滑油的生产规范化,取得事半功倍的效果,同时还易于根据市场的变化及时调整产品结构。由此可见,润滑油的品种虽然很多,但都是以基础油为主体并加入适量的各种添加剂而制成的。

1.5.1 基础油的特性

基础油是指主要用于生产各种润滑油产品的精制原料油品,是润滑油的主体。润滑油基础油主要有三个来源:原油、合成基础油和不同于原油的天然资源(脂肪、蜡、植物等)。目前,大部分润滑油基础油是由原油经过蒸馏及进一步的加工而得到的矿物型基础油。基础油可以单独直接使用,也可以和其他基础油品或(和)添加剂掺合使用。由于它占油品的主要部分并对油品的主要性能或基础性能起到主导作用,人们习惯称它为基础油。另外,从当今油品发展情况来看,各类油品均由基础油与各种添加剂调制而成,基础油在油品中的重要性显而易见。因为基础油在油品中大多占到70%~99%,视油品种类和性能要求而有所调节。

如高档发动机油中可含80%左右的基础油;液压油及许多工业润滑油中基础油的比例更可高达90%以上。

从宏观上讲,基础油为润滑油的理化性质和使用性能提供最基本的作用,可以在润滑性、冷却性、清洗性、防腐性、环保要求等性能上提供最基本的保证。

1. 润滑性

基础油的润滑和减摩作用,集中体现在基础油的黏度分布方面。以40℃运动黏度为例,它的黏度分布可以从$4mm^2/s$一直到$150mm^2/s$,说明了可以根据机械设备各个摩擦副接触面的间隙和运转速度提供在操作条件下所需黏度的油品。这点在摩擦学设计中就是机器摩擦副段所需的油膜厚度。以发动机为例,曲轴与主轴瓦、活塞环与缸套、凸轮与挺杆等,各摩擦副均以一定速度做相对运动,为了减少功率损失和摩擦,保证摩擦副正常动作,必须在摩擦副接触面之间注满润滑油,保持足够的油膜厚度,因为在一定的油膜厚度条件下,可以使机件运动处在液体润滑状态。此时,机件的摩擦系数可以维持在0.001~0.01,保证机件的顺利运转而且功率损失降低,磨损也很小。基础油的这种作用可以说是独有的,几乎无法取代的。

基础油黏度对于润滑作用的贡献还表现在低温(例如-30℃左右)时能具有足够的流动能力,以便当机具启动时,能在极短时间内,使润滑油抵达摩擦副之间,使其维持一定油膜厚度,以减缓发生在启动时的剧烈磨损。例如黏度指数在120以上的基础油,便可以调制各种多级发动机油,在油品中可以不加或少加黏度指数改进剂,仍使油品的其他性能有所得益。

2. 冷却性

利用水作为机件设备的冷却介质是大家都熟知和得到广泛使用的，因为水的比热和导热系数比油类大而黏度比油小，因此水的冷却性能比油优越。但是，利用油类的循环或直接溅流作为一些机械的冷却介质仍有一定使用范围和起到重要作用。以内燃发动机为例，燃料燃烧后产生的热能并不能完全转变为机械能，一般来说，内燃机的热效率只有30%~40%，其余部分消耗于摩擦使燃机发热并通过排气进入大气。随着内燃发动机不断运转，必须使冷却系统带走各种热量。通过水箱循环(即冷却系统)能冷却发动机上部——汽缸盖、汽缸套和配气系统的热量，约占60%。但是，主轴承、连杆轴承、摇臂和其轴承、活塞以及在发动机下部的其他部件，均要由内燃机油来冷却，约占40%。又如金属加工中的切削过程，由于切削区很小，热量集中，切削区的温度可高达800℃，磨削时更会高达1400℃。但是，刀具在长期高温条件下，其硬度和强度大幅度下降，刀具使用寿命也急剧缩短。以前金属加工过程中，根据加工要求，除了利用水、各种乳化液外，有时也要利用低黏度油类作为冷却剂来吸收高热量，才能保证金属加工全过程顺利进行。

3. 清洗性或清洁性

基础油的清洗性或清洁性，表现在选用合适的黏度和一定循环流量情况下，保持机具摩擦副的洁净和运行灵活，不发生黏结或金属表面被污染等不良现象。例如在金属磨削加工时，所产生的金属屑和砂粒以及粉末等，就是依据油的渗透，使之在碎屑之间以及碎屑与刀具之间保持一定的油膜厚度，达到减少摩擦、脱除碎屑、降低温升等有利于加工操作的效果。又如在内燃发动机运转过程中，通过油的循环，防止了油泥和漆膜的沉积，保护发动机零部件的清洁。另外，由于油泥颗粒小于油的油膜厚度，可以防止磨损或其他伤害。可以这样说：油的清洗性或清洁性，实质上也是油的润滑性能的补充，这二者是相辅相成的关系。

4. 防腐性

基础油的防腐性(包括防锈性)在于用油膜覆盖或浸泡使金属隔绝周围环境，防止化学污染和大气、水的电化学作用产生的破坏。

另外，基础油的防腐作用还体现在基础油自身的良好氧化安定性，即在油品使用中，能抑制氧化生成腐蚀性物质的倾向，从而起到防腐作用。

当然，尽管一些油品中均另加有防腐或防锈添加剂，可以强化油品的防腐效果，但是，即使在加有这些添加剂的油中，基础油仍然从机理上对防腐(或防锈)效果有不可或缺的作用。

5. 密封性

根据机械结构参数和操作工况，选用合适黏度(包括质量)的油，以减少不必要窜渗或泄漏，在机械操作中是经常遇到的。例如内燃发动机的活塞与缸套、活塞环与环槽之间均有一定间隙，而且金属表面均留有一定的加工粗糙度，若得不到密封，燃气就会窜入曲轴箱内，使燃烧室压力降低，从而降低发动机的功率。润滑油在这些部位能起到密封作用，防止窜气，保证发动机正常工作。

6. 环保性

从20世纪70~80年代起，润滑剂面临新的变革和更高要求，除了保持原有的减少机械摩擦、磨损、提供润滑等基本功能外，对于满足环保要求或对环境少污染或无害化方面提出了一些要求。对此基础油也承担着一定使命并也可以有所贡献。

矿物基础油的蒸发性，涉及柴油发动机的颗粒物排放（PM）和耗油量（耗油量直接和PM有关）。例如油的蒸发性指标从 20%～22% 改进为只有 15%，此时，耗油量可减少35%～40%，PM 值可以降低 50% 以上。

另外，基础油是影响润滑剂生物降解性或对环境无污染或少污染的决定性因素。采用各种植物油、酯类油可使生物降解性能接近 100%。改变烃类结构的特定基础油也可以提高生物降解水平。

21 世纪是向更高层次可持续发展的时代，对于环保性能的要求和目的将随着时间推移不断明确和加深。基础油作为润滑剂的主要成分，承担一定的压力。但是，经过不断努力，从基础的角度解决环保性能的水平和技术会日趋深化，取得的效果会更加明显，而且其前景非常看好。例如在有些国家，环保性能好的润滑剂平均以 10% 的速度递增。可以预计，随着技术的成熟和环保法的强化，它的开发和应用会成为现实。

从以上所述基础油性质在油品中的作用，可以看出基础油在油品研制中处于重要地位，其中有些是添加剂不能代替的，当然添加剂可以强化这些作用。总之，在润滑剂研究和开发过程中，基础油和添加剂之间具有相辅相成、相互补充的关系。但是，随着润滑剂的发展，一种长寿命、无污染、环保无害化、高燃料经济性的油品，将随着机械使用工况的变化而日益受到关注，目前这种以石油基润滑油基础油占 90% 以上的局面将会打破，各种非常规基础油和酯类油等合成型基础油将被广泛采用。显然，在油品向高新开发过程中，基础油的作用将更为明显和重要。

1.5.2 基础油的分类

润滑油基础油可以按照不同的方法进行分类，具体如下：

1. API 和 ATIEL 分类法

20 世纪 90 年代以后，伴随着发动机和各种机械设备制造工艺技术的迅速进步和各项环保、节能法规要求的日益严格，再加上加氢、合成生产基础油的工艺技术迅速发展，对于油品的规格要求不断提高，国际上广泛承认和实际应用的是美国石油学会（API）和欧洲润滑油工业技术协会（ATIEL）对润滑油基础油的分类方法。这种分类方法把润滑油基础油划分成五大类，见表 1-10。此分类办法及时满足了时代发展的需要，使基础油质量提高到一个新的高度，为油品开发奠定了基础。

表 1-10 API 和 ATIEL 基础油分类

指标 类别	饱和烃含量[①]/%	硫含量[②]/%	黏度指数[③]
I 类	<90	>0.03	80≤VI<120
II 类	≥90	≤0.03	80≤VI<120
III 类	≥90	≤0.03	≥120
IV 类	聚 α-烯烃（PAO）		
V 类	除 I 类、II 类、III 类、IV 类外的其他基础油		

①ASTM D2007。

②ASTM D2622/ ASTM D 4294/ASTM D4927/ASTM D3120。

③ASTM D2270。

Ⅰ类基础油(常规基础油),即采用传统的溶剂精制和溶剂脱蜡工艺生产的基础油。由于传统的溶剂精制和溶剂脱蜡工艺基本以物理过程为主,不改变烃类结构,生产的基础油取决于原料中理想组分的含量和性质,根据原油种类和加工深度的不同,基础油中芳烃含量达4%~30%,挥发损失大,黏度指数低,硫和氮含量高,具有一定的热氧化安定性。目前这类基础油在世界基础油市场中占主导地位,大量用于调制各种润滑油,但由于燃料经济性和环保性等对油品提出了更高的要求,这类基础油的使用已开始减缓。

Ⅱ类基础油。由于加氢裂化和异构脱蜡生产的基础油性能独特,才促使API根据基础油组成进行分类。Ⅱ类基础油是通过溶剂工艺和加氢工艺的结合或者全加氢工艺制得,即通过催化剂进行加氢裂解,使润滑油原料与氢气发生各种加氢反应,以除去硫、氮、氧等杂质,保留润滑油的理想组分,同时将稠环芳烃和低黏度指数组分通过加氢饱和或加氢裂化转化为理想组分,从而提高润滑油基础油的质量。Ⅱ类基础油的生产工艺主要以化学过程为主,原料适应范围较宽,可以改变原来的烃类结构。因而Ⅱ类基础油芳烃含量低,一般小于10%,饱和烃含量高,可达90%~95%,且含有一定比例的异构烷烃,硫含量低,黏度指数可达120,蒸发损失率低于Ⅰ类基础油,其热安定性和抗氧化安定性好,对抗氧剂的感受性较好,所调制的油品氧化稳定性好,可满足某些长寿命油品的使用需求。

Ⅲ类基础油。Ⅲ类基础油和Ⅱ类基础油相比,属高黏度指数的加氢基础油。从生产工艺来看,二者本质是一样的,但Ⅲ类基础油要在Ⅱ类基础油生产工艺的基础上考虑进料性质并采用苛刻的操作条件和较深的加工深度。一般是通过催化剂和氢气进行选择性加氢裂化或临氢异构化将油中的蜡脱除或转化,降低润滑油的倾点,保证油品的高黏度指数和良好的低温性能。一般来说,其烷烃含量大于50%,芳烃含量小于1%,其余为环烷烃。Ⅲ类基础油在性能上远远超过Ⅰ类基础油和Ⅱ类基础油,尤其具有很高的黏度指数和很低的挥发性,对抗氧剂的感受性好。Ⅲ类基础油和Ⅳ类基础油性质与组成十分接近,其价格却仅为Ⅳ类基础油(PAO)的1/3左右,是矿物油向合成油过渡的理想产品。随着费托合成蜡资源的增多和Ⅲ类基础油生产技术的改进,预计Ⅲ类基础油的需求量会有较大幅度的增长。

Ⅳ类基础油由馏分烯烃聚合生成,称为聚α-烯烃合成油(PAO)。常用的生产方法有石蜡裂解法和乙烯聚合法。PAO按照聚合度可分为低聚合度、中聚合度和高聚合度,分别用来调制不同的油品。这类基础油与矿物油相比,无硫、磷和金属,由于不含蜡,所以倾点极低,通常在-40℃以下,黏度指数很高,一般超过140。但PAO边界润滑性差,另外它本身的极性小,对溶解极性添加剂的能力差,且对橡胶密封有一定的收缩性,但这些问题可通过添加一定量酯类得以克服。在美国和欧洲,PAO是使用最广泛的合成基础油。

Ⅴ类基础油。除Ⅰ~Ⅳ类基础油之外的其他合成基础油,主要包括合成酯类、聚醚、甲基硅油、天然气制合成油(GTL)等。合成基础油一般具有倾点低、黏度指数高等特性,常用于其他基础油不能满足使用要求的一些特殊润滑条件场合,尤其用于极端高、低温的场合。

某些植物油黏度指数高($VI \geq 200$)、闪点高且具有优良的极压特性和边界润滑特性,可与矿物油、添加剂和大多数合成油相溶,尤其可生物降解性强,但热氧化安定性差。由于环保的要求,再生油也备受重视。

2. 黏度指数分类法

长期以来,生产润滑油基础油的原料主要取自石蜡基原油,仅有少部分的环烷基原油。标志基础油分类的主要依据是其黏度指数。习惯上把基础油的黏度指数分为高黏度指数（$VI \geq 80$）、中黏度指数（$VI = 60 \sim 80$）、低黏度指数（$VI \leq 40$）。

实际上基础油的性质不仅与原油的基属有关，很大程度上还取决于所用的加工方法，例如，采用传统生产工艺，中间基原油不适宜于生产润滑油（VI太低），但随着世界石蜡基原油资源的日趋短缺，特别是20世纪60年代以来，生产润滑油基础油的加氢工艺在不断发展和得到工业应用，如加氢处理技术、加氢催化脱蜡工艺、加氢的石蜡异构化生产超高黏度指数的润滑油基础油的生产技术等，逐步形成了一条全氢法生产润滑油基础油的生产线。从此，润滑油基础油的制备完全突破了受原油资源的限制，实现了从低质原油或低黏度指数资源中，生产出高黏度指数，甚至特高黏度指数的润滑油基础油。

目前，我国还没有统一的基础油国家标准，主要是中国石化和中国石油等基础油生产商结合自己的生产实际制定的企业标准。1995年，原中国石油化工总公司生产经营协调部提出了中国石油化工总公司润滑油基础油企业标准Q/SHR 001—95(99)，此标准将润滑油基础油按其黏度指数分为表1-11中的五类，即超高黏度指数基础油（UHVI）、很高黏度指数基础油（VHVI）、高黏度指数基础油（HVI）、中黏度指数基础油（MVI）、低黏度指数基础油（LVI）。同时根据生产和使用的需要，每一类又分为通用基础油和专用基础油，专用基础油分为用于内燃机油、低温液压油等的低凝专用基础油和用于汽轮机油、极压工业齿轮油的深度精制专用基础油两个品种。

表1-11 润滑油基础油分类

润滑油基础油黏度指数			超高（UH） $VI \geq 140$	很高（VH） $VI \geq 120$	高（H） $VI \geq 90$	中（M） $VI \geq 40$	低（L） $VI < 40$
润滑油基础油代号	通用润滑油		UHVI	VHVI	HVI	MVI	LVI
	专用基础油	低凝	UHVIW	VHVIW	HVIW	MVIW	LVIW
		深度精制	UHVIS	VHVIS	HVIS	MVIS	LVIS

表中的VI为黏度指数（Viscosity Index）的英文字头。UH为"超高"（Ultra High）的英文字头，VH为"很高"（Very High）的英文字头，H为"高"（High）的英文字头，M为"中"（Middle）的英文字头，L为"低"（Low）的英文字头。此外，W为"Winter"的字头，表示低凝，S为"Super"的字头，表示深度精制。

API基础油分类法对组成（饱和烃、芳烃和硫含量）做了明确的规定，而对黏度指数要求较宽，而原中国石油化工总公司润滑油基础油企业标准Q/SHR 001—95(99)主要按照黏度指数、倾点和使用类别对基础油进行分类，对组成没有明确要求。我国基础油的分类与API分类有本质的不同，因此可能会带来基础油的贸易纠纷。为此，2005年，中国石化结合API基础油分类规则，增加了基础油组成（饱和烃和硫含量）的限定，制定了中国石化基础油分类的协议标准。2009年，中国石油天然气股份有限公司也颁布了《通用润滑油基础油》标准Q/SY 44—2009，参考API分类法按饱和烃含量和黏度指数的高低将润滑油基础油分为三类共七个品种，见表1-12。

表1-12中MVI表示"中黏度指数Ⅰ类基础油"，是中间基原油通过"老三套"工艺生产的基础油；HVI表示"高黏度指数Ⅰ类基础油"；HVIS表示"高黏度指数深度精制Ⅰ类基础油"；HVIW表示"高黏度指数低凝Ⅰ类基础油"，HVI、HVIS、HVIW是石蜡基原油通过

"老三套"工艺生产的Ⅰ类基础油。HVIH表示"高黏度指数加氢Ⅱ类基础油"；HVIP表示"高黏度指数优质加氢Ⅱ类基础油"，二者是通过全加氢工艺生产的加氢基础油。VHVI表示"很高黏度指数加氢Ⅲ类基础油"。

表1-12 通用润滑油基础油的分类

项　目	Ⅰ类		Ⅱ类		Ⅲ类
	MVI	HVI HVIS HVIW	HVIH	HVIP	VHVI
饱和烃/%	<90	<90	≥90	≥90	≥90
黏度指数 VI	$80 \leqslant VI < 95$	$95 \leqslant VI < 120$	$80 \leqslant VI < 110$	$110 \leqslant VI < 120$	$VI \geqslant 120$

我国润滑油基础油的黏度等级是按照赛氏通用黏度划分的，低黏度的组分称为中性油，高黏度的组分称为光亮油。习惯上，将以原油减压馏分为原料经过精制但未加添加剂的各种低、中黏度基础油称为中性油，是内燃机润滑油和大部分工业润滑油所用的基础油，中性油牌号中的数字表示该基础油在40℃时的赛氏通用黏度秒数(SUS)的大约值，如HVI350、MVIS75等。将以原油减压渣油为原料经过精制但未加添加剂的各种高黏度基础油称为光亮油，光亮油是航空润滑油、重负荷车辆齿轮油等所用的基础油，光亮油牌号中的数字表示该基础油在100℃时的赛氏通用黏度秒数(SUS)的大约值，牌号中的BS则是光亮油(Bright Stock)的英文字头，如HVIW120BS及MVIS90BS等。

3. 其他分类

基础油还可以根据原料的不同分为矿物油和合成油两大类。

所谓矿物油是以原油的减压馏分或减压渣油为原料，并根据需要经过脱沥青、脱蜡和精制等过程而制得的润滑油基础油。矿物油是目前生产各种润滑油的主要原料。但是，矿物油有时还不具备航空、航天和国防等特殊场合所要求的耐低温、耐高温、高真空、抗燃、抗辐射等性能，并且，一些国家石油资源日益短缺，这都促进了对合成润滑油的研究。

通过合成的途径制取一些具有特殊性能的润滑油，称为合成润滑油。合成润滑油包括聚α-烯烃类、硅油类、聚乙二醇类、双酯类、磷酸酯类、硅酸酯类、全氟烃类、氟氯碳油类、聚醚类等等。在化学组成方面，与各种不同烃类的混合物为主要成分的矿物油相比，每一种合成润滑油都是单一的纯物质或同系物的混合物；在元素组成方面，合成润滑油的元素除了碳、氢之外，还可能含有氧、硅、磷和卤素等。随着人们环保意识的增强和对高性能润滑油要求的提高，合成润滑油必将得到进一步的发展。

1.5.3　加工过程

各工艺过程各自具有不同的加工目的，例如，为保证润滑油具有一定的黏度，就必须在原油的初馏过程中，在减压蒸馏塔切割出黏度合适的润滑油馏分。为保证润滑油能具有较好的黏温特性、较低的残炭值和较理想的抗氧化安定性，就必须对润滑油馏分施行溶剂(或酸碱)精制，以便除去润滑油馏分中的多环短侧链的环状烃、沥青质和大部分胶质，同时，也随着胶质、沥青质的脱除而改善了润滑油的黏温凝固性。为保证润滑油具有较好的低温流动性能，就必须脱蜡(包括冷榨脱蜡、溶剂脱蜡和尿素脱蜡等)工艺，以除去润滑油馏分中熔点较高的固态烃。为了保证润滑油产品中不含有精制后残存在润滑油中的溶剂(它们的存在会使润滑油闪点降低，或在润滑油使用中易于分解而使润滑油的残炭值增大)及为了使润滑油产品中不含酸、碱性物质(包括酸渣、碱渣、环烷酸、脂肪酸及它们的盐类)、不含机械杂质、灰分、有色物质和水分等，还必须采取白土吸附的办法。以上这些工艺过程，究竟谁先谁后，或取或舍(例如是先脱蜡后精制，还是先精制后脱蜡)，需要根据原料性质、设备条件以及加工的经济合理性等各方面的因素来决定。

对于残渣润滑油原料(减压渣油)来说，还应考虑到减压渣油中集中了原油中所含的绝大部分的胶质和沥青质。若先进行溶剂脱蜡，则蜡的结晶不良，蜡中带油量大，难以过滤，而且润滑油的收率也低。同时，蜡和沥青混在一起，也难以分离，两者皆无法利用。为此，残渣润滑油原料的加工过程，必须首先经过丙烷脱沥青的工艺过程，以除去原料中所含的胶质和沥青质，然后再进行上列各加工过程。为简明起见，现将润滑油的生产工艺过程概括于图 1-7 中。

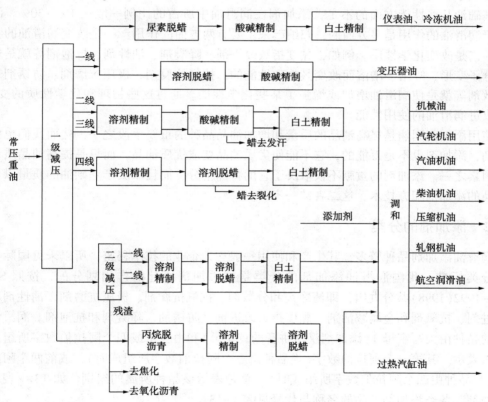

图 1-7　润滑油生产程序示意图

基础油的加工过程，其生产工艺结构往往因原油基属的不同和生产工艺本身的不同特性，而有很大的差异，情况比较复杂。总的来说，可归结为 3 条工艺路线：

①物理加工路线，其工艺结构通常是"溶剂精制—溶剂脱蜡—白土补充精制"；

②化学加工路线，其工艺结构是"加氢裂化—催化脱蜡—加氢精制"全氢路线；

③物理—化学联合加工路线，其工艺结构可以是"溶剂预精制—加氢裂化—溶剂脱蜡"，也可以是"加氢裂化—溶剂脱蜡—高压加氢补充精制"，以及目前采用最普遍的"溶

剂精制—溶剂脱蜡—中低压加氢补充精制"和生产某些特殊用途润滑油采用的"溶剂脱蜡—酸·白土精制"等混合的工艺结构。第一条路线也可称为溶剂法；第二条路线也可称为加氢法；第三条路线则可称为联合法或混合法。当今世界范围内三条加工路线共存，且以第一、第三条路线为主；第二条路线在某些工业发达国家将得到进一步发展。

1.6 润滑油添加剂的作用及其分类

1.6.1 添加剂的作用

石油馏分经过多道工序加工所得到的润滑油基础油，具备了润滑油的基本特性和某些使用性能，但是，由于受其化学组成和族组成的限制，基础油不可能具备商品润滑油所要求的各种性能。因此，要满足实际使用中的不同要求，必须借助于使用添加剂，以改善、提高和赋于矿物润滑油原本不具备的某些性质和使用性能。添加剂的合理加入，可弥补、改善基础油某些性能方面的不足，添加剂在润滑油中所占的比例一般在 1%~30%。添加剂对于润滑油的作用是多方面的，归纳起来主要有两方面的作用：一是改变润滑油的物理性质；二是改变化学性质。例如，黏度指数改进剂、降凝剂、油性剂、抗泡剂等就是使润滑油分子变形、吸附、增溶而改变其物理性能的；抗氧抗腐剂、极压抗磨剂、防锈剂、清净分散剂等就是使润滑油增加或增强了某些化学性能。通过这些物理和化学性质的变化，进而改进润滑油的使用性能。

使用添加剂固然是提高油品的质量和增加油品品种的重要手段之一，然而我们也应该认识到，添加剂也不是万能的，它不能使劣质油品变成优质油品，而只是提高油品质量的主要因素之一。添加剂的贡献不仅取决于它的特殊组分，而且取决于基础油的质量以及加入油品的添加剂配方技术，这二者缺一不可。

1.6.2 添加剂的分类

润滑油添加剂品种繁多，其生产和使用一般均为企业的技术秘密，所以未见国际上统一的分类标准。我国润滑油添加剂的分类是按添加剂所起的作用划分的，按照 SH/T 0389—1992(1998)共分九组，即清净剂和分散剂、抗氧抗腐剂、极压抗磨剂、油性剂和摩擦改进剂、抗氧剂和金属减活剂、黏度指数改进剂、防锈剂、降凝剂和抗泡剂。润滑油添加剂的品种由大写字母 T(添加剂汉语拼音的首字母)和由三个或四个阿拉伯数字所组成的符号来表示。其第一个阿拉伯数字(当品种由三个阿拉伯数字所组成时)，或前两个阿拉伯数字(当品种由四个阿拉伯数字所组成时)，总是表示该品种所属的组别。如 T3××表示极压抗磨剂，各类添加剂产品的名称与代号见表 1-13。

大部分添加剂有很好的复合效应，因而可以根据使用要求把各种不同的单剂按规定的比例复合到一起，作为某种润滑油的添加剂，从而简化润滑油调和的工序。所谓复合添加剂是指多种不同性能的单剂，如清净剂、分散剂、抗氧剂或抗磨剂等以一定比例混合，并能满足一定质量等级的添加剂混合物。目前，我国的复合添加剂均为用于润滑油的复合剂，可分为汽油机油复合剂、柴油机油复合剂、通用汽车发动机油复合剂、二冲程汽油机油复合剂等 12 类(组)。在基础油中添加一定品种的复合剂，就可得到相应品种的润滑油，如选用适当的基础油和一定比例的 SG 级汽油机油复合剂调和，就可生产出 SG 级汽油机油。

表 1-13　润滑油添加剂的分类

组　别	组号	组　别	组号
润滑油添加剂		复合添加剂	
清净剂和分散剂	1	汽油机油复合剂	30
抗氧抗腐剂	2	柴油机油复合剂	31
极压抗磨剂	3	通用汽车发动机油复合剂	32
油性剂和摩擦改进剂	4	二冲程汽油机油复合剂	33
抗氧剂和金属减活剂	5	铁路机车油复合剂	34
黏度指数改进剂	6	船用发动机油复合剂	35
防锈剂	7	工业齿轮油复合剂	40
降凝剂	8	车辆齿轮油复合剂	41
抗泡剂	9	通用齿轮油复合剂	42
		液压油复合剂	50
		工业润滑油复合剂	60
		防锈油复合剂	70

国外润滑油调和厂基本上都采用添加剂大公司的各种名牌复合添加剂生产润滑油产品。由于复合剂质量有严格的复合工艺条件和单剂的质量保证，所以采用复合剂生产的润滑油质量易于符合规格标准。目前国外添加剂公司销售的单剂的品种越来越少，复合剂的品种则越来越多。在内燃机油复合剂中，已经有汽油机油复合剂、柴油机油复合剂、汽车通用发动机油复合剂、二冲程汽油机油复合剂、天然气发动机油复合剂、拖拉机润滑油复合剂、铁路机车用油复合剂、船用柴油机油复合剂等。齿轮油复合剂中，已经有汽车齿轮油复合剂、工业齿轮油复合剂、通用齿轮油复合剂等以及自动传动液复合剂。

可以认为，复合添加剂的发展是润滑油生产的一大进步，也是今后润滑油生产的方向。目前国外添加剂公司推出的复合剂系列商品达上千余种，主导着国际润滑油市场的方向。

国外对石油添加剂的分类没有统一的标准，有的按油品的种类来分，有的按添加剂的作用来分。正因为这样，国外石油添加剂公司也根据本公司特点自成体系。

如 Lubrizol 公司的说明书上把添加剂分成清净剂、分散剂、黏度指数改进剂、抑制剂（抗氧抗腐剂、极压剂、抗氧剂、防锈剂）、汽油机油复合剂、柴油机油复合剂、二冲程汽油机油复合剂、铁路机车油复合剂、船用发动机油复合剂、农用拖拉机油复合剂、车辆齿轮油复合剂、通用齿轮油复合剂、液压油复合剂。Infineum 公司把添加剂分成清净剂、分散剂、黏度指数改进剂、降凝剂、通用发动机油复合剂、铁路机车油复合剂、船用发动机油复合剂、燃料添加剂、抗静电剂、低温流动改进剂、工艺添加剂和脱蜡助剂等。

国外石油添加剂商标的表达方式和意义一般有下列 5 种：采用专用商标符号、公司名称、公司名称加油品名称、该类添加剂的外文字头和专门的符号来表示。如 Lubrizol 公司用 Lubrizol 商标表示等。

第2章 传统工艺生产矿物润滑油基础油

2.1 矿物润滑油工业发展简史

就世界矿物润滑油工业而论，它只有一百多年的历史。就其生产工艺的现代化而言，也只是近几十年来的历史范畴。为了更好地了解和把握现代润滑油生产工艺，我们首先简要回顾一下矿物润滑油工业的发展历史。

1. 人类由石油炼制润滑油，较之由石油炼制燃料油要晚得多

1745年在俄国的乌赫特城建立的世界最早期的炼油厂只是把石油提炼成当时称之为"火油"的照明用油，其他轻馏分和大量的重油都未得到充分利用。直到1876年，人们才开始利用石油初馏的残渣油制取润滑油，在俄国的巴拉罕建立了世界上第一个润滑油工厂。俄国人在1878年巴黎世界博览会上推出了世界上第一批矿物润滑油样品，轰动一时。

矿物润滑油的问世，既是世界润滑材料发展里程上的重大突破，也是人类合理利用石油资源的重大进步，润滑材料的发展从此跨入了新的历史时期。

然而，当时矿物润滑油的生产工艺是十分简陋的。从重油中获得润滑油料借助于在间歇釜中吹入水蒸气的简单蒸馏方法；润滑油的精制，沿用了处理轻油品的酸碱洗涤和白土渗滤方法；润滑油的脱蜡，采用效能低下的冷榨法和离心法；润滑油产量和品种十分有限。这种情况延续了很长时期。

2. 选择性溶剂精制、分离工艺的蓬勃发展，使世界矿物润滑油工业步入了现代化里程

直到20世纪20年代，管式减压蒸馏工艺的应用，使得大量地从重油中获取重质润滑油料成为可能。与此同时，人们开发了用选择性溶剂精制润滑油的工艺技术，于1923年建立了第一套用液态SO_2精制润滑油的工厂，继之于1928年世界第一套润滑油酚精制装置在加拿大帝国石油公司的萨尼亚炼厂投产；第一套酮苯溶剂脱蜡装置于1927年在美国印第安那炼油公司投运，突破了润滑油加工中最困难的一步；1930年，氯代烷溶剂脱蜡工艺相继在德国工业化；1933年，润滑油糠醛精制工艺由德士古公司开发成功；1936年，第一套具有卧式提取器的丙烷脱沥青装置在美国投产，使残渣润滑油的生产成为可能。这一时期，润滑油生产的新工艺、新技术，繁花似锦，蓬勃发展，把世界矿物润滑油工业推入现代化大发展的历史时期。

这一时期润滑油生产工艺的繁荣和发展，是与20世纪以来世界科学技术工作者在石油烃化学、化学工程学和摩擦学等领域获得丰硕的科学研究成就分不开的。例如，对组成石油的三大烃类的研究，及对含硫、含氮、含氧衍生物的物理化学性质的深入研究，不仅指导人们去精选适于制造润滑油的原油资源，优化加工方法，确定适宜的工艺条件，而

且，使人们掌握了控制和评价润滑油品质的技术标准。再如，各类石油烃在一系列溶剂中不同溶解行为的深入研究，导致了溶剂抽提、溶剂脱蜡、溶剂脱沥青等一系列冷分离工艺的工业化。这一时期科学研究的丰硕成果在世界各国颇具名声的专著中得到了充分的反映。

3. 添加剂的应用，使润滑油品种与质量的开发，发生了"飞跃"

二次世界大战前后，随着机械工业、交通运输业、冶金开采业、电力工业、纺织工业、农林业以及军事工业的现代化，对润滑油的品种、品质提出了新的、日益苛刻的要求。表征润滑油品质的技术指标已经不单单是该润滑油的一般理化性质指标，更主要的则是润滑油在实际使用中的性能评价指标，诸如低温泵送性能、低温启动性能、对氧、热、光的稳定性能、对不同金属的抗腐蚀性能、对负荷的承载性能、对润滑表面的清净性能、对运行中生成油泥的分散性能等等。人们在探索中意识到：单单依靠石油的天然性能，或仅依靠加工工艺的调整，难以满足这些日益苛刻的要求，于是，20世纪30年代中期开始，人们以具有某种特殊功能的化学合成物质做为改性添加剂，以不同的配方和剂量调入经良好加工的矿物油，不断推出了现代润滑油新品种。添加剂的应用，标志着世界矿物润滑油工业步入了新的现代化发展里程，使人类能够摆脱石油天然性能的限制，以更大的自由度，来满足经济社会发展对润滑油不断提出的新需求。可以说，没有现代添加剂，就没有现代润滑油。

伴随着润滑油生产的上述变化，润滑油品质的测试评定技术得到很大发展，润滑油的技术规范模式相应发生了重大变化。以一系列物理化学指标来表征润滑油性能的传统规格模式，被"理化指标表征＋使用性能评价"的新规格模式所取代。例如，在美国，一个SAE30/SH汽油机油，它不仅要符合美国汽车工程师协会关于发动机油黏度分类的规定，以及一系列理化指标，而且要通过美国石油学会关于SH级汽油机油一系列使用性能的台架试验，包括轴瓦腐蚀试验L-38、锈蚀评价IIE、高温氧化评价IIIE、节能评价VIA及柴油机性能试验IK。

4. 世界石油危机促进了矿物润滑油工业沿着节能化轨道前进

20世纪70年代先后发生了两次世界性石油危机，节约能源的浪潮冲击了经济社会发展的各个领域。开发节能型润滑油、节能型润滑油生产工艺、节能型添加剂，以及润滑油节能性评价试验方法，成为这一时期润滑油工业面临的重大课题。长寿命油、通用油、全天候多级油获得广泛应用；一些节能工艺、节能溶剂、节能设备、节能管理在润滑油生产过程中迅速推广应用。例如，节能型选择溶剂精制工艺——N-甲基吡咯烷酮(NMP)精制，于70年代中期由德士古公司和埃克森公司开发并工业化，到1988年美国溶剂精制能力的44%已为NMP。

5. 矿物润滑油生产工艺的重大发展——临氢催化改质

长期以来，人们主要选用石蜡基原油制取润滑油。随着世界石蜡基原油的日趋短缺和价格上扬，优质基础油需求的增长，重整氢和制氢技术的发展，以及环保法规的日趋严格，人们在60年代开发了通过临氢催化改质制备润滑油的工艺。1967～1969年法国石油研究院开发的润滑油加氢处理工艺在西班牙的普伟托利亚诺炼厂投入生产。遂后，美国海湾研究开发公司、雪弗龙技术开发公司、英荷壳牌石油公司都先后开发和工业化了自己的润滑油加氢处理工艺，到1990年全世界已有18套工业装置在运行。继润滑油加氢处理工艺之后，人们还开发了润滑油催化脱蜡工艺。1977年，由英国BP公司开发的世界第一套催化脱蜡装置在美国德州贝敦炼厂建成投产。壳牌公司、雪弗龙公司、莫比尔公司还先后开发了蜡异构化制取超高黏度指数润滑油的生产工艺。1986年，美国雪弗龙公司在旧金山里奇蒙炼厂实现了世界上第一条全氢法润滑油基础油生产线，用阿拉斯加北坡重质原油成功地生产了优质基础油。

润滑油临氢催化改质工艺的系统开发和工业化，标志着矿物润滑油生产工艺由传统的物理加工工艺向化学改质工艺延伸，具有划时代的意义。以至有人认为："世界润滑油工业将步入一个新纪元，润滑油炼制正处于一个过渡时期。"

6. 中国矿物润滑油工业的过去和现在

我国在工业规模上制备矿物润滑油，是在20世纪40年代中期。当时，玉门油矿从美国引进减压蒸馏装置和离心脱蜡设备，生产少量润滑油。据统计，1949年全国润滑油脂产量不到40t，所需润滑油几乎全部依靠进口。可以说，新中国成立之前，中国润滑油工业基本上是一片空白。

新中国成立后，我国润滑油工业步入建立基础和迅速发展的阶段。1955年大连的高级润滑油车间投入生产，继之，1958年在西北地区的兰州，建成了由原苏联引进的减压蒸馏、丙烷脱沥青、酚精制、酮苯脱蜡、白土接触补充精制、减压再蒸馏和润滑油调和等装置组成的一整套现代化润滑油生产线，从而奠定了我国矿物润滑油工业和生产工艺的现代化基础。此后的30多年来，我国润滑油工业得到了长足的发展。至1992年，我国具有相当规模并具有现代化生产工艺的矿物润滑油厂已有17家，全国润滑油总产量达250万吨（包括很少量的合成油，并包括了内外销的基础油），年生产能力已达270万吨，仅次于美国（1154万吨）和前苏联（836万吨），成为世界润滑油生产大国。截至2018年，国内润滑油年生产能力达800万吨以上。与此同时，我国已经拥有现代润滑油生产的成套技术，积累了丰富的生产经验；我国还建立了现代润滑油添加剂生产基地，使润滑油添加剂工业与润滑油工业得到同步发展。

2.2 常减压蒸馏

2.2.1 减压蒸馏装置流程

矿物润滑油潜含于沸点高于350℃的常压渣油（或称常压重油）中。然而，常压渣油不能直接做为润滑油原料，进行精制、脱蜡加工，而必须从常压渣油中分离出所需要的润滑油料来，然而，油品高温下会发生分解反应，所以在常压塔的操作条件下不能获得这些馏分，而烃类的沸点随系统压力的降低而降低，故通常通过减压蒸馏从常压渣油中分离出所需要的润滑油料来。在现代技术水平下，通过减压蒸馏可以从常压重油中蒸馏出沸点约550℃以前的馏分油。

常减压蒸馏装置是以加热炉和分馏塔为主体的原油蒸馏装置，一般分为四个部分，即电脱盐部份，初馏部分、常压部分和减压部分。对于特定的炼厂也可以不要初馏部分及减压部分。

原油通常含有一定数量无机盐，主要是钠、镁、钙的氯化物，它们受热会分解出氯化氢腐蚀设备并对二次加工不利。除去这些无机盐，在炼厂一般采用电脱盐方法，即用水将原油中盐类溶解，然后在高压电场作用下，使水很快凝聚沉降分离，盐也一同除去。电脱盐有一级脱盐和二级脱盐，二级脱盐后含盐量应在 10mg/L 以下。

初馏塔一般为催化重整所设，塔顶出初馏至 130℃ 馏分作为重整原料。初馏塔有时也开侧线，但只作为常压蒸馏塔的侧线回流。

常压蒸馏塔顶一般出汽油，一侧线出航空煤油，二侧线出轻柴油，三侧线出重柴油，四侧线出裂化料。生产时，可根据产品方案具体调整侧线出料。常压塔底出常压渣油。

原油在常压下加热到 400℃ 以上时将产生裂化，影响产品质量，引起炉管结焦，因此应在减压下对常压渣油进一步蒸馏。减压塔顶馏分一般作为柴油混入常三线，减一线可作为裂化料，减二、三、四线为润滑油组分料，如不需要出润滑油料时，可以只开两侧线出裂化料。减压塔底出减压渣油，可作为丙烷脱沥青料或者作为焦化料。

常减压蒸馏工艺流程框图见图 2-1。

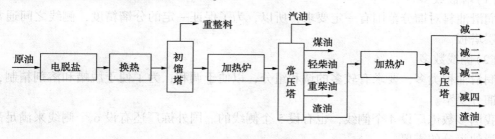

图 2-1　常减压蒸馏工艺流程框图

2.2.2　减压精馏塔的工艺特征

根据生产任务的不同，减压塔可分为润滑油型和燃料型两种。在一般情况下，无论哪种类型的减压塔，其基本要求是在尽量避免油料发生分解反应的条件下尽可能多地拔出减压馏分油。相对而言，对润滑油型减压蒸馏塔的分馏精确度要求较高，因为它的分馏效果的优劣直接影响到其后的加工过程和润滑油产品的质量。

1. 润滑油型减压蒸馏的基本工艺要点

根据矿物润滑油生产工艺的理论与实践，润滑油型减压蒸馏的基本工艺要点可概括为"高真空，低炉温，窄馏分，浅颜色"。

（1）高真空

减压塔的真空度高，塔内不同馏分间的相对挥发度大，有利于油品的汽化及分馏，也有利于提高馏分油的收率。另外，真空度高，还可以适当降低减压炉温度、减少油品裂解，改善馏分油质量。减压蒸馏塔顶压力一般在 8~10.67kPa（60~80mmHg）。

（2）低炉温

炉温过高时就会发生裂解和缩合反应，而这些反应产物中会含有不凝气体、不饱和烃和胶质、沥青质等，它们混入馏分油中会使馏分油的氧化安定性变差，色度变深，残炭值升高，而且反应生成的裂解气进入减压塔，会增加塔顶抽真空系统的负荷，影响真空度。减压炉出口温度一般不得超过 395℃。

（3）窄馏分

减压蒸馏是润滑油生产的第一道工序，基础油馏分的质量直接影响到后续工序的质量，如果基础油的馏分比较宽，在后续的溶剂精制时，需要较多的溶剂去除沸点较高的非理想组分，而且也往往会使沸点较低的理想组分在溶剂精制时被除去，使精制油收率降低。溶剂脱蜡时，在同一温度下会有结构不同、分子大小不等的各种固体烃同时析出，因而得不到均一的固体烃结晶，导致脱蜡过滤速度减慢影响加工能力，也降低了脱蜡油的收率。所以，减压塔要平稳操作，切取较窄的馏分。

（4）浅颜色

馏分颜色深意味着油中硫、氮、氧的含量高，会给后续工序的加氢补充精制或白土补充精制带来较大困难，不仅加大氢气或白土的消耗，也会增加装置的能耗。所以，要严格控制减压馏分油的色度。

2. 润滑油型减压塔的特点和要求

润滑油型减压塔除具有减压塔的一般工艺特点外，还具有自己的特点和要求。

（1）塔板数多

润滑油料对馏分范围有一定要求，所以，为了保证一定的分馏精度，侧线之间通常设3~5层塔板。

（2）侧线数多

润滑油种类多，要求有较多的调和组分，以便于调和；为了便于脱蜡和溶剂精制，也要求馏分要窄。

我国多数炼厂设4个侧线，也有设5个侧线的。国外炼厂还有设6个侧线来满足高黏度润滑油组分的需要。

（3）侧线设汽提塔

为了提高油品的闪点，减少油料中轻组分含量，缩小馏分范围，侧线均设有汽提塔。汽提塔的塔板数一般可达6~8块。

（4）炉管注汽和塔底吹汽要适当

在保证一定油气分压的情况下，炉管注汽和塔底吹汽量不宜过大，因为汽量过大，一方面使能耗增大，增加抽真空系统的负荷，降低全塔真空度；另一方面造成气速过大，产生雾沫夹带，影响分离精度和产品质量。

（5）取热要均衡

为保证减压塔的热平衡，一般设2~3个中段回流。在保证产品质量的情况下可适当调节各中段回流取热量，不追求过高的余热利用率。

（6）严格控制加热炉出口温度

为了提高润滑油料的安定性，根据不同原料的特点，应严格控制加热炉出口温度，尽量不要超过裂解温度，一般在380~400℃。

（7）严格控制加热炉的操作

加热炉操作的好坏是提高润滑油料质量的重要环节：尽量避免局部过热，各路流量要均衡，炉出口温度偏差要小，火焰要均匀等。

2.2.3 干式润滑油减压蒸馏

传统的减压塔使用塔底水蒸气汽提，并且在加热炉管中注入水蒸气，其目的是在最高允许温度和汽化段能达到的真空度的限制条件下尽可能地提高减压塔的拔出率。但也带来一些不利的结果，如消耗蒸汽量大、塔内气相负荷增大、塔顶冷凝器负荷大、含油污水量大等。

如果能够提高减压塔顶的真空度，并且降低塔内的压力降，则有可能在不使用汽提蒸汽的条件下也可以获得提高减压拔出率的同样效果。这种不依赖注入水蒸气以降低油气分压的减压蒸馏方式称为干式减压蒸馏，而传统使用水蒸气的方式则称为湿式减压蒸馏。当今，国内外大多数润滑油生产厂采用湿式工艺，润滑油干式减压蒸馏是近年来借鉴燃料油型干式减压蒸馏的技术经验，演变开发的新工艺，其特点是加热炉和减压塔底不吹水蒸气，塔内件大多采用填料，利用高真空和适当的炉温来获得减压馏分油。润滑油湿式减压蒸馏与润滑油干式减压蒸馏的比较见表2-1。

表 2-1　润滑油湿式减压蒸馏与润滑油干式减压蒸馏的比较

比较项目	湿式减压蒸馏	干式减压蒸馏
分馏单元	多采用板式塔	采用填料塔，或混合塔
水蒸气应用	用汽提蒸汽和炉管注汽，降低烃分压	不用汽提蒸汽，也不用炉管注汽，烃类的汽化靠很低的系统压力
侧线汽提	需要，设塔板	设填料或闪蒸塔，也可不设，只设真空受液罐
真空系统	一般不宜设辅助喷射器	宜设辅助喷射器，以提高真空度

与湿式减压蒸馏相比，干式减压蒸馏技术及操作难度较大，所以不如湿式减压蒸馏应用广泛。

在润滑油减压蒸馏产品质量要求方面，对于减压馏分油，根据基础油标准和下游加工工艺要求，一般主要应控制馏分范围、黏度、比色、闪点、残炭等指标；对于减压渣油，根据原油性质、加工方案及用途的不同，一般没有统一控制指标。经过减压蒸馏得到的馏分润滑油料和残渣润滑油料很难符合基础油的质量指标，还需进一步的加工精制。

2.3　溶剂脱沥青

2.3.1　概述

最初，人们试图通过深度减压蒸馏的方法来使潜存于减压渣油中的残渣润滑油料与胶质、沥青质分离，但是，由于残渣润滑油料的沸点非常之高，其馏出50%的温度往往高达550℃以上，即使在很高的工业真空下，也不可避免地会发生热分解；还由于深度蒸馏过程中，集聚在减压渣油中的胶质，将有很大一部分随馏出油一起被分出，馏出油料将被胶质严重污染，因而，深度减压蒸馏实际上不可能达到分离残渣润滑油料的目的。

后来，人们采用硫酸洗涤和白土吸附方法来脱除减压渣油中的胶质、沥青质，生产蒸汽机所需的高黏度汽缸油，但由于耗费大量的硫酸，约11%~14%，渣油损失高达25%~30%，产生大量的难以处理的废酸渣，因此在工业上也被淘汰。

随着选择性溶剂在炼油过程应用的大发展，人们开发了用溶剂脱除胶质、沥青质的方法，实现了高沸点残渣润滑油与胶质、沥青质的冷分离，成为现代矿物润滑油生产厂制备残渣润滑油料不可缺少的、唯一的、而且是最有效的生产工艺。

溶剂脱沥青过程所指的"沥青"并非一种严格定义的产品或化合物，它是指减压渣油中最重的那一部分，主要是沥青质和胶质，有些情况下也会包括少量芳烃和饱和烃，其具体组成因生产目的不同而异。

溶剂脱沥青过程不仅是脱除沥青，生产重质润滑油的重要手段，还可为重油催化裂化提供原料。因为溶剂脱沥青过程对减压渣油有较强的脱残炭和脱金属能力，可降低残炭、金属含量，改善色泽，通过溶剂脱沥青可以把大部分金属和易生焦物质除去，从而显著地改善重油催化裂化进料的质量。此外，溶剂脱沥青过程还可为加氢裂化及加氢处理提供原料。因为由渣油直接加氢的方案生产轻质燃料油品一般比较困难，且装置投资和加工费用较高，操作条件相当苛刻，由此可见，溶剂脱沥青过程在重质油加工的发展中也具有重要的地位。

2.3.2 原理

人们在用石油醚处理石油的渣油时发现，在重质的石油烃类溶于石油醚的同时，沥青质则被凝聚并从石油醚溶液中沉淀下来。石油醚的沸点愈低，用量愈多，则分离出的沥青量愈多。进一步的研究工作发现，用低分子烷烃作为溶剂时，利用溶剂对渣油中不同组分的选择性溶解，不仅可从渣油中分离出沥青，同时也可分离出胶质，以及高分子烃类。

对于溶剂脱沥青工艺机理的解释，人们普遍认为：存在于常压渣油中的烃类和非烃类，在非极性溶剂——石油醚和低分子液态烷烃中，具有差异明显的溶解度。在一定温度范围内，溶剂对烷烃、环烷烃和少环芳烃等的溶解能力强，对多环芳烃的溶解能力较弱，对胶质的溶解能力更弱，对沥青质基本上不溶。这就使着将液-液抽提过程引入减压渣油的脱沥青过程成为可能。并且渣油中的石油烃类，在低分子液态烃中的溶解度，随温度的不同而不同，从而使符合质量要求的残渣润滑油料得以分离。这是溶剂脱沥青过程基于溶解理论的工艺机理。

对一个萃取过程，首先要了解该体系在什么样的条件范围内存在两个液相。某残渣油在丙烷溶剂中的溶解度与温度的关系如图 2-2 所示。由图 2-2 可见，从零下若干度到 20℃ 范围内，随着温度的升高，溶剂对油、沥青的溶解度均增大，所以，脱沥青油的收率增大，沥青收率降低。这是第一个两相区，称为正常溶解区。当温度 T 大于 20℃ 直至 40℃，完全互溶，为均一相，无法脱除沥青。当温度 T 从 40~96.84℃（丙烷的临界温度），液体丙烷对渣油的溶解度由 100%~0%，在该温度区间，随着温度 T 的升高，溶剂对油、沥青的溶解度均降低，所以，脱沥青油的收率降低，沥青收率增大。这是第二个两相区，称反常溶解区。以丙烷密度表示，如图 2-3 所示，丙烷对油的溶解度与丙烷在不同温度下的密度呈直线关系，随丙烷密度的减小，对油的溶解度降低。

由此可见，以丙烷为溶剂，要将减压渣油中的油分与沥青分开，必须在这两个两相区内操作，那么在哪个两相区更适宜呢？在第一个两相区，温度低，不仅胶质、沥青质几乎不溶，而且固体烃（蜡）也只稍溶于丙烷，因此在分出胶状沥青状物质的同时，蜡也被分离出来了，这样沥青和蜡混在一起，难以分离，使蜡和沥青都不能应用，故丙烷脱沥青一般在第二个两相区的温度范围内操作。

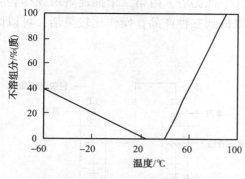

图2-2　丙烷-渣油系统溶解度与
温度关系图

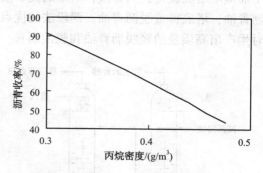

图2-3　沥青收率与丙烷密度的关系
（丙烷比8：1）

2.3.3　工艺流程

由于生产目的不同、采用的抽提方法及溶剂回收方法不同，溶剂脱沥青工艺流程有多种形式。所有的溶剂脱沥青工艺流程都包括抽提和溶剂回收两个部分，而且在许多地方也是很相似的。下面，以工业上应用最广泛的亚临界溶剂抽提-近临界溶剂回收工艺流程为例对溶剂脱沥青的工艺流程予以说明。该流程的主要特点是以生产高黏度润滑油基础油为目的、抽提塔在低于临界点的条件下操作、溶剂回收在近临界条件下进行。下面分抽提和溶剂回收两部分作介绍。

1. 抽提部分

抽提的任务是把丙烷溶剂和原料油充分接触而将原料油的润滑油组分溶解出来，使之与胶质、沥青质分离。

抽提部分的主要设备是抽提塔，工业上多采用转盘塔。抽提塔内分为两段，下段为抽提段，上段为沉降段。原料（减压渣油）经换热降温至合适的温度后进入抽提塔的中上部，循环溶剂由抽提塔的下部进入。由于两相的密度差较大（油的密度约900～1000kg/m³；丙烷为350～400kg/m³），二者在塔内呈相向流动、逆流接触，并在转盘搅拌下进行抽提。

减压渣油中的胶质、沥青质与部分溶剂形成的重液相向塔底沉降并从塔底抽出，送去溶剂回收部分。脱沥青油与溶剂形成轻液相经升液管进入沉降段。沉降段中有加热管提高轻液相的温度，使溶剂的溶解能力降低，其目的是保证轻液相中的轻脱沥青油的质量，沉降段底部抽出重脱沥青油。这种只用一个抽提塔的脱沥青过程称为一段法。其流程相对简单且投资少，但既要生产低残炭值的脱沥青油，同时又要生产高标号沥青时比较难以同时兼顾两者的质量。

为了保证轻液相中的轻脱沥青油的质量，目前大多采用两段抽提流程（见图2-4）。该流程中设有第二个抽提塔，由第一个抽提塔底来的提余液在此塔内进行第二次抽提。由第二个抽提塔塔底出来的是提余液溶剂与沥青组成的沥青液，塔顶出来的提取液称为重脱沥青油，重脱沥青油中主要是相对分子质量较大的多环烃类。从第一个抽提塔塔顶出来的提取液则称为轻脱沥青油，溶剂的大部分存在于此提取液中。这种采用两个抽提塔、得到两个含油物流的流程称为两段法。两段法抽提的流程还有如图2-5所示的形式，它是从第一个抽提塔塔底就得到沥青液，塔顶的提取液去第二个抽提塔，由第二个抽提塔塔顶得轻脱沥青油，塔底得重脱沥青油。两段法的优点是可以得到三种产品，操作比较灵活，可以同时生产出高质量的轻脱沥青油和脱油沥青。

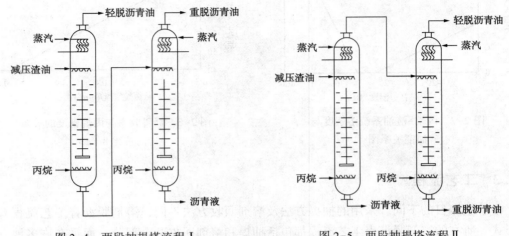

图 2-4　两段抽提塔流程 Ⅰ　　　　　　图 2-5　两段抽提塔流程 Ⅱ

　　进入抽提塔的丙烷有两路，一路称主丙烷，占总溶剂的大部分，在塔内起主要的抽提作用；另一路称副丙烷，从塔底进入，其作用是使沥青液中残留的润滑油能得到再一次的抽提，从而提高脱沥青油的收率。

　　在低温下，减压渣油的黏度很大，不利于进行抽提，因此抽提塔的操作温度要稍高些。为了保证溶剂在抽提塔内是以液相状态存在，操作压力应比抽提温度下丙烷的蒸气压高 0.294~0.392MPa。工业丙烷脱沥青装置采用的操作温度和操作压力一般分别为 50~90℃ 及 3~4MPa，溶剂比为 6~8（体积比）。采用的溶剂不同时，抽提操作的温度及压力须做相应的改变。

　　2. 溶剂回收部分

　　溶剂回收系统的任务是从抽提塔得到的轻、重脱沥青油溶液和沥青液中回收丙烷以循环使用，同时得到轻脱沥青油、重脱沥青油以及脱油沥青等产品。溶剂回收系统按不同的工艺方法分为 3 个过程。

　　（1）临界回收

　　临界回收就是使操作压力等于或略高于丙烷的临界压力，而操作温度低于或等于丙烷的临界温度，使丙烷在保证不汽化的最高温度下，其溶解能力最弱，几乎不溶解润滑油，从而使丙烷和油分离，直接将分离出来的液态丙烷循环使用，而无须加热蒸发、冷却回收。此过程是在临界塔中进行的。

　　溶剂的绝大部分（约占总溶剂量的 90%）分布于脱沥青油相中。轻脱沥青液经换热、加热后进入临界回收塔。加热温度要严格控制在稍低于溶剂的临界温度 1~2℃。在临界回收塔中油相沉于塔底，溶剂从塔顶（液相）出来，再用泵送回抽提塔。

　　（2）蒸发回收

　　蒸发回收是利用丙烷和润滑油的挥发性差别较大的特点来考虑的。此过程是在薄膜蒸发器和旋风分离器中进行的。

（3）汽提回收

汽提回收的目的是为了把经蒸发回收后的残液中的少量丙烷进一步蒸出来，再进行冷凝冷却、脱水、压缩液化后循环使用。这个过程是在汽提塔中进行的。

从临界回收塔分出的轻脱沥青油和从抽提塔分离出来的重脱沥青油中仍含有丙烷，需用蒸发的方法回收，一般是先用水蒸气加热蒸发后再经汽提以除去油中残余的溶剂。由汽提塔塔顶出来的溶剂蒸气与水蒸气经冷却分离出水后溶剂蒸气经压缩机加压，冷凝后重新使用。沥青相蒸发时须加热至220~250℃，为防止产生泡沫，所以一般用加热炉加热。加热后的沥青相同样是经过蒸发和汽提两步来回收其中的溶剂。

2.3.4 影响因素

1. 温度

温度是溶剂脱沥青过程最重要、最敏感的因素，因此，调整抽提过程各部位的温度常常是调整操作的主要手段。

丙烷脱沥青适宜的温度范围是 40 ~ 96.84℃，在这个温度范围内，随着温度的升高，丙烷的选择性增强，而溶解能力则相应减弱，就能使溶剂–油相内的非理想组分（胶质和多环芳烃）含量减少，使脱后油质量变好（残炭值减小）。从图 2-6 中看出，在溶剂比相同时，随着温度的升高，曲线向下移动，说明高温抽提比低温抽提所得的脱后油的质量好。

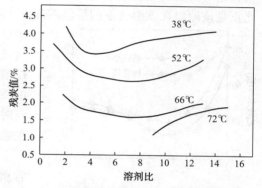

图 2-6 脱后油质量与温度、溶剂比的关系

为了保证脱沥青油的质量和收率，抽提塔内的温度是塔顶温度较高、塔底温度较低，形成一个温度梯度。塔顶温度高，溶剂的密度减小，溶解能力下降，但选择性加强。脱沥青油中的胶质、沥青质少，残炭值低，但收率降低，所以，塔顶温度是控制脱沥青油质量的关键条件。塔底温度低，溶剂溶解能力强，沥青中大量重组分被溶解，因而沥青中含油量减少，软化点高，脱沥青油收率高，所以，塔底温度是控制脱沥青油收率的关键条件。温度梯度过小或过大都会产生不利影响，温度梯度过小，抽提分离效果不好；温度梯度过大，塔内会产生过多内回流，形成液泛。以丙烷为溶剂时，温度梯度通常为20℃左右，塔顶温度的调整可以通过提高减压渣油入塔温度和调节塔顶加热盘管蒸汽来实现。塔底温度则可通过降低溶剂入塔温度和适当调节注入塔下部沥青液的副丙烷量来实现。

当选用不同的溶剂时，应当选择不同的抽提操作温度。一般情况下，对几种常用溶剂选用的温度范围如下：丙烷 50 ~ 90℃；丁烷 100 ~ 140℃；戊烷 150 ~ 190℃。在最高允许温度以下，采用较高的温度可以降低渣油的黏度，从而改善抽提过程中的传质状况。

在实际生产中，当生产方案改变而原料未变时，往往不调整溶剂比，而是只调整操作温度就能达到要求。表 2-2 为某厂丙烷脱沥青装置在不同生产方案下的操作调整情况。

表 2-2 不同产品方案的操作温度

产品方案	抽提塔的操作条件				轻脱沥青油		
	顶部温度/℃	底部温度/℃	压力/MPa	溶剂比（质量比）	收率/%	黏度（100℃）/（mm²/s）	残炭/%
航空润滑油料	75	50	3.43	3.7	23	21.3	0.7
普通润滑油料	63	48	3.43	3.7	27	24.6	0.9

2. 溶剂比(丙烷用量)

在温度一定的条件下，当溶剂用量太少时，只能起到降低残渣油黏度的作用，当溶剂用量逐渐增多时，就会分为两相。起初，增大溶剂比(增加溶剂)时，上层的脱后油收率随着溶剂的增大而降低，而脱后油的质量在逐渐提高(残炭值降低)，这说明溶剂的加入，使残渣油中的分离情况愈来愈好；当溶剂比达到了某一定的值时，脱后油的收率有一个最低值，这时的脱后油质量最高，说明在这个溶剂比时，残渣油中的分离效果最好，这个溶剂比正是该原料在该温度下的最佳溶剂比；随着溶剂比的进一步增大，发现上层脱后油的收率反而愈来愈大，脱后油的质量也反而愈来愈低了。这就说明随着溶剂量的增多，使得非理想组分被丙烷溶解得愈来愈多，也进入了脱后油，所以使脱后油质量降低。如图 2-7 所示的某残渣油在丙烷脱沥青时的脱后油的产品收率、产品质量与溶剂比的关系。

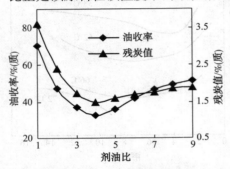

图 2-7 残炭，收率与溶剂比的关系

图中曲线最低点的左边说明溶剂比增大，使沥青质、胶质和多环烃类分离的作用在过程中起主导作用；曲线最低点的右边，说明溶剂比继续增大时，使多环烃类和胶质愈来愈多地被丙烷溶解的作用在过程中愈来愈起主导作用，而曲线的最低点则说明了在这样的溶剂比时，不良组分能刚好被充分分离开，使脱后油的质量最好。此曲线最低点处所对应的溶剂比，为最佳溶剂比。最佳溶剂比和原料的性质、溶剂纯度、抽提温度等有关，可以通过实验求定。

由于在最佳溶剂比时所得的脱后油产率很低，所以多不采用它。若采用稍小的溶剂比，混合物黏度又太大，不易分离。只有采用较大的溶剂比，这样却又相应带来了残炭值大的缺点。为了弥补这个缺点，可利用丙烷在高温时选择性增强的特性，把分离后的提取液的温度再提高一些，就可以沉降出被溶解的那部分残炭值高的组分(胶质和高分子多环烃)，而得到残炭值高的和残炭值低的两种脱后油。前者称为重脱后油，作为裂化原料；后者称为轻脱后油，可作为润滑油原料。这个办法的实施为简便起见，多在抽提塔的上部沉降段安装翅片加热器，提取液经过翅片加热即可自动分成两相，重相重脱后液聚集在塔顶集油箱内，轻相轻脱后液就直接从塔顶流出，然后再分别处理即可。

一般溶剂比为 5 : 1~9 : 1。

3. 压力

在工业装置中，正常的抽提操作一般在恒定压力下进行(忽略流动压降)，操作压力并不用作一个调节手段。但为了保证抽提操作是在双液相区(液相分为颜色深浅不同的两个液相)内进行，对某种溶剂和某个操作温度都有一个最低限压力，此最低限压力由体系的相平衡关系确定，操作压力应高于此最低限压力。在近临界溶剂抽提或超临界溶剂抽提的条件下，压力对溶剂的密度有较大的影响，因而对溶剂的溶解能力有较大的影响。一般来说，近临界溶剂抽提时，采用接近但不超过临界压力的操作压力；超临界溶剂抽提时，则多采用比临界压力高得多的操作压力。

4. 溶剂组成

溶剂脱沥青过程常用的溶剂为丙烷、丁烷、戊烷及其混合物。随着这类溶剂的相对分子质量的增大，其溶解能力增大，而选择性则降低。表2-3示出了它们的脱沥青效果的比较。

表2-3　不同的溶剂对脱沥青的影响(溶剂比 1:10，温度 27℃)

溶剂	脱后油收率/%	脱后油残炭值/%	沥青胶质收率/%	沥青胶质熔点/℃
乙烷	11.00	0.07	89.00	软
丙烷	75.00	2.35	25.00	80
丁烷	88.80	5.12	11.20	153
戊烷	95.20	6.23	4.80	160

从表2-3中看出，所用的溶剂相对分子质量愈小，则分离的沥青胶质和高分子环烃类的量愈多，使用乙烷作溶剂时，甚至高分子少环烃类也被分离出去了，脱后油收率为11.00%，若用戊烷作溶剂时，则不仅胶质及多环烃类不易分离出去，甚至一部分沥青质也仍然不能分离出去，脱后油收率高达95.20%，而脱后油颜色很黑，残炭值很大；使用丁烷作溶剂时，情况比用戊烷作溶剂时稍为好些，但脱后油颜色仍然很黑，残炭值也很大；丙烷作溶剂时，情况就大大好转，脱后油的颜色为绿色，残炭值为2.35%，且收率较用乙烷作溶剂时要高得多。

实际生产过程中，当目的产品是润滑油料，多采用丙烷作溶剂；当目的产品是催化裂化或加氢裂化原料时，多采用丁烷或戊烷。其主要原因是由于对裂化原料的质量要求不如对润滑油料那样严格，丁烷及戊烷的溶解能力较大，可以采用较小的溶剂比和较高的抽提温度。为了调节溶剂的溶解能力和选择性，或者是由于溶剂来源的限制，也可采用混合溶剂。

工业沥青装置所用的丙烷多来自催化裂化气体分馏装置，因此总会含有乙烷、丙烯、丁烷等杂质，称工业丙烷。当溶剂已选定后，对其他的组分应有适当的限制。对于生产重质润滑油为主的丙烷脱沥青装置，为了保证脱沥青油质量与收率，降低溶剂比，减少溶剂消耗，对丙烷溶剂的要求是：丙烷含量不小于80%，C_2不大于2%，C_4不大于4%，丙烯含量也要尽量低。因为丙烷脱沥青过程的温度已远超过乙烷的临界温度，过多的乙烷会影响系统压力和平稳操作，而且增大溶剂的排空损失。丙烷中含有大量丙烯时会降低溶剂的选择性，应当尽量降低其含量。丙烷中含有大量丁烷时，增大了溶剂的溶解度，使选择性下降，脱沥青油收率、残炭和黏度提高，脱沥青油性质变差。

如果溶剂中有丁烷和丁烯，在溶剂回收系统中多集中在汽提出来的低压丙烷气内，丙烷气经压缩机第一段压缩后，经过冷水冷却，丁烷和丁烯就会首先被冷凝成液体，将其切除即可解决。如果溶剂中有乙烷，在溶剂回收系统中，它将随同丙烷一同进入丙烷液体储罐内，在液体储罐内的温度和压力下，乙烷仍为气态，因此，可以排出气体来解决。此外，丙烷中应不含 H_2S，以避免设备的腐蚀，故此，在裂化气体分馏之前就应该对裂化气体进行水洗及碱洗。

5. 原料的性质

丙烷脱沥青装置的进料，无论目的产品是润滑油料还是催化裂化原料，都是以减压渣油为原料油的。一般情况下，在正常生产时，原料油的组成、性质不作为调整操作的参数来用。但是原料油的组成、性质与抽提效果有着密切的关系。当原料油的组成、性质发生变化时，有关的操作参数须及时作必要的调整。渣油中油分含量多时，为使胶质、沥青质分离出来所需的溶剂比就较大，脱沥青油收率也高，相应黏度较低。原料中含油量少而又需制取低残炭值的残渣润滑油时，所得脱沥青油黏度高、收率低，所需溶剂比虽小，但必须采用比较苛刻的操作条件。

2.3.5 超临界技术的应用

传统的溶剂脱沥青过程是在溶剂的临界点以下的温度、压力条件下进行操作。为了降低操作能耗，超临界溶剂抽提和超临界溶剂回收的技术应用得到了重视和发展。

当溶剂处于其临界温度以上的温度及远高于其临界压力的条件时，此溶剂即处于超临界流体状态。超临界流体的最大特性是气液不分，但可以通过改变压力、温度来使流体具有液体或气体的性质，在这个变化过程中不需相变热。

超临界流体的密度对温度和压力很敏感，通过改变温度或压力可以在较大范围内改变其密度。实验研究结果表明，超临界流体的溶解能力主要决定于它的密度，随着超临界流体的密度增大，其溶解能力也随之增大。因此，在某个温度及压力范围内，它对渣油的溶解能力足以达到抽提脱沥青操作的要求。

用超临界溶剂对渣油进行脱沥青抽提时，由于超临界溶剂的黏度低、传质速率高，以及轻液相与重液相的密度差大，即容易分层等原因，抽提塔的结构可以大为简化，其体积也可以缩小。从实验室研究和工业试验的结果来看，甚至在渣油和溶剂经过静态混合器后，只需进入一个沉降器(代替抽提塔)就完成抽提和分层的任务也是有可能的。

溶剂脱沥青过程使用大量的溶剂，必须回收并循环使用。溶剂回收部分的投资和操作费用对整个装置的经济效益有重要影响。需回收的溶剂量中，约90%来自提取液(脱沥青油相)，其余则来自提余液(脱油沥青相)。因此，溶剂回收的重点是回收提取液中的溶剂。

传统的回收方法是将溶液加热使其中的溶剂蒸发，这种方法的能耗大，能耗大的主要原因是溶剂汽化时需大量的蒸发潜热。近年来，近临界溶剂回收(准临界回收或临界回收)和超临界溶剂回收技术的应用使溶剂回收的能耗有了显著的降低。这两种方法的原理基本上是相同的，但是具体的操作条件则有所不同。在超临界条件或近临界条件下，溶剂的密度对温度、压力的变化比较敏感，通过恒压升温、或恒温降压、或同时升温降压等手段可以较大地减小溶剂的密度，从而也降低了溶剂的溶解能力。当溶剂的密度降低到一定程度时(例如 $0.2g/cm^3$ 以下)，溶剂对脱沥青油的溶解能力已经很低，溶剂与脱沥青油分离成轻、重两个液相，从而达到回收溶剂的目的。采用此方法可以把提取液中的绝大部分溶剂分离出来，残存在脱沥青油中的少量溶剂可经进一步的汽提分出。在上述的分离过程中，由于没有经历由液相到气相的相变化，不需要提供汽化潜热，因而降低了能耗。

工业上已有的溶剂脱沥青装置的抽提塔绝大多数是在溶剂的临界点以下操作，采用近临界溶剂回收方法比较方便易行，节能效益也很好，因而得到了广泛的应用。若抽提部分是在超临界下操作，操作压力和温度都较高，则采用超临界溶剂回收可能更合适。

2.3.6 主要设备

丙烷脱沥青的主要设备有一段抽提塔、二段抽提塔和薄膜蒸发器等。

一段抽提塔的结构见图2-8。在一段抽提塔内，上部设有高效立式翅片加热器，集油箱下方设有U型管加热器，以便控制上部沉降段各部温度。抽提段内装有转盘搅拌器，转轴上装有水轮叶片，靠上塔丙烷冲击水轮叶片来驱动水轮使转盘转动，用丙烷流量来调节转速。原料渣油从集油箱下部的分配管进入，分配管由主管和许多带小孔的支管组成，以保证原料的均匀散布。丙烷在抽提段下部分三段进入塔内。主丙烷（或称正丙烷，是抽提过程中所用的丙烷溶剂的绝大部分，相当于主部，因而得名）由水轮冲击管和水轮冲击管上方的环形孔管进入，下方的丙烷入口实际上是在下部沉降段的上部，其作用是为了把提余液中所携带的油充分地抽提出来，以提高抽提分离效果。因其用量仅占丙烷总用量的少部分，故称副丙烷。二段抽提塔的用途，是把由一段抽提塔集油箱得来的重脱后液再进行一次抽提，以脱除其所含的胶质和高分子多环烃类，借以提高重脱后油的质量。其结构与一段抽提塔类似，上部沉降段与抽提段之间装有蒸汽加热管，以保持塔顶温度。有些装置的二段抽提塔抽提段设有百叶窗式塔板若干层。

薄膜蒸发器实际上就是一直立安装的固定管板式热交换器。其结构见图2-9。

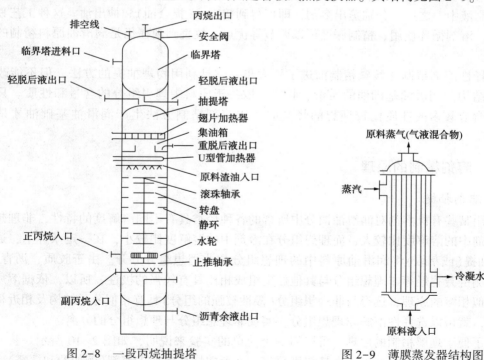

图 2-8　一段丙烷抽提塔　　　　图 2-9　薄膜蒸发器结构图

加热蒸汽从壳程进出，被蒸发的料液从下部进入管程，加热后，溶剂大量蒸发，形成泡沫。溶剂蒸汽以很高的速度沿加热管上升，把液体拉成薄膜沿管壁上升。在上升过程中，溶剂汽化程度愈来愈大，高速气流就携带着液滴一起逸出薄膜蒸发器，进入旋风分离器，可把汽化的溶剂与油液分开。

这种蒸发器具有传热效率高，蒸发量大和接触时间短等优点，蒸发效果很好。采用了薄膜蒸发器和旋风分离器联合分离系统，就可以省去了笨重的卧式蒸发器和泡沫蒸发塔，使装置紧凑，操作简便，且由于传热效率高，节省能源消耗。

2.4 润滑油的溶剂精制

来自常减压蒸馏装置减压侧线的馏分润滑油原料和来自丙烷脱沥青装置的残渣润滑油原料，含有大量的润滑油非理想组分——多环短侧链的芳香烃，含硫、含氮、含氧化合物及少量的胶质等。这些组分的存在，使润滑油颜色深、酸值高、残炭值大，黏温特性和抗氧化安定性变坏，腐蚀金属设备。因此，润滑油原料必须经过精制，除去所含的非理想组分，才能达到润滑油基础油标准，满足成品润滑油对基础油的要求。

早期润滑油采用硫酸-碱化学精制。该方法存在着处理量小、操作不连续、酸渣无法处理、收率低和生产费用高等缺点，目前在实际生产中所占比重很小。该工艺在环境保护和职业卫生方面存在较多的难以克服的问题，因而只在某些专用润滑油的生产中仍有少量应用，长远来看终将被淘汰。自20世纪30年代，炼油工业开始采用选择性溶剂精制。苯酚、糠醛、甲基吡咯烷酮等有机溶剂，对润滑油基础油中的理想组分和非理想组分有不同的溶解度。使用这些溶剂对油料进行抽提，胶质、多环短侧链的芳香烃、环烷酸类等不理想组分溶解在溶剂中而被抽提出，少环长侧链的环烷烃、芳香烃及液态烷烃等理想组分则留在精制液中。之后，分别蒸出溶剂，即可得到精制油（提余油）和抽出油。这种工艺具有无废渣、溶剂循环使用、精制深度可以调节等优点，故直到现在仍是润滑油原料精制的主要手段。

选择性溶剂精制比酸碱精制前进了一大步。它是利用物理抽提的方法，但不能改变烃类的结构。润滑油基础油的质量、收率，取决于原料中理想组分的含量和性质。只有原料中含有较多的性质比较理想的烃类时，用溶剂精制方法生产润滑油基础油才是经济的。

2.4.1 溶剂精制的原理

1. 溶剂抽提

利用某些有机溶剂对润滑油馏分中所含的各种烃类具有不同溶解度的特性，非理想组分在溶剂中的溶解度比较大，而理想组分在溶剂中的溶解度比较小，在一定条件下，通过液-液抽提（或萃取）将润滑油原料中的理想组分与非理想组分分开。由于胶质、沥青质、多环短侧链芳香烃等非理想组分与其他烃类组成相比具有较强的极性，所以，依据溶质与溶剂相似相溶的原理，选择与非理想组分（极性较强的组分）具有相似分子结构及相近极性的溶剂，就可以选择性溶解非理想组分，实现非理想组分与理想组分的分离。

为了便于理解精制的原理，可以用一个简单的实验来说明，如图2-10所示。将一定量的润滑油原料装入烧杯中，保持温度恒定，逐渐向烧杯内加入溶剂（例如酚和糠醛）。当加入少量溶剂时，溶剂能溶解在油里，继续加入溶剂，在烧杯内的溶液分为两层。上层是溶剂溶解在油中的饱和溶液，它是以含理想组分为主，并溶有少量的溶剂及少量的非理想组分，称为提余液。下层是油溶解在溶剂中的饱和溶液，它是以含溶剂为主，并溶有大量的非理想组分及少量的理想组分，称为提取液。在一定条件下将两相分开，并分别将提余相(精制液)和提取相(抽出液)中的溶剂蒸出，则可得到精制油和抽出油。

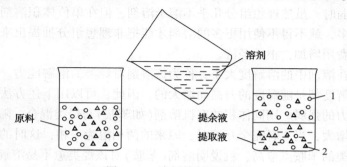

图2-10　溶剂精制原理图
1—原料中的理想组分；2—原料中的非理想组分

各种润滑油抽提过程进行的深度如何，关键在于溶剂对非理想组分及理想组分的溶解能力的差别。这种差别越大，过程进行得越完全，分离效果也越好。溶剂的这种对非理想组分及理想组分的溶解能力的差别，称为溶剂的选择性。溶剂的选择性越强，抽提效果就越好，具有选择性的溶剂就称为选择性溶剂，采用选择性溶剂进行润滑油抽提的精制工艺称为润滑油的选择性溶剂精制。

2. 分配定律

在抽提过程中，当温度和压力一定时，溶解在两个互相接触的互不溶解的溶剂中的物质，在两相达到平衡时，它在两相中的体积浓度之比是一个常数。这个规律称为分配定律。

当溶剂和原料油接触时，非理想组分在原料油中的浓度要大于它达到平衡时在溶剂中的浓度，由于这个浓度差使非理想组分向溶剂中扩散，直至达到平衡为止。此时，非理想组分在提取液和提余液中的浓度比服从分配定律，其表达式为：

$$K = \frac{Y}{X} \tag{2-1}$$

式中　K——分配系数；
　　　Y——溶质(非理想组分)在提取液中的体积浓度，
　　　X——溶质(非理想组分)在提余液中的体积浓度。

从式(2-1)可知：若K值越大，说明非理想组分在提取液中的浓度越大，即原料中的非理想组分被溶剂提取出来的量越多，抽提过程进行得就越完全。可见，K的大小是由加入的溶剂对溶质(非理想组分)的溶解能力所决定的。因此，溶剂对溶质的溶解能力越强，抽提过程进行得越深。

当温度升高时，由于溶剂对非理想组分的溶解能力提高，使K值增大。但当温度升高到某一温度时，由于溶剂和油的相互溶解度增加而完全互溶，此时，只能生成一相，K值等于零，抽提过程也就无法进行。

2.4.2　对溶剂的要求和溶剂的性质

1. 对溶剂的要求

为了实现润滑油的选择性溶剂抽提过程，对溶剂必须提出下列要求：

①良好的选择性和较强的溶解能力。溶剂的选择性良好，就可以把提取液中的理想组分含量降到尽可能低的程度，获得较高的精制油收率。可是，如果溶剂的选择性虽好，但它的溶解能力很弱时，虽然理想组分几乎不溶于溶剂，但在单位体积溶剂中被溶解的非理想组分的量也不多，就不得不使用更多的溶剂才能把非理想组分抽提出来，从而使设备增大或增多，操作费用增加，很不经济。

我们把烃类在溶剂中的溶解度大小，称为该溶剂对烃类的溶解能力。一般各种烃类在有机溶剂中的溶解度都是随温度的升高而增大的，因此，可以用下述方法来比较溶剂对各种烃类的溶解能力的强弱。用同体积的有机溶剂(如苯胺)与烃类混合，随温度升高。二者互溶的程度不断增大，当二者完全互溶时，原来的两相溶为一相，这时的温度称为该烃类的苯胺点。某烃类的苯胺点愈高，就说明溶剂(苯胺)对该烃类愈不易溶解，也就是溶剂对该烃类的溶解能力愈弱。反之，某烃类的苯胺点较低时，则说明溶剂对该烃类的溶解能力较强。

图 2-11 为不同结构烃类的苯胺点。

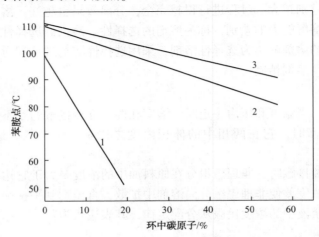

图 2-11　不同结构的烃类苯胺点
1—乙基苯衍生物；2—乙基环己烷衍生物；3—丙基环戊烷衍生物

从图 2-11 中可以看出，同一类型的化合物，当环中的碳原子数占分子中总碳原子数的百分率愈大时，苯胺点就愈低；烃类分子结构与溶剂(苯胺)的分子结构(特别是环的结构)愈接近，其苯胺点就愈低。因此，乙基苯衍生物的苯胺点最低，其次为乙基环己烷衍生物，而丙基环戊烷的苯胺点更高。图中虽然未给出烷烃的曲线，但环中碳原子数的 0% 点就代表了烷烃。因此曲线与纵坐标轴的交点即为烷烃的苯胺点。

上述规律，在测定其他有机溶剂对烃类的溶解能力时仍大致相同。可见，有机溶剂对润滑油原料中的各种烃类溶解能力的强弱是与烃类的分子结构有关的，它们的次序是：胶质>多环芳香烃>少环芳香烃>环烷–芳香烃>环烷烃>烷烃；对同类烃的溶解能力，依该烃类相对分子质量的增大而减弱；对环状烃的溶解能力，依环状烃的侧链的增长及侧链数目的增多而减弱。

再者，溶剂对烃类的溶解能力也与溶剂本身的分子结构有关。且溶剂对烃类的选择性与溶解能力常常是相互矛盾的，即选择性较强的溶剂，其溶解能力反而较弱。现将几种常用的选择性溶剂的选择性及溶解能力列于表 2-4。

表 2-4　各种溶剂的溶解能力和选择性次序

溶剂名称	分子结构式	对烃类的溶解能力	对烃类的选择性
液体二氧化硫	SO_2	弱	强
糠　醛	—CHO		
苯　酚	—OH		
苯　胺	—NH₂		
硝基苯	—NO₂	强	弱

②溶剂和原料油在某些物理性质方面应有较大的差别。这些物理性质包括密度，黏度、沸点。对它们的要求是：

（a）密度差别大，使提取液及提余液易于分成两相，形成上下两层；

（b）黏度小，利于分离；

（c）沸点低，且与油有较大的沸点差，以利于蒸馏回收溶剂，但沸点不宜过低。否则精制过程须在高压下进行，使生产过程复杂化，回收成本增加。

③在精制过程中，溶剂与原料油不发生任何化学反应，以免影响润滑油的质量。

④溶剂要有足够的热稳定性和抗氧化安定性。溶剂在使用过程中不易分解，不易变质，以保证回收利用。

⑤溶剂应毒性小、腐蚀性小、易于制得。

2. 溶剂的性质

实际上，要求溶剂在备方面的性能都很好，是难以办到的。一般在选择溶剂时，应抓住选择性强、溶解能力强和易于回收等主要性能，兼顾其他方面的要求。在润滑油精制过程中，苯酚、糠醛和 N-甲基吡咯烷酮是最常见的最广泛采用的溶剂，三种溶剂的性质及使用性能的比较见表 2-5。

表 2-5　三种溶剂的性质和使用性能

性　质	糠醛	酚	N-甲基吡咯烷酮
结构式	—H（O）	—OH	—CH₃（O、N）
相对分子质量	96.03	94.11	99.13
来源	农作物副产品	化学合成	α-吡咯烷酮甲基化
常温状态	无色液体	白色结晶	无色液体
25℃密度/（kg/m³）	1159	1071	1029

性 质		糠醛	酚	N-甲基吡咯烷酮
沸点/℃		161.7	181.2	201.7
熔点/℃		-38.7	40.97	24.4
与水生成的共沸物	常压共沸点/℃	97.45	99.6	不产生
	共沸物中含溶剂/%（质量分数）	35.0	9.2	—
稳定性		好	很好	极好
毒性		中	大	小
选择性		极好	好	很好
溶解能力		好	很好	极好
原料适用范围		极好	好	很好
精制油收率		极好	好	很好
相对成本		1.0	0.36	1.5

从表 2-5 中数据可见，三种溶剂各有优缺点，选用时须结合具体情况综合地考虑。N-甲基吡咯烷酮（NMP）用作润滑油精制的溶剂，具有较高的溶解能力和较好的选择性，毒性很小，对皮肤无刺激作用，安定性好，适用的原料范围也较宽，是良好的选择性溶剂，近年来在国外已得到了广泛应用。但对我国来说，NMP 价格高且需进口，尚未获得广泛应用。酚的主要缺点是毒性大，适用原料范围窄，近年来有逐渐被取代的趋势。在我国，糠醛由农作物的副产品，如玉米芯等制成，价格较低，来源充分（我国是糠醛出口国），适用的原料范围较宽（对石蜡基和环烷基原料油都适用），毒性低，与油不易乳化而易于分离，工业应用实践经验较多，因此，糠醛是目前国内应用最为广泛的精制溶剂。

2.4.3 精制过程的条件和影响因素

抽提过程是一个由不平衡趋向于平衡的过程。在抽提过程中，最初，当溶剂和原料刚接触时，由于溶质（非理想组分）在两相间的浓度差最大，因此，原料中的溶质（非理想组分）扩散到溶剂的速度也最大，随着过程的进展，溶剂中的溶质（非理想组分）浓度逐渐增大，溶质由溶剂向原料的扩散在不断增大，同时由于原料中的溶质（非理想组分）在不断减小，因此，溶质（非理想组分）由原料向溶剂的扩散速度也在不断减小，当原料中的溶质（非理想组分）向溶剂的扩散数量与由溶剂中的溶质（非理想组分）向原料的扩散数量在单位时间内相等时，即达到了平衡，此时，溶质（非理想组分）在两相中的溶质就不再发生改变了，它在两相间的浓度比例关系遵循分配定律，这就是抽提过程的终结。由此可见，抽提过程进行的推动力就是溶质（非理想组分）在原料中与其在溶剂中的浓度差，这个浓度差越大，过程进行的趋势就越大，过程的方向向着平衡状态，平衡状态是过程的终点。

由此可知，若要润滑油的溶剂抽提过程得以进行，必须具备以下两个基本条件：

①溶剂必须具有选择性，这样，才能溶解原料油中的非理想组分，而不溶解或尽可能少地溶解理想组分。

②溶剂与原料作用后，能够分成互相平衡的两相。只有分成两相，才能将非理想组分分离出去。

实际上在生产中还要考虑到提高精制油的质量、收率、降低消耗、节省能源等方面，因此，就必须对影响抽提的诸因素进行分析研究，借以确定合理的工艺条件。

1. 溶剂用量

溶剂与原料相混合以后，并不是在任何情况下都能形成两相的。若在一定的温度下，加入的溶剂量很少，由于溶剂被原料所溶解，所以就不可能形成两相。若再多加入一些溶剂，当溶剂的浓度达到了溶剂在原料中的饱和浓度时，那么溶剂就不再继续被原料溶入，此时若再多加入溶剂（既便是很少），就一定会出现另一相。同样的道理，在一定的温度下，若用大量的溶剂与很少量的原料油相混合，这少量的原料油也可以完全被溶剂溶解，只有在增加原料油，使原料油在溶剂中的浓度超过该温度下原料油在溶剂中的饱和浓度时，才能出现两相，上述情况表明，在一定温度下，溶剂量和原料量只能在一定的比例范围内，才能形成两相。

工业上以溶剂的用量与原料量的比值，称为溶剂比，即

$$溶剂比 = \frac{溶剂用量}{原料油量} \qquad (2-2)$$

溶剂比可以是体积比，也可以是质量比，一般常用体积比。

一般说来，在形成两相的条件下，随着溶剂比的增大，非理想组分被抽提得愈多，提余油的质量就提高得愈大。然而理想组分被溶剂溶解去的数量也相应增多，因此精制油的收率也会相应地下降。表2-6列出的大庆15号汽油机油馏分在进行酚精制时的溶剂比与提余油质量及收率的对比数据（抽提塔顶温度为95℃）。

表2-6　不同溶剂比对提余液的质量、收率的影响

溶剂比（质）	黏度指数	残炭值/%	酸值/（mgKOH/g）	提余油收率/%（质）
0:1	80	1.222	0.0725	100
1:1	90	0.72	0.055	70.2
1.5:1	93	0.565	0.0519	60
2.5:1	100	0.291	0.0274	51

由表2-6可以看出，采用较大的溶剂比，对提高提余油（精制油）的质量是有好处的。但是过大的溶剂比不仅使提余油的产率降低，而且使设备负荷增大，影响处理能力（降低处理量），同时也增加了溶剂回收系统的负荷，增加了生产费用。此外，过大的溶剂比，会将润滑油中的芳香烃除去得过多，反而会影响润滑油的抗氧化安定性。所以溶剂比应选取适当，应根据原料性质、溶剂种类、产品质量要求并结合其他工艺条件来确定。

一般黏度较大的原料油，溶剂比应大些，如残渣油原料所采取的溶剂比就要大于馏分油原料。质量要求较高的润滑油，为要除去更多的芳香烃，就可以采用较大的溶剂比。在用酚作溶剂时，一般低黏度油的溶剂比为1.3:1~2:1，中黏度油为2.5:1~3.5:1，高黏度油为3.5:1~4.5:1，而残渣润滑油却大得多，甚至可达6:1，在使用糠醛做溶剂时，溶剂用量要多25%~50%。

2. 抽提温度

(1)溶剂和原料油形成两相与温度的关系

溶剂对烃类的溶解能力，随温度的升高而增强。在润滑油精制时，若提高抽提温度，不仅非理想组分会更多地被溶剂溶解，而且理想组分也同时会更多地被溶剂溶解，这样就相当于降低了溶剂的选择性。

此外，还要注意到温度的变化对形成两相的影响。在溶剂比一定的条件下，若逐渐提高处于液体两相平衡系统的温度时，因溶剂与原料的溶解度均在不断提高，互溶作用愈益加剧，可以看出其中某一相的体积随温度的升高而愈来愈小，另一相的体积则愈来愈大，当达到某一温度时，原来的两相会完全转变为一相。这就意味着该系统的溶剂和原料刚刚能完全互溶，这个温度就称为该系统的临界溶解温度。临界溶解温度越低，就说明溶剂与原料愈易互溶；其临界溶解温度愈高，则说明溶剂与原料愈不容易互溶。

实践表明，同种原料油与同种溶剂按不同的溶剂比混合时，它们的临界溶解温度是各不相同的。前面所述的苯胺点就是指的油品与溶剂苯胺在溶剂比为1:1的条件下的临界溶解温度。

将原料油与溶剂在不同的溶剂比时的临界溶解温度绘成曲线，就称为原料油–溶剂系统临界曲线，图2–12是某机械油–糠醛系统临界溶解度曲线。

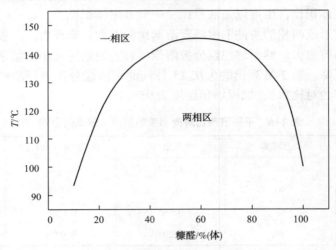

图2–12　某机械油–糠醛系统临界溶解度曲线

曲线下部为两相区，曲线上部为一相区，曲线的最高点为原料油与溶剂的最高临界溶解温度，在高于此温度时，原料与溶剂不论以任何比例混合，均不能形成两相。曲线上的某一点，都表明了在相应的溶剂比时的临界溶解温度。为保证系统内分成两相，就必须使系统的温度低于系统在该溶剂比时的临界溶解温度。

通过上述分析，可以知道，当确定了溶剂比之后，抽提温度必须低于该溶剂比时的临界溶解温度，才能形成两相，抽提过程才能得以实施。

原料油–溶剂系统的临界溶解温度是与溶剂同原料油之间的相互溶解度有直接关系的。在使用的溶剂比相同时，不同的溶剂对同一种原料油的临界溶解温度，随溶剂的溶解能力的提高而降低。如果润滑油在采用相同的溶剂比，用糠醛作溶剂时的临界溶解温度为100℃，而用酚作溶剂时的临界溶解温度则为75℃，这就是因为酚对烃类的溶解能力比糠醛大的缘故。所以临界溶解温度的高低，也表明了各种溶剂的溶解能力的强弱。

大量事实证明，对于同一种溶剂来说，临界溶解温度的高低，也取决于原料油的性质和组成。在溶剂比一定时，一般有如下规律：

①从同一种原油切割出来的润滑油馏分，沸点范围愈高，临界溶解温度也愈高。

②原料中含稠环芳香烃、胶质愈多时，临界溶解温度就愈低。因而在连续逆流抽提塔下部的油（含非理想组分多）的临界溶解温度就要比上部的油（含理想组分多）的临界溶解温度低得多。

③随着烃类侧链长度的增长，临界溶解温度升高。环状烃相对分子质量相同时，随着侧链数目与分支的增多，临界溶解温度降低。特别是随着环状烃环数的增多，临界溶解温度急剧降低。

上述规律，说明了临界溶解温度与各种烃类化学结构的关系，表明了各种烃类在溶剂中被溶解的难易程度。临界溶解温度愈高的烃类就愈不易被溶解。因此，对不同的原料油，应采用不同的抽提温度，如对临界溶解温度较高的原料油，就要采用较高的抽提温度；要求精制深度愈深的油品，抽提温度也应高一些。一般抽提温度要比该原料在所规定的溶剂比时的临界溶解温度大约要低10℃左右。对于连续逆流抽提装置来说，抽提塔顶部温度则比该提余液的临界溶解温度要低得多，可低于该临界溶解温度20~30℃。

（2）适宜的精制温度及温度梯度

在两相内，原料在溶剂中的溶解度随温度升高而增大，由于更多的非理想组分进入提取液，所得的精制油质量就会提高，但由于溶剂的选择性随温度的升高而逐渐减弱，理想组分的溶解度增大，使精制油的收率逐渐减小，如图2-13所示。

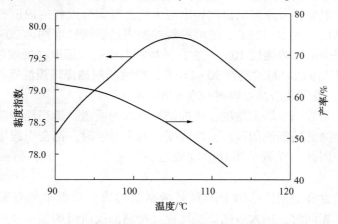

图2-13　抽提温度与精制油黏度指数及收率的关系

图2-13是溶剂比为3：1时，在不同的抽提温度下的质量、收率曲线。当温度升到某一温度（图中为105℃）时，黏度指数曲线达到最高点，说明在该温度下系统中的溶剂具有最合适的溶解能力，可以保证最大限度地溶解非理想组分，同时也具有恰当的选择性，使理想组分不致因溶剂溶解能力的提高而过多地进入提取液。低于这一温度时，由于溶剂的溶解能力较弱，使相当数量的非理想组分不能进入提取液，使精制油质量变差。温度高于这一温度时，由于溶剂的溶解能力较强，选择性过差，使过多的理想组分进入提取液，因而黏度指数高的理想组分也被溶入提取液中，使精制油的黏度指数下降，产率也大幅度减小。可见，精制温度不可太高，否则将会导致产品质量及收率的同时下降。在黏度指数曲

线最高点时的温度就是该溶剂比时的最佳精制温度。最佳精制温度依不同原料、不同溶剂、不同溶剂比而异，它需通过大量的实验来确定。

但是，在实际生产中，所使用的精制温度并不是最佳精制温度，而是根据润滑油的质量要求来选用一个既保证产品质量，又有最大收率的温度，因此，它不一定是黏度曲线最高点时的温度（最佳精制温度），而是采用比最佳温度低的温度。也就是说，有时为保证一定的收率，采用某一精制温度后，某项质量指标不合格，可以采取调和或掺入添加剂的办法来改善质量。

由于润滑油中各种烃类的临界溶解温度不同，润滑油原料进塔后，与溶剂接触，沿塔上升逐渐被抽提，当到塔顶时，主要组成为理想组分，其临界溶解温度较高，故塔顶应保持较高的温度，使溶剂的溶解能力增强，可保证提余液内的非理想组分更充分地溶解到新鲜溶剂中去，以提高精制油质量，虽在温度较高时，溶剂中也会更多地溶解一些理想组分，但当溶剂自上部流下时，因温度逐渐降低，溶剂的溶解能力逐渐减弱，理想组分就会从溶剂中重新被分离出来，而转入提余液中。塔底主要为非理想组分，其临界溶解温度较低，在塔底保持较低的温度，以提高溶剂的选择性，减弱其溶解能力以便使理想组分从提取液中充分分离出来，而转入原料中去，从而减少了理想组分的损失，以保证精制油的收率。

由上述可知，由于温度梯度的建立，在塔中便引起了理想组分和非理想组分在两相间的不断转移的过程——即传质过程，其中也包括因两相溶质的浓度差而引起的传质过程。可见由温度梯度引起的传质过程比单纯的逆流抽提的传质过程进行得更深。

温度梯度的大小需视原料的性质、产品的质量要求，溶剂的种类、溶剂比和设备结构等的不同而异，一般宽馏分原料的温度梯度应大些，窄馏分原料的温度梯度应小些，酚精制抽提塔的温度梯度约为 20~25℃，糠醛精制抽提塔的温度梯度约为 20~50℃，通常塔底温度约低于塔顶提余液临界温度 10℃ 左右，酚精制抽提塔顶温度在处理馏分油原料时约为 65~90℃，在处理残渣油原料时约在 90~110℃，糠醛精制抽提塔顶温度在处理馏分油原料时约在 85~125℃，处理残渣油原料时约在 125~140℃。

在抽提塔中，适当调节塔顶温度，可控制精制油的质量，适当地调节塔底温度，可控制精制油的收率和降低精制油的残炭，当改变这两个温度时，都会引起塔内各部分温度和组成的相应变化，因此，在调节塔顶温度或塔底温度中的一个时，另一个也应作适当的调节。

综上所述，温度和溶剂比这两个因素对精制油的质量和收率都有影响。通过比较发现，当精制油质量相同时，加大溶剂比要比提高精制温度所得的精制油收率要高些；若精制油收率相同时，增大溶剂比要比提高精制温度所得的精制油质量要高些。这是因为精制温度的提高，既提高了溶剂的溶解能力，又降低了溶剂的选择性，前者对产率不利，后者对分离不利。因而，若欲分离出更多的非理想组分，就得把温度提得更高，势必使更多的理想组分进入提取液；若欲保证较高的收率，则精制温度就必须低一些，但又会有更多的非理想组分存留在精制油中。鉴于上述原因，并通过实践，认为采用低温，大溶剂比的精制条件要比高温、小溶剂比时好得多。实践证明，在精制油质量相同时，采用低温、大溶剂比时，虽然设备负荷会相应增大，操作费用相应增多，但精制油收率高。所以权衡利弊得知，低温、大溶剂比的精制条件无论是从经济角度或充分利用资源的角度来看，都是比较合理的。

3. 抽提方式

由上述可知，增大溶剂比和提高抽提温度有利于抽提过程的进行，但由于抽提过程中达到的平衡状态只是一种动态平衡，是溶质（非理想组分）在两相间的扩散速度彼此相等。由于在两相中都有一定量的溶质（非理想组分），为了使抽提过程向着有利方向发展，抽提方式也是十分重要的，现将几种抽提方式分别讨论如下：

（1）一次抽提

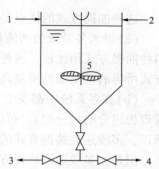

图 2-14 抽提罐示意图
1—原料入口管线；2—溶剂入口管线；
3—提取液出口管线；
4—提余液出口管线；
5—搅拌器

一次抽提是将溶剂和原料油一次加入到抽提罐中，经过机械搅拌，使它们充分接触，经沉降分层后，经抽提罐锥形底（如分液漏斗状）将两相分开，抽提罐如图 2-14 所示。然后，再将抽提液送到溶剂回收系统，把溶剂回收后继续使用。提取物可以用作劣质润滑油或裂解原料等。将提余液送到溶剂回收系统，将溶剂分离后，可得到精制润滑油。

用这种抽提方式得到的精制油质量不高。同时在非理想组分溶解的过程中，一部分理想组分也溶解在溶剂中，因而精制油收率也低。

（2）多次抽提

这种抽提方式是把溶剂分成若干份，逐次加入到原料油、第一次提余液及以后各种提余液中，如图 2-15 所示。

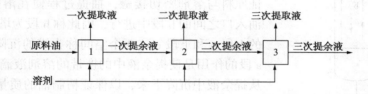

图 2-15 多次抽提过程示意图

在总溶剂比相同的情况下，多次抽提比一次抽提的效果要好，即精制得深一些；若精制效果相同时，多次抽提比一次抽提溶剂用量要少一些。

多次抽提精制效果好的原因，在于每次抽提所加入的溶剂都是新鲜溶剂，与二次抽提方式相比，多次抽提方式中的每一次抽提过程始终保持了较大的溶剂与原料间溶质的浓度差，所以系统中的两相不平衡的程度大，也就是在多次抽提方式中，溶质的抽提程度比一次抽提的大。但是，应该指出，在多次抽提方式中，依次往后每份溶剂所能抽取出来的溶质数量，相对说来是愈来愈少的，况且随着抽提次数的增多，也会带来设备的增加及操作的复杂化，因而抽提次数不宜无限度的增多。

而且还应该看到，多次抽提方式中，随着溶质（非理想组分）更多地被抽提出来，理想组分也相应地会更多地被溶剂抽提出来，因而精制油的收率也不高。

（3）逆流抽提

①多段逆流抽提。多段逆流抽提装置是由许多混合器及沉降分离器组成的抽提分离系统串联而成的设备组。原料油和新鲜的溶剂分别由装置的首末两端进入，逆向流动。图 2-16 为三段逆流抽提装置的流程示意图。

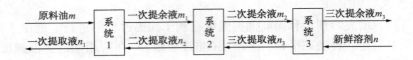

图 2-16 三段逆流抽提流程示意图

这种抽提方式的优点是：

（a）进入各系统的两液相间始终保持着较大的浓度（非理想组分的浓度）差，所以与前两种抽提方式相比较，这种方式的每份溶剂都能发挥最大的效能，即溶剂比相同时，这种方式所得的精制油的质量高；

（b）在各系统中都发生一次物质交换过程（即相间不仅有非理想组分的再分配，而且有理想组分的再分配），可以使最后离开装置的提取液中所含的理想组分的浓度大为降低，所以，多段逆流抽提方式的精制油收率也比前述两种方式的高。

但是，多段逆流抽提方式存在着装置庞大、设备分散、占地面积大、动力消耗大和操作费用大等特点，因而已被连续逆流抽提方式所取代。

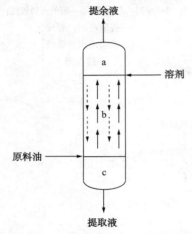

图 2-17 连续逆流抽提塔示意图
——→原料油；---▶溶剂；
a—沉降段；b—抽提段；c—分离段

②连续逆流抽提。连续逆流抽提过程是在抽提塔中进行的，如图 2-17 所示。

溶剂由塔上部连续进入，原料油由塔下部连续进入，由于原料油与溶剂间的密度差而产生逆向流动，原料油上行，溶剂下行。塔内装有填料或塔板、转盘等，以保证原料与溶剂密切接触，抽提过程便在溶剂入口与原料油入口之间的 b 段中进行，因此称 b 段为塔的抽提段。塔的上段 a 和下段 c 这两个空间称为塔的沉降段和分离段。a 段的作用是使提余液中的携带的溶剂液滴有足够的时间从提余液中沉降下来，以保证精制油的质量；c 段的作用是使提取液中携带的原料油滴有足够的时间从提取液中分离出来，以保证精制油的收率。提余液及提取液分别从塔顶和塔底连续流出。

在抽提塔中，上升的原料与下降的溶剂在抽提段内，沿着轴向连续地进行着物质交换过程，就相当于无限个多段逆流抽提过程。原料在自下而上的流动过程中，其所含的非理想组分逐渐减少，理想组分则逐渐增多；同时，溶剂在自上而下的流动过程中，所含的理想组分愈来愈少，而非理想组分则愈来愈多。可见，在整个抽提段中，沿塔轴向每两点的溶剂、原料中非理想组分的浓度都不相同，所以它们就相当于精馏塔中的内回流，上下回流连续相遇，物质交换过程均随时随地连续进行着，直到离开抽提段为止。

这种抽提方式是较理想的抽提方式，一方面具有前述各种抽提方式所难以实现的全部过程连续化的特点，从而带来了生产装置紧凑、生产操作简便、操作平稳和生产费用低廉的好处。同时，由于新鲜溶剂首先是同含有少量非理想组分的原料油相接触，而新鲜原料则首先同含有较多的非理想组分的溶剂相接触，这样就使接触的两相间始终保持着较大的非理想组分浓度差，使溶剂能充分发挥作用，抽提效果较好。与前述各种抽提方式比较，在溶剂比相同时，连续逆流抽提的精制油质量较好，且由于连续逆流抽提过程中的连续物质交换，使精制油的收率也比其他方式的为高。图 2-18 和图 2-19 说明了不同抽提方式对抽提效果的影响。

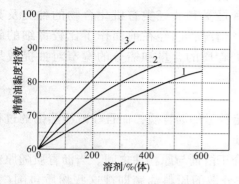

图 2-18　不同抽提方式与溶剂用量的关系
1——次抽提；2—多次抽提；3—连续逆流抽提

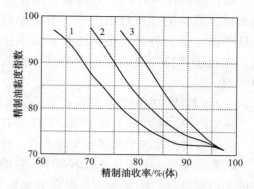

图 2-19　不同抽提方式对精制油收率的影响
1——次抽提；2—多次抽提；3—连续逆流抽提

从图 2-18 和图 2-19 中可以看出，对同一原料油采用相同的抽提条件时，连续逆流抽提要比多次抽提和一次抽提的效果要好。如欲获得质量（用黏度指数表示）相同的精制油时，采用连续逆流抽提。可以使用最小的溶剂比并得到最高的精制油收率。

4. 接触时间（或接触面积）

溶剂抽提过程是溶质由原料经过两相的界面扩散到溶剂中的传质过程，界面的面积愈大，则单位时间内扩散的溶质数量亦愈多，传质速度愈快，过程就愈容易进行，接触所需的时间就可以缩短。因此，为了缩短抽提时间，就要设法扩大接触面积，也就是增大液体的分散程度，一定量的液体，分散成的液滴的半径愈小，其总的表面积愈大，为达到这个目的，一般采取在塔内填充填料，使用泡帽或筛孔塔板或采用搅拌器等方法。

糠醛精制装置大部分采用转盘塔（国外也有采用填料塔代替转盘塔的报道，我国正在进行试验）。转盘塔结构如图 2-20 所示。

塔的内壁安装许多等距离的环形圆盘，称为静环（或固定环），塔中心轴上装有平滑的圆盘（一般有 14~26 层），圆盘的位置在每两层静环之间，转轴由安装在塔顶的电动机驱动。操作时，液体被转盘带动作旋转运动（10~20r/min），液体由于离心运动而从转盘流向塔壁，被静环挡住后，又折向轴心而呈 S 形流向，且又有液体间相向逆流，使整个抽提段内的液体流动情况非常复杂，液体由于扰动而被分散成较小的珠滴，从而增大了接触面积。但转盘的转速亦不宜过快，否则会造成过大的扰动，使液滴分散成过小的微滴而难以聚集、沉降，反而使设备的处理能力减小，并影响精制油的质量和收率。

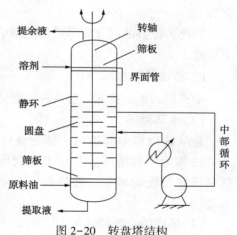

图 2-20　转盘塔结构

在设备处理量相同的情况下，转盘塔的体积可比填料塔小若干倍，而且转盘塔结构简单，造价低廉，操作灵便，动力消耗小，切换原料也快。

5. 原料的质量

原料油的性质好坏，对抽提塔的处理能力、精制油质量和收率有很大的影响。我们知道，原料的性质是由组成润滑油原料的各种烃类和非烃类有机化合物的种类及其含量所决定的。各种烃类在选择性溶剂中的溶解情况，已经在前面作了比较详细的叙述。在此还要特别强调原料中的高分子胶质及沥青质的含量和馏分的宽窄对抽提效果的影响。

（1）原料油中的沥青质对抽提效果的影响

在生产中，不仅残渣润滑油原料中会含有一定数量的沥青质，而且在减压蒸馏的过程中，馏分润滑油原料也或多或少地夹带一些沥青质。

沥青质几乎不溶于选择性溶剂中。它的密度介于溶剂与原料油之间。当沥青质随原料油进入抽提塔后，便聚集、悬浮在界面附近，被分散的原料油滴即被这些物质包围（污染），在每个液滴周围形成一层牢固的保护膜，使这些油滴难于聚集成大液滴，结果轻则引起界面不清，重则造成抽提塔内液泛现象的发生。使抽提塔处理能力大幅度降低，严重时，抽提塔便无法维持正常操作。

因此，为了充分发挥抽提塔的能力，必须严格控制原料油中的胶质、沥青质的含量，特别是对重质润滑油馏分和残渣油原料质量的控制尤为重要。

（2）原料油馏分的宽窄对抽提效果的影响

由于烃类的馏分愈重（沸点范围愈高），在溶剂中的溶解度愈小，因此精制温度应高一些；反之，馏分愈轻，在溶剂中的溶解度愈大，精制温度应低一些。

上述原则对于窄馏分原料油的精制是完全合理的，精制温度也比较容易确定。然而对于宽馏分来说，精制温度就不那么容易确定了，如采用较高的精制温度，虽然对馏分中高沸点部分的精制是合适的，但是对馏分中的低沸点部分，则会因为溶解度过大而精制过深；若采用较低的精制温度，则又使得高沸点部分达不到要求的精制深度。

因此，原料油馏分应尽量切割得窄一些为佳，而且这样也增加了调和多品种润滑油的灵活性。

6. 抽出物循环

抽提塔的抽出物循环有两种，它们的作用也各不相同。

（1）中部循环

是从抽提塔中部抽出一部分液体，经冷却器冷却后，再进入抽出口下部，这种循环方法称为中部循环。其作用是利用这部分冷却循环液来降低抽提塔中部的温度，以辅助塔底温度的调节，使抽提塔有一个理想的温度梯度，糠醛转盘抽提塔多采用这种方法。

（2）塔底抽出物循环

是将塔底的提取液抽出冷却后，再打入抽提塔的抽提段下部，一方面可以降低下部温度以降低溶剂的溶解能力，使抽提液中的理想组分更好地分离出来，同时，打入的提取液可以提高抽提段下段的非理想组分的浓度，而将溶剂中的理想组分及中间组分置换出来，可以提高精制油收率。从表2-7可以看出，在精制油质量不变的情况下，采用塔底抽出物循环，其精制油收率比不采用时为高。

表 2-7 塔底抽出物循环对精制油的质量和收率的影响

石油种类	少胶含蜡石油				无胶含蜡石油	
产　品	发动机润滑油轻馏分		发动机润滑油残渣油馏分		车轴油中黏度馏分	
溶剂比(体积)	3:1	3.05:1	2:1	1.99:1	3.5:1	3.52:1
塔顶温度/℃	121	124	133	137	127	127
塔底温度/℃	77	79	88	88	85	85.5
抽出物占原料分数/%	0	0.4	0	0.35	0	0.56
精制油产率/%(体)	80.4	84.0	86.5	90.5	59.1	63.0
精制油脱蜡后的黏度指数	110.0	110.5	103.5	103.5	69.5	70

2.4.4　溶剂的回收原理及过程

提取液和提余液中都含有溶剂,必须把它们所含的溶剂分离出来,才能得到产品——精制油和副产品——抽出油。分离出来的溶剂可以回收并循环使用。这个从提取液及提余液中分离出溶剂并加以回收利用的过程,称为溶剂回收。如果分离、回收不完全,就会影响产品的质量,及造成溶剂的损耗。

溶剂回收的过程,按其实质来说,就是加热-蒸发-冷凝的过程。其设备主要是加热炉、塔和换热器。

1. 提取液及提余液的溶剂回收

选择性溶剂的沸点均比润滑油的沸点范围温度低得多,所以,可以用蒸馏的方法把提取液及提余液中的溶剂蒸出来。但是,要想把它们所含的溶剂一次全部蒸出来,是根本不可能办到的。因为这样就必须把它们加热到很高的温度,可当温度超过350℃时,润滑油就会分解,特别是在使用糠醛作溶剂时,加热温度要求不得超过230℃,否则糠醛就会分解。因此,毫无例外地还要采用水蒸气汽提,或甚至辅以减压操作,以便把残存在润滑油中的溶剂充分蒸出来。采用水蒸气汽提之后,所得的溶剂-水混合物可以送往脱水设备中脱去水分,获得无水溶剂。

因为提取液和提余液中溶剂含量的差别很大,所以它们的溶剂回收过程就有很大的区别。

（1）提余液的溶剂回收

提余液(精制液)主要是由润滑油组成,溶剂含量一般为15%~30%,因此,从提余液中回收溶剂就较为简单。过去,一般只用一段蒸发方式进行溶剂回收,主要设备是使用一个加热炉(或蒸汽加热器)和一个塔。其流程是:提余液经换热器及加热炉加热后,即进入汽提塔内,自塔底吹入水蒸气。溶剂-水的混合蒸汽由塔顶逸出,塔底可得不含溶剂的精制油。

为了在回收时得到最大量的干溶剂(无水溶剂),尽量减少含水溶剂或共沸物,以降低脱水设备的负荷并降低水蒸气消耗,近年来,大多采用如图所示的二段蒸发方式。经加热炉加热的提余液在塔1中先蒸出大部分干溶剂,塔底的含少量溶剂的精制油自动流入塔2,在塔2中进行汽提蒸馏。自塔2顶部溢出溶剂-水混合物蒸汽,塔底可得精制油。精制油出塔的温度较高,为了回收利用这部分热量,可与进加热炉以前的提余液换热,以提高提

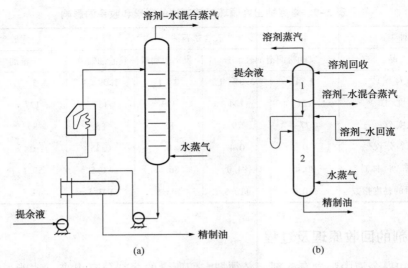

图 2-21　提余液的溶剂回收示意图
(a)一段蒸发方式；(b)二段蒸发方式

余液的进炉温度，可以节省燃料油和冷却水。

提余液蒸馏所需的热量主要是由加热炉供给的。加热炉出口温度，对于酚精制装置来说，一般控制在 280~290℃为宜；对于糠醛精制装置来说，一般控制在 220℃左右为宜。

（2）提取液的溶剂回收

提取液（抽出液）中的溶剂含量很多，约占提取液的 85%。若采用一般的蒸馏方法，是不可能将其所含的绝大部分溶剂分离出来的。同时，在蒸馏时所需要的热量也是很多的，因此，温度就必须提得很高，但又会导致油品及溶剂的分解，并且溶剂回收过程中加进系统的那么多热量也必须加以回收利用，以降低燃料和冷却用水的消耗，所以，提取液的溶剂回收均采用"多效蒸发原理"。所谓"多效蒸发原理"就是采用几个不同压力的塔分段蒸出溶剂，高压段（第二段）的溶剂蒸气温度高，冷凝后放出的冷凝热来预热低压段（第一段）的进料。为了提高换热效率，减少换热面积，就应增大换热器中的溶剂与提取液间的温差，所以应使前一段保持比后一段为低的操作压力。可见，从提取液中回收溶剂要比从提余液中回收溶剂复杂些。

图 2-22 是提取液的三段蒸发式溶剂回收流程示意图。从抽提塔底抽出的提取液，与由 Ⅱ 段蒸出的高压溶剂蒸气换热后，进入第 1 蒸发塔，塔顶以共沸物的形式，蒸出全部的水分和部分溶剂，塔底不含水的提取液经提取液加热炉加热后，进入处于高压的第 2 蒸发塔，蒸出绝大部分溶剂。为使溶剂蒸发得更充分，在第 Ⅱ 段中采用提取液热循环，即将部分经蒸发后的残液自第二蒸发塔底抽出，经过加热炉加热至更高的温度后再打入塔内。

溶剂蒸发所需的热量，由提取液加热炉和提取液循环加热炉共同供给。为了使设备紧凑起见，这两个加热炉往往建在一起，共用一个炉膛。加热炉出口温度，应根据溶剂的性质（热稳定性、沸点）和蒸发量的大小来确定。酚精制装置提取液加热炉出口温度一般控制在 220~240℃，提取液循环加热炉出口温度一般控制在 340~850℃。糠醛的热稳定性比酚差，超过 230℃便发生热分解（包括裂解和缩合），因此，糠醛精制装置加热炉出口温度应控制在 220℃左右，提取液循环加热炉出口温度则不得超过 230℃。

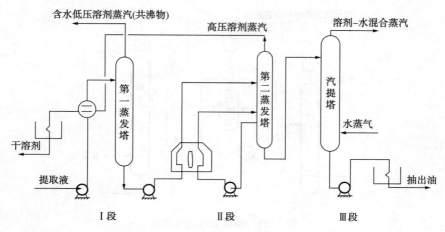

图 2-22　提取液溶剂回收三段蒸发流程示意图

提取液经第 I 段蒸发后，还剩有百分之几的溶剂，可依靠压力差自第二蒸发塔底压入汽提塔内，用水蒸气汽提，以除去其剩余的全部溶剂。这一段（I 段）蒸发设备，多数是在常压下操作，有时还可以采用减压操作，以促进溶剂的蒸发。

自第一蒸发塔和汽提塔顶部出来的溶剂-水混合蒸汽经换热冷凝冷却后，送入脱水回收系统，以脱除溶剂中的水。

2. 含水溶剂的脱水回收

在溶剂精制装置的溶剂回收系统中，从汽提塔顶蒸出的气体是溶剂-水的共沸物。共沸物中的溶剂和水是不能够用普通蒸馏方法分开的，必须用特殊的脱水方法。

由前述苯酚及糠醛的性质，我们发现苯酚-水与糠醛-水这两种共沸物的性质是不同的。在共沸物苯酚-水中，酚的含量为 9.2%（质），但是在 40℃时，酚在水中的饱和浓度为 9.6%（质），所以这种共沸物冷凝成液体后，其中的苯酚与水仍然是完全互溶的，不会分成两相，因此宜采取吸收法来脱水回收溶剂。在共沸物糠醛-水中，糠醛的含量为 35%（质），但是在操作温度（38℃）下，糠醛在水中的饱和浓度为 9%（质），所以当糠醛-水共沸物冷凝成液体后，糠醛就会因过饱和而离析，液体便会分为两相。其轻相为含糠醛浓度为 9%的水溶液，密度较小，浮在上层；而其重相则为含水 6.5%（质）的糠醛，密度较大，沉于下层。这样就可以先粗略地将这两相分开，然后再分别蒸出轻相中的共沸物而脱除水，蒸出重相中的共沸物得到无水糠醛（干糠醛）。下面以糠醛-水共沸物体系为例来介绍脱水回收溶剂的方法。

在工业上，连续地从糠醛-水共沸物中脱水回收糠醛，是利用图 2-23 所示的双塔回收系统来实施的。

在图 2-23 中，来自汽提塔的共沸物蒸汽经冷凝冷却器 2 冷凝冷却后，进入分离罐分为二层，下层是含少量水的糠醛，上层是含有少量糠酚的水。分离罐下层的含水糠醛自分离罐下部流出，经蒸汽加热器 4 加热，进入糠醛干燥塔（塔 1）上部，塔底用重沸器加热，溶于糠醛中水就和部分糠醛以共沸物的形式从塔顶蒸出，于是，便可从塔底获得无水糠醛。分离罐内上层的糠醛水溶液从罐上部流出，经蒸汽加热器 5 加热，进入脱水塔（塔 2）上部，从塔底吹入过热水蒸气，溶解在水中的糠醛和部分水以共沸物的形式从塔顶蒸出，于是，塔底排出的就是不含糠醛的水。

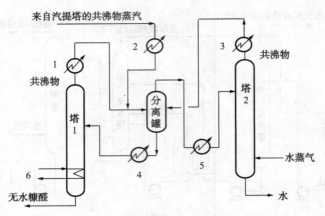

图 2-23　糠醛双塔回收系统
1、2、3—冷凝冷却器；4、5—蒸汽加热器；6—重沸器

从塔 1 和塔 2 顶部蒸出来的共沸物，经冷凝冷却器 1 和冷凝冷却器 3 冷却后，引入分离罐再进行分离，连续循环脱水回收。

2.5　润滑油的溶剂脱蜡

2.5.1　概述

为了保证润滑油的低温流动性，如凝点、低温泵送性能等，必须将润滑油料中的高凝点组分（蜡）脱除。如前所述，润滑油失去流动性一般有两种原因：一是黏温凝固；二是结构凝固。决定黏温凝固的是油品的黏温特性，以黏度指数来表示。改善油品的黏温特性需要除去油品中的多环烃类，特别是多环短侧链芳烃、沥青质、胶质。这是润滑油溶剂精制或加氢精制的任务。当温度降低时，有的烃类会结晶，这些能结晶的烃类包括长碳链正构烷烃、异构烷烃以及很长侧链的环状烃、芳香烃等，这些组分的凝点较高，且与油料中其他烃类组分的互溶度又较低，故在一定的较低温度下可先后自油中逐渐析出，形成结晶，并联结成为结晶网，从而阻碍油的流动，以至使油凝固，这就是所谓的结构凝固。

解决由于蜡的存在引起油品凝固的方法有：加入降凝剂，防止晶粒析出和聚结使凝点降低；也可以用脱蜡的方法除去结晶组分，得到低凝点的润滑油基础油。在含蜡原料油中，蜡和油的馏程是相同的，因此，不能用蒸馏的方法分离。一般是利用油与蜡的结晶温度不同，蜡结晶的温度高先析出，而将油蜡分离。

一般可以认为，自各种馏分中析出的蜡皆称为石蜡，而自渣油中析出的蜡则称为地蜡。润滑油脱蜡的目的是由润滑油馏分或残渣油原料中除去固态烃——石蜡或地蜡，以降低油品的凝点，同时还可得到蜡。含蜡原料油经脱蜡后就可满足对油品凝点的要求。石油产品的脱蜡，通常是生产润滑油、低凝点的柴油、航空煤油、变压器油料必不可少的过程。

由于含蜡原料油的轻重不同和对凝点的要求不同，脱蜡的方法有很多种：冷榨脱蜡、溶剂脱蜡、分子筛脱蜡、尿素脱蜡、细菌脱蜡、加氢降凝（包括催化脱蜡、加氢异构等）以及正在开发的石墨脱蜡等。按脱蜡原理，大致可分为以下几类。

①结晶脱蜡。将油品冷冻降温，油中蜡结晶析出，然后通过过滤等方法分离油和蜡。属于此类的有冷榨脱蜡、溶剂脱蜡。

②吸附脱蜡。属于这类的如分子筛脱蜡，它是利用 5A 分子筛能吸附油品中的正构烷烃而不吸附异构烷烃和环状烃的性质，将油品中的正构和异构烷烃进行分离。

③尿素脱蜡。利用尿素和油中的蜡生成不溶性络合物，然后用过滤等方法分出络合物，取得脱蜡油。它只适用低黏度油品，如轻柴油馏分。

④细菌脱蜡。它是利用一种酵母菌与含蜡油加水一起发酵，蜡就会被细菌吃掉而浮于表面，再用离心机将油分离出来。

⑤催化脱蜡。它可有两种不同途径：

（a）加氢降凝。即将润滑油料在较高温度和高氢压下，通过催化作用与氢气发生加氢异构化和选择性加氢裂化反应，使其中凝点较高的正构烷烃转化为凝点较低的异构烷烃，而保持其他烃基本不发生变化。

（b）择形裂化。采用以分子筛为担体的催化剂，利用分子筛均匀的孔结构和特殊的吸附性能，只让那些凝点高的正构烷烃以及只带有短侧链的异构烷烃进入分子筛内表面的高活性催化中心接触，加氢裂化成低分子烃而与润滑油分离。

⑥石墨脱蜡。利用石墨的双向吸附效应，当润滑油和石墨接触时，其中正构烷烃和稠环芳烃就会被吸附，因而可得到低倾点、高黏度指数油。

在润滑油脱蜡工艺中，以溶剂脱蜡比较常用，我国主要采用溶剂脱蜡法。但近年来，尿素脱蜡、分子筛脱蜡、微生物脱蜡以及催化脱蜡都有很快的发展。

对于重质润滑油与残渣润滑油原料在低温下黏度很大，蜡结晶不易析出，油、蜡粘在一起，过滤时阻力很大，甚至无法用过滤的方法从蜡中把它所带的油除去，油的收率很低。为此，在处理黏度较大的馏分润滑油与残渣润滑油原料时就采用溶剂脱蜡方法。

过去，旧装置是用 80~130℃ 轻汽油馏分作溶剂，它的优点是溶剂易于获得，但过程的脱蜡温差大，溶剂不利于蜡结晶生成，目前已很少采用，而广泛采用酮-苯混合溶剂。

本节主要讨论酮苯脱蜡过程。

2.5.2　脱蜡原理

1. 蜡的结晶状态

润滑油原料中的蜡(或者固态烃)不是一种纯化合物，也不是单一类别的烃类。它们有共同的特点，就是都有一个(或一个以上)正构的或分支少的长链。固态烃中有正构烷烃或异构程度很低的烷烃，有单环长侧链的环烷烃和单环长侧链的芳香烃。通常所说的石蜡是以正构烷烃为主，其结晶较大，为片状或带状；地蜡则是含一定数量异构烷烃和单环环烷烃或芳烃，为细小的针状结晶。

2. 脱蜡过程中蜡结晶的成长过程

脱蜡原料油中的固态烃(蜡)在一定温度下与液态组分(油、溶剂)形成真溶液，随着温度降低，蜡在溶液中的溶解度下降使之达到过饱和状态而结晶，温度继续降低，结晶不断析出，并生长成较大的蜡结晶，然后将蜡和油分开，与此同时，蜡从液相转为固相时放出溶解热。蜡的溶解热与蜡的相对分子质量有关，其数值约在 126~209kJ/kg，以上过程是一切"结晶脱蜡"的共同原理，酮苯脱蜡也不例外。

关于蜡晶的生长机理可简要分析如下：如同一般物质的结晶机理那样，当油料溶液被冷却至开始析出蜡晶时，首先须析出微小的晶核，继续析出的蜡可经历两种途径：

①生成新的、更多的晶核。

②扩散至已有晶核或正在生长的晶粒表面上，并在表面上沉积，使蜡晶生长（体积增大），粒度增大。

如果蜡按第①种途径析出较多，则将造成晶粒数目较多，而使每个晶粒粒度较小的后果，显然这是不利于脱蜡工艺过程的。而如果蜡按第②种途径析出较多，则蜡的晶粒数目将较少，而每个晶粒的粒度将较大，这是脱蜡工艺过程所希望的。

蜡结晶增长速度可用式(2-3)表示。

$$V = B \frac{ST}{r\eta\delta}(N^1 - N) \tag{2-3}$$

式中　V——结晶增长速度；

B——常数；

S——分出固相的表面积；

T——绝对温度；

δ——扩散平均距离；

η——介质黏度；

r——蜡分子的平均半径；

N^1——蜡在介质中的浓度；

N——在该温度下蜡在介质中的溶解度。

式(2-3)中分母可以看作与扩散阻力有关的项目，$(N^1 - N)$可以看作推动力。如果$(N^1 - N)$过大，即冷却速度过快，则固体析出速度大于扩散速度，这时来不及扩散到晶核上的固体蜡就会形成新的晶核，即按第①种途径析出的蜡较多。于是晶核数目增多，每个结晶的体积就会减小，蜡结晶的大小不一，所有这些情况都会造成过滤的困难。所以，在脱蜡过程中常常需要控制冷却速度，特别是结晶初期的冷却速度。

溶剂脱蜡工艺就是在溶剂稀释、"溶油不溶蜡"等作用下，降低温度使蜡结晶析出并长大晶粒，但不形成包油的网状结构，通过过滤分离、回收溶剂后，得到低凝点的脱蜡油和高熔点的蜡。

3. 溶剂的作用

在脱蜡过程中加入的溶剂可减小油蜡混合物中液相的黏度，起稀释作用。溶剂对油应几乎全部溶解，而对蜡则应该很少溶解。

为什么要稀释呢？因为脱蜡原料油黏度较大，特别是馏分较重的原料油黏度更大，在降温结晶过程中，由于受到油品黏稠的影响，蜡分子不易移动而聚结，由前面描述蜡晶生长规律的式(2-3)可推知，蜡晶很难生长成足够的粒度，故它们分散地生成为数众多的细小结晶，这些细小的结晶在过滤时堵塞滤布孔隙使过滤难于进行。同时这些结晶常常还联接成晶网，把润滑油包含起来，这样在过滤时蜡与润滑油就难以分离。另外，对润滑油而言，随着温度降低，油的黏度迅速增加，如50℃时黏度为10mm²/s的馏出油，在0℃时的黏度增加到200mm²/s，到-10℃时增加到450mm²/s(增加44倍)，因而在低温过滤的条件下，润滑油变得很稠，过滤时阻力很大，难以通过蜡饼和滤布，蜡和油也就无法分离，脱蜡过程自然就不能进行。过滤过程见图2-24。

为了解决这矛盾，人们采用了黏度很低的溶剂进行稀释，把溶液的黏度大大降低，这时蜡在低黏度的溶液中析出时，晶体颗粒增大，特别是当溶液中含有沉淀剂时还会生或颗粒更大的稍为紧密的聚结体结晶，这些单晶和聚结体结晶由于颗粒的增大还会使得晶体的表面积减少，而使吸附的油量减少。同时由于油品的黏度降低而使蜡带油也减少。这样蜡饼就易形成毛细孔多的过滤渣层，滤液（过滤得到的液体）易于通过。并且滤液本身的黏度大大下降，减少了滤液通过滤布和滤渣层的阻力，也使过滤速度提高。因而用溶剂稀释后得到的结果是：蜡的结晶好，溶液的黏度低，过

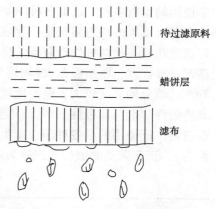

图2-24　过滤过程示意图

滤速度快，脱蜡油收率高，而且在脱蜡生产中不受原料油黏度大小和脱蜡深度的限制，可以处理脱蜡深度各不相同的各种轻重。润滑油料。因此，工业上广泛地采用了溶剂稀释脱蜡。

采用溶剂来脱蜡时，不仅要求溶剂有较低的黏度，而且要求溶剂有较强的选择性。所谓选择性也就是它能够在脱蜡温度下充分溶解原料油中的低凝点组分，而对蜡则具有较小的溶解能力。我们知道，为达到结晶脱蜡的目的，必须要求所用溶剂能在脱蜡的低温下能将脱蜡油基本全部溶解，形成脱蜡油溶液，而又须尽少溶解蜡组分。否则溶在脱蜡油溶液中的蜡组分增多，导致由脱蜡油溶液回收蒸出溶剂后所得脱蜡油中含蜡增多，其凝点又升高较多。这样，为了获得具有一定凝点的脱蜡油，必须将油料溶液冷却至比凝点更低得多的温度，才能得到符合凝点要求的脱蜡油产品。这个脱蜡冷却温度与脱蜡油凝点的差值称为脱蜡温差（或称脱蜡温度梯度）。显然，这种由于溶剂导致的脱蜡温差越小越好。即：要求溶剂具有只溶解脱蜡油而尽量少溶解石蜡的选择性。当然，另一方面也要求脱蜡油在溶剂中有尽量大的溶解度，或要求溶剂对于脱蜡油应具有良好的溶解能力，这样可使用不致过多的溶剂或过大的溶剂比，而提高工艺过程装置设备的效率，减少成本，节省能耗。尤其是避免由于溶剂量有限，脱蜡油不能在其中全部溶解，而由于处于过饱和状态，析出一定量的脱蜡油成为另一液相，随同脱蜡油溶液一起被过滤时，使蜡饼中含油量增多，从而减少脱蜡油的收率，并影响过滤速度。由此看来，伴随着用溶剂降低油料溶液黏度这种基本作用（即稀释作用），还不可避免地同时要求溶剂具有对蜡与油的选择溶解作用。

4. 润滑油脱蜡溶剂及其性质

溶剂脱蜡过程中加入溶剂的目的是减小油蜡混合物中液相的黏度，实质上是起了稀释作用。为达到此目的，加入的溶剂应当能在脱蜡温度下对油基本上完全溶解，而对蜡则很少溶解。理想的脱蜡溶剂应具有下列特性：

（1）溶剂在脱蜡温度下黏度小，以利于结晶。

（2）选择性好，即脱蜡温度下对油的溶解度大，对蜡的溶解度小。

（3）沸点要低，且与油的沸点差要大，但不要过低，以免使用高压操作。

（4）凝固点低，在脱蜡温度下不会析出结晶。

（5）无毒，不腐蚀设备。具有化学安定性，易得。

根据上述这些要求指标，曾进行过研究试探的溶剂不胜枚举。在工业生产实际中已付

诸使用的也有多种，诸如各种酮类、苯类、丙烷、轻汽油、二氯乙烷等。总的看来，满足以上所有要求的理想溶剂是不存在的，主要原因是溶剂的选择性和溶解性往往相互矛盾，即很难找到一种两种性能兼备的良好溶剂。例如以丙烷或轻汽油馏分为溶剂时，由于此类溶剂选择性差，脱蜡温差大（丙烷为 15~20℃，轻汽油为 25~26℃），且在低温下，丙烷和轻汽油馏分的黏度较大，过滤比较困难。为此，现在国内外绝大多溶剂脱蜡装置多根据需要将极性溶剂与非极性溶剂以一定比例混合使用。经过数十年来的考验筛选，如今工业上获得最广泛使用的是各种酮、苯类混合溶剂，并可将其中酮类极性溶剂称为沉淀剂（对蜡而言），而将苯类非极性溶剂称为溶油剂。常用溶剂的主要性质如表 2-8 所示。

表 2-8　常用溶剂的性质

项　目	丙酮	甲基乙基酮	苯	甲苯
分子式	$(CH_3)_2CO$	$CH_3OC_2H_5$	C_6H_6	$C_6H_5CH_3$
相对分子质量	58.05	72.06	78.05	92.06
20℃密度/(g/cm³)	0.7915	0.8054	0.8790	0.8670
常压沸点/℃	56.1	79.6	80.1	110.6
熔点/℃	-95.5	-86.4	5.53	-94.99
临界温度/℃	235	262.5	288.5	320.6
临界压力/MPa(atm)	4.76(47.0)	4.15(41.0)	4.93(48.7)	4.22(41.6)
20%黏度/(mm²/s)	0.41	0.53	0.735	0.68
闪点/℃	-16	-7	-12	8.5
蒸发相变焓/(kJ/kg)	521.2	443.6	395.7	362.4
比热容(20℃)/(kJ/kg·℃)	2.150	2.297	1.700	1.666
溶解度(10℃)/%(质)				
溶剂在水中	无限大	22.6	0.175	0.037
水在溶剂中	无限大	9.9	0.041	0.034
爆炸极限/%(体)	2.15~12.4	1.97~10.1	1.4~8.0	6.3~6.75

　　值得注意的是苯在 5.5℃以下即要结晶，实践中也曾发现以苯与丙酮为混合溶剂时，在脱蜡的低温下常会有苯的结晶析出，使过滤困难，影响脱蜡油收率，因此在脱蜡的低温下以苯为溶油剂时常须同时加入一定量的甲苯以降低混合溶剂的冰点。

　　综上所述，丙酮-苯-甲苯混合溶剂是一种良好的选择性溶剂，它们对油的溶解能力强，对蜡的溶解能力低，同时黏度小，冰点低，腐蚀性不大，沸点不高，毒性也不大，因此，它们是润滑油溶剂脱蜡较理想的溶剂。但其闪点低，应特别注意安全。早期所用酮苯溶剂脱蜡工艺方法许多是用"丙酮-苯-甲苯"三元混合溶剂。我国自 20 世纪 50 年代直到 70 年代中期也大多采用这类酮苯混合溶剂。

　　但进一步研究发现，当适当调整极性溶剂与非极性溶剂的组成比例时，则即使分别选用溶解能力较强（即选择性较弱）的甲乙酮和苯来代替丙酮和甲苯也可获得选择性较好的结果。

　　此外，甲乙酮虽然沸点较丙酮为高些，但也不超过 80℃，也是较易回收的。而丙酮的蒸气压较高，不如甲乙酮由于滤机惰性气体携带等的挥发损失少。

综合考虑以上各溶剂的特性，在实践中逐渐发现以甲乙酮与甲苯按不同溶剂比组成的二元混合溶剂较以丙酮与苯和甲苯以不同溶剂比组成的三元溶剂为优。例如：美、欧等早已普遍使用甲乙酮与甲苯的混合溶剂。前苏联新古比雪夫炼厂也以甲乙酮与甲苯混合溶剂代替丙酮与甲苯混合溶剂后，脱蜡油收率提高 2%~3%，粗蜡中含油量由 20%左右下降到 10%左右，而且降低了动力消耗及生产成本。我国从 1977 年也开始推广使用甲乙酮与甲苯代替丙酮与苯和甲苯进行溶剂脱蜡，到目前已基本全改用前者为酮苯脱蜡溶剂，并均取得较好效果。例如以某装置的减三线油料的脱蜡数据为例，脱蜡油收率提高 0.5%，脱蜡温差由 11℃下降到 4℃，冷冻负荷降低 21%。

2.5.3 工艺流程

酮苯脱蜡工艺流程框图如图 2-25 所示。由结晶系统、冷冻系统、过滤系统、溶剂回收系统和安全气系统五部分组成。

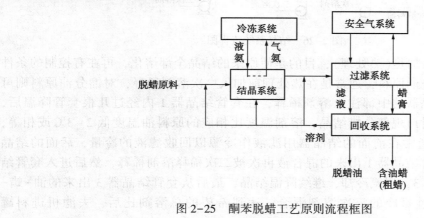

图 2-25 酮苯脱蜡工艺原则流程框图

1. 结晶系统

结晶系统的作用是将原料油和溶剂混合后的溶液逐步冷却到所需温度，使蜡从溶剂中结晶出来，并供给必要的结晶时间，使蜡形成便于过滤的状态。

结晶系统由一系列套管结晶器组成，油和氨在套管结晶器的管程和壳程中流动，进行热量交换，油被逐渐降温，蜡不断结晶析出。

2. 过滤系统

过滤系统的主要功能是通过真空过滤机将已冷却好的蜡和油分开。主要设备是过滤机。

3. 溶剂回收系统

采用蒸发-汽提的方法将蜡和油中的溶剂分离出来，包括从蜡、油和水中回收溶剂。

4. 冷冻系统

配合结晶系统制冷，利用液氨在低温下的挥发性，使其汽化取走结晶过程中放出的热量，氨气经氨压缩机压缩、冷凝冷却及节流降温后变成低温液氨，循环使用。

5. 安全气系统

用安全气封闭过滤系统以及各溶剂罐，杜绝空气漏入形成爆炸性气体，从而实现防爆的安全目的。

下面主要对结晶系统、过滤系统、溶剂回收系统进行简单介绍。

在酮苯脱蜡过程中最关键的部分是结晶系统，蜡结晶好坏直接影响过滤系统的操作，即在一定程度上决定蜡、油分离的好坏。结晶系统流程如图2-26所示。

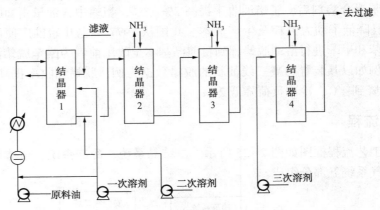

图2-26　结晶系统流程图

原料油先经蒸汽加热(热处理)，目的是使原来的结晶全部熔化，再在有控制的条件下重新结晶。对残渣油原料，通常是在热处理前加入一次溶剂稀释，对馏分油原料则可以直接在第一台结晶器的中部注入溶剂稀释，在套管结晶器1内经过几根套管降温后，油的黏度增大，同时出现部分蜡结晶，溶剂温度比相应的原料油温度低2~3℃或相等，称为"冷点稀释"。通常在前面的结晶器用滤液作冷源以回收滤液的冷量，后面的结晶器则用氨冷。从套管结晶器1出来的混合液再次被二次稀释溶剂稀释，然后进入套管结晶器2，套管结晶器3，用氨冷却，继续降温结晶，最后从套管结晶器3出来的油-蜡-溶剂混合物，与经过氨冷的三次溶剂混合，达到希望的总溶剂比后，去滤机进料罐过滤。

蜡、油、溶剂混合物经过一系列串联的套管结晶器的压力降很大，有些装置在串联结晶器中间要放一个接力泵，使第一个套管结晶器的压力可降低，但接力泵对蜡、油、溶剂混合物有搅拌作用，将不利于蜡结晶的生长，因此有些装置改成分几路并联通过结晶系统。

酮苯脱蜡过程的结晶器一般都用套管式结晶器。它是由直径不同的两根同心管组成。原料油从内管通过，冷冻剂走夹层空间。内管中心有贯通全管的旋转钢轴，轴上装有刮刀来刮掉结在冷却表面上的蜡。一般每根套管长13m，若干根组成一组，例如有12根、10根、8根等几种。套管结晶器的作用有两个：①完成传热任务，取走油品及溶剂冷却到一定温度以及蜡结晶放出的热量；②提供一定的空间，使混合物在套管中有一定的停留时间，以使混合物在套管中的冷却速度不致太快。

在上述常规的酮苯脱蜡工艺装置中，尽管采用多点稀释、冷点稀释等改进措施，在一定程度上改善了脱蜡效果，但所用套管结晶器的设备结构对进一步改进结晶过程有其一定的局限性。因为在这种设备中，析出蜡晶是从内管冷内壁的局部开始的，因而油料溶液中的蜡组分不能按熔点的高低顺序均匀地扩散到已有的蜡晶表面使蜡晶均匀生长。套管结晶器内的刮刀以每分钟十余转的低速运转，也难以形成湍流来消除这种影响蜡晶正常生长的扩散不均匀性，且刮刀与套管内壁上的蜡晶相互碰撞还会助长蜡晶破碎和新晶核的生成，使蜡晶粒度更不匀。此外，套管结晶器的传热系数较低，需要大的传热面积，造价较高，维修保养费用也高。

为此，20 世纪 60~70 年代，研究人员开发了一种名为稀释冷冻的新工艺，此工艺是用稀释冷冻塔来代替用冷滤液冷却的结晶器，来完成第一阶段的冷冻结晶。冷冻塔内用多孔板分成若干段。溶剂用喷嘴以高速喷入以利于与原料混合。塔中心有一旋转轴带动各段内的搅拌浆。由于强烈搅拌，原料与冷溶剂混合得很快，为了防止降温过快，冷溶剂分成多段喷入，使每段的温降不超过 2.5~3℃。从实际应用的效果来看，新工艺中蜡形成球状结晶颗粒的堆集，颗粒大小比较均匀，后续的过滤速度和脱蜡油收率显著提高，同时也大幅地节省了设备费用和操作费用。

过滤系统的主要功能是通过过滤实现蜡与油分离，基本原理流程如图 2-27 所示。

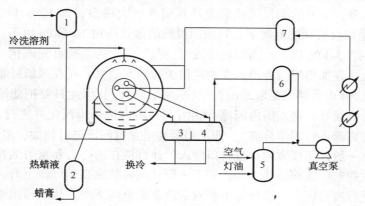

图 2-27　过滤系统基本原理流程图

1—进料罐；2—蜡罐；3，4—中间罐；5—安全气发生器；
6—真空中间罐；7—分液罐

从结晶系统来的低温油–蜡–溶剂混合物进入高架的滤机进料罐 1 后，自流流入并联的各台过滤机的底部，滤机装有液面自动控制仪表控制进料速度和液面高度。

过滤系统的主要设备是真空转鼓过滤机。过滤机的核心部分是装在壳内的转鼓，转鼓蒙以滤布，部分浸于冷冻好的原料油–溶剂混合物中。滤鼓分成许多格子，每格都有管道通到中心轴部。轴与分配头紧贴。但分配头不转动。当某一格子转到浸入混合物时，该格与分配头吸出滤液部分接通，于是以残压 26.7~53.4kPa（200~400mmHg）的真空度将滤液吸出。蜡饼留在滤布上，经受冷洗，当转到刮刀部分时接通安全气反吹（反吹用来吹掉滤鼓上的蜡膏），滤饼即落入输蜡器，用螺旋搅刀送到滤机的一端落入下面的蜡罐 2，为使它能顺利被泵送去回收，有热蜡液循环流动。滤液、冷洗液进入中间罐罐 3、罐 4，再分别由泵抽出。滤液去结晶器与原料、溶剂混合物换冷、冷洗液去作二次稀释用。有的装置不用冷洗滤液作二次稀释，则冷洗滤液可与滤液一起去结晶系统。由于酮、苯蒸气与空气在一起易形成爆炸性气体，滤机的抽滤和反吹都用安全气循环，并使滤机壳内维持 1~3kPa（表压），以防空气漏入。安全气是用燃料与空气在安全气发生器 5 中燃烧成含氧 ≯ 0.1%（体）的烟气，经真空泵送出，经换冷到罐 7，切除溶剂后，再送入滤机作密封与反吹用。进入滤机外壳的安全气，一部分在滤鼓表面的冷洗与吸干部分，由鼓外通过蜡饼被吸入鼓内，经罐 3、罐 4，又在真空中间罐罐 6 分出携带的液滴，再进真空泵送入滤机循环使用。在循环使用的安全气内含氧量应保持小于 5%（体），安全气在循环过程中氧含量会逐渐升高，当过大时可把安全气排空一部分，再补充新鲜安全气入系统。

过滤机在操作一段时间后，滤布就会被细小的蜡结晶或冰堵塞，需要停止进料，待滤机中的原料和溶剂混合物滤空后，用40~60℃的热溶剂冲洗滤布，此操作称为温洗。温洗可以改善过滤速度，又可减少蜡中带油，但温洗次数多及每次温洗时间长则占用过多的有效生产时间。

由过滤系统出来的滤液（油和溶剂）中溶剂的含量约80%~85%，蜡液（蜡和溶剂）中溶剂的含量约65%~75%，必须进入溶剂回收系统回收其中的溶剂，得到合格的产品，溶剂回收工艺及其回收效果很大程度上影响着溶剂消耗、能耗、操作费用及生产成本等。因此，溶剂回收系统也是脱蜡过程中一个不可忽视的重要部分。下面以丙酮-苯脱蜡时所得滤液为例来说明溶剂回收的过程。

由于丙酮、苯、甲苯的蒸气压比润滑油料蒸气压大得多，如100℃时大约相差500~2000倍。在脱蜡回收溶剂的温度下，轻质润滑油的蒸气压约26.6kPa以下，而重质润滑油的蒸气压大约在7.34kPa以下。当加热滤液时，蒸气压大的溶剂首先汽化，蒸气压小的油很难汽化。因此，在加热时就会得到含油量很少的溶剂蒸气。而在脱蜡过程中，只要蒸气中含油不大于0.5%就足够满足脱蜡的要求（蜡脱油除外），因此只要把滤液送入加热器或加热炉加热，升高温度后送入塔内闪蒸，让溶剂在塔内进一步汽化并进行汽液分离（也有的是送入旋风分离器进行闪蒸分离），即不需要在塔顶打回流进行精馏分离的。

汽液混合物一般以切线方向从进料口进入，让汽液在离心力和重力的作用下得到初步分离，这样使大颗粒的液滴分离下来，剩下小颗粒的雾状液滴随气流上升，雾状液滴碰上金属破沫网时进行凝聚沉降，这样使小颗粒的液滴也分离下来。从塔顶出来的蒸气就变成较纯的溶剂气体，该气体经冷凝冷却后成为液体。使大部分溶剂得到回收，塔底出来含少量溶剂的油。

滤液或蜡膏经闪蒸后，剩余的油或蜡中总是残存有微量的溶剂，这些溶剂的回收方法采用水蒸气汽提。由于混合液中溶剂的蒸气压很小，溶剂很难汽化出来，若要使它们汽化，就必须提高加热温度，增加溶剂蒸气的压力才能使它们汽化出来。但是温度加得过高，润滑油就会发生裂解，这是不允许的。如果采用真空的办法降低设备中的压力，使含溶剂油沸点降低来使溶剂蒸发，这个办法虽然不会引起油品的裂解，但操作费用和投资费用增加，也是生产中不允许的，因此采用既经济又方便的水蒸气汽提法。

水蒸气汽提时蒸出的溶剂几乎全部是苯蒸气，并在溶剂回收收温度下，苯不与水蒸气发生化学反应也不溶解，将水蒸气通入汽提塔后，使塔内苯的蒸气分压得到降低，有利于油中的微量溶剂汽化。

在生产中采用图2-28所示的汽提塔结构，塔内有20余块塔板，含溶剂的油从上数2~4块塔板进入，水蒸气从最下面一块塔板下吹入，使油与蒸气分别在各层塔板上进行接触，每一块塔板上，溶剂的汽化可以近似地看为平衡汽化。因此，从上往下每一块塔板上都有新苯蒸出，使上升的蒸气中苯的浓度逐渐增多，占有的分压也就增大，相反水蒸气的分压从上往下逐渐增大，当油离开最后一块塔板时，直接与吹入的新鲜蒸气接触，溶剂蒸气的分压降到很小，同时当塔

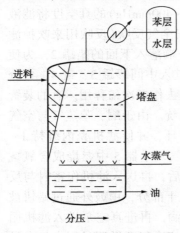

图2-28　水蒸气汽提原理图

内水蒸气的温度始终比油的温度高时，油从上往下流的过程中受到蒸汽的加热，如果蒸汽给予的热量比溶剂汽化吸收的热量还多，那么油的温度就会逐渐上升，因而油离开最后一块塔板时的温度也就最高。含溶剂的油温度高，气体中占有的分压又很小，使油中的溶剂（苯）就很少，一般可达到<0.02%，这样就使残存在油中的溶剂得到回收。

从汽提塔顶出来的含水溶剂蒸气经冷凝冷却后流入水溶剂罐。由于水对苯的溶解度小于1%。水与苯的密度差又较大（20℃时苯为0.878，水为0.998），因此，在水溶剂罐内分为两层，上层为苯层，下层为水层，在这二层中都含有少量的丙酮，含丙酮的水溶液到水回收系统回收丙酮。

由于丙酮与水完全互溶，这种溶液汽化时，在相同温度、压力下、饱和蒸气压大的组分容易汽化，使该组分在汽相中的浓度较液相中多。因此，汽相中丙酮的摩尔分数永远大于液相中丙酮的摩尔分数。纯水和纯丙酮常压下沸点分别为100℃和56.1℃，也就是说常压丙酮水溶液的沸点在56.1~100℃。在此温度范围内，随着温度升高，水溶液中丙酮的含量逐渐减小，在常压下温度近100℃时，水中的丙酮浓度就很小。相反，水溶液的蒸气随温度的降低，丙酮在其中的浓度则逐渐增加，于是采用了如同汽提塔的结构，让低温的水溶液从塔上部进入，向下流动，而温度高的水蒸气则从下部吹入，向上流动。在塔板上水蒸气和液体接触时，液体受到加热，温度升高，而水蒸气受到冷却和部分冷凝，温度逐渐降低，这就使得丙酮塔内温度从上往下逐渐升高，液体中的丙酮浓度逐渐降低，蒸气中的丙酮浓度逐渐增加。如果在一定压力下，控制丙酮塔底的温度为该压力下水的沸点，水中的丙酮浓度就可降至0.002%以下。而塔顶温度则控制在比该压力下丙酮的沸点略高，这样蒸气中的丙酮含量至少在40%以上。比进料时水溶液中的丙酮含量（8%~15%）大得多，因此使丙酮水溶液得到了提浓。提浓后的蒸气经冷凝冷却后流入汽提塔的水溶液罐内，见图2-29，提浓液中的水含有一些丙酮进入水层，另一些丙酮则进入苯层，同苯一起流入湿溶剂罐中，使水溶剂中的丙酮得到一部分回收。如果这个过程不断循环，则水不断从丙酮塔的塔底切除，丙酮不断进入苯层流入湿溶剂罐中，这样，水溶液中的丙酮就得到了回收。

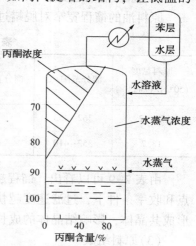

图2-29　水溶液回收原理示意图

应当说明，丙酮塔内吹入水蒸气的目的与汽提塔吹入水蒸气的目的不完全相同，前者主要是用水蒸气来加热水，后者主要是用来降低溶剂的蒸气分压。

综上所述，滤液或蜡膏中的溶剂，经简单蒸馏后蒸出绝大部分溶剂，而后用水蒸气汽提的办法蒸出脱蜡油和蜡中的微量溶剂。汽提时得到的水溶液经水回收后，把水切除，这样使丙酮得以回收。溶剂回收流程框图见图2-30。

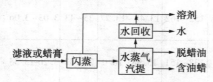

图2-30　溶剂回收流程框图

2.5.4 脱蜡过程的影响因素

研究影响酮苯脱蜡过程的工艺因素，是为了掌握这些工艺因素变化对过程的影响规律，以便于在生产中选择适宜的工艺条件，来满足下面的要求：一是使含蜡原料油中应除去的蜡完全析出，脱蜡油达到要求的凝点；二是使蜡形成良好的结晶形态，易于过滤分离，以提高脱蜡油的收率。

影响酮苯脱蜡的因素是很多的，下面逐一讨论。

1. 原料性质对脱蜡过程的影响

（1）原料的轻重

脱蜡原料越轻，在溶剂中的溶解度越大，同时蜡在润滑油中的溶解度也较大，因此在相同条件下，轻原料的脱蜡温差比重原料的脱蜡温差大；随着馏分沸点的升高，原料油中固体烃的相对分子质量逐渐增大，晶体颗粒逐渐变小，生成的蜡饼的间隙较小，渗透性差，因此，重原料油比轻原料油难于过滤，残渣油比馏分油更难过滤。

（2）原料馏程的宽窄

原料油的馏程宽窄对脱蜡过程的影响，见表2-9。

表2-9 馏程宽窄对脱蜡过程的影响

原料黏度 (50℃)/(mm²/s)	馏分范围/℃	馏分宽窄/℃	溶剂组成 丙酮/%	脱蜡油凝点/℃	过滤速度/ [kg/(m²·h)]	油收率/%
16.12	362~453	91	35	−20	151	83
18.7	352~410	58	31~35	−20	314	82.5

由表2-9可以看出，馏程越窄，其蜡性质越接近、结晶越好，在达到相同的脱蜡油凝点和收率条件下，过滤速度越快；馏程过宽时，分子大小不一、结构不同的蜡混在一起，形成共晶体，影响结晶体的成长，并容易包油，导致过滤困难。

（3）原料组成

由于原料产地不同，分割出的脱蜡原料油的化学组成和性质相差较大，若在相同条件下脱蜡，其脱蜡温差也不同，甚至相差很大。如表2-10所示。前者为大庆油，由于其含蜡量多，生成的共熔物较少，过滤速度快，而另一油含环烷烃多，容易与其中的正构烷烃形成共熔物，因而过滤速度就较慢。

表2-10 原料产地不同对脱蜡过滤速度的影响

原料产地	原料性质					工艺条件				
	凝点/ ℃	初馏点/ ℃	干点/ ℃	馏程/ ℃	黏度(50℃)/ (mm²/s)	丙酮 比/%	总溶剂比 (溶剂/油)	冷点温 度/℃	过滤温 度/℃	过滤速度/ [kg/(m²·h)]
大庆 (石蜡基)	41	344~356	506~508	152~162	13.48~13.77	35~43	3.03~3.06:1	18~21	−25~−27	285
某地 (环烷基)	0	356~369	507	138~151	15.98~16.0	35~37	3.26~3.33:1	19~21	−23~−24	211

(4)原料中胶质、沥青质的含量

原料中含胶质、沥青质较多时,在固体烃析出时,不易连接成大颗粒晶体,而是生成微粒晶体,易堵塞滤布,降低过滤速度,同时易黏连而使蜡含油量大;但原料中含有少量胶质,可促使蜡结晶连接成大颗粒,提高过滤速度。

(5)原料中的含水量

由于酮苯溶剂和润滑油料对水的溶解度均很小,因此,当原料经酮苯溶剂的稀释降温结晶时,如果原料油中含水较多,在低温下就会有一部分水得不到溶解而结晶析出,生成的细小冰粒,散布在蜡结晶的表面,妨碍蜡晶体更好地生长,在过滤时,呈正六角柱体的冰粒易堵塞滤布的孔隙(蜡的基本晶形为薄片状,与冰比较,不易堵塞滤布的孔隙),使过滤困难。因此,生产中总是希望原料油中含水越少越好。

2. 溶剂组成对脱蜡过程的影响

在溶剂中酮含量较小的情况下,脱蜡过程中蜡结晶常会发生溶剂化现象,所谓溶剂化现象就是烃类分子(包括溶剂中的苯、甲苯、油分子)在蜡结晶的周围作定向排列,这些烃类分子会附在蜡晶体表面上或蜡结晶网内,使过滤极为困难,也降低了脱蜡油的收率。

溶剂中酮含量增加时,由于酮分子是一个带有羟基的极性分子,它能破坏溶剂化现象,使蜡带油减少,从而使脱蜡油收率增加。

又由于丙酮(丁酮)是良好的沉淀剂,当溶剂中酮含量增加时,能使蜡析出完全,也就使脱蜡温差减小,因此在得到同样凝点油品时,由于脱蜡温度的升高,有利于降低油溶液的黏度,而且蜡中含油少,因此过滤速度加快,油收率进一步提高。

当溶剂中酮含量过高时,使在脱蜡温度下的含蜡原料油中不该析出的组分(如少环长侧链的环状烃类)也析出,这些组分在脱蜡温度下呈黏稠的液体,它们与析出的蜡混合成糊状物,因此使过滤困难,脱蜡油收率下降。

表2-11列出某原油20号机械油馏分脱蜡时溶剂中丙酮量对脱蜡温差、脱蜡油收率和过滤速度的影响,可以看出,溶剂中丙酮含量的增减对脱蜡效果的影响符合上述规律。

表2-11 溶剂中丙酮含量对脱蜡效果的影响

原料	溶剂组成 (丙酮/芳烃)	脱蜡温度/℃	脱蜡油凝点/℃	脱蜡温差/℃	脱蜡油收率/℃	过滤速度/ [kg/(m² · h)]
20号机械油	30/70	−5	8	13	54.1	141
	40/60	−5	2	7	59.4	207
	50/50	−5	2	7	64.4	240
	60/40	−4.8	2	6.8	62.0	227
	70/30	−4.8	−8	−3.2	42.5	107
	80/20	−4.8	−8	−3.2	32.5	94

还需指出,当蜡结晶时,甲苯比苯更多溶解油,而且蜡在低温下(0℃以下)在甲苯中溶解度比在苯中要小些,因此,多用甲苯比多用苯对油收率、脱蜡温差是有利的。

混合溶剂中,丙酮(丁酮)、苯、甲苯比例是根据原料黏度大小、含蜡量大小、脱蜡深度而定。馏分重的油黏度大,在溶剂中的溶解度小,所用溶剂的酮含量较小,如残渣油一般采用酮含量28%~30%，减压二线采用40%~43%，变压器油采用60%。

对于含蜡量少的原料，需要采用溶解能力较大的溶剂即酮含量小的混合溶剂。对含蜡量高的大庆油，混合溶剂的溶解能力不需太大，溶剂中的酮含量可相应增大些。

当脱蜡温度降低时，随着温度的下降，混合溶剂的溶解能力减小，原料油的黏度加大，为了提高溶剂的溶解能力，酮含量应相应减小，并应增加甲苯含量，使溶剂的溶解能力增加，混合溶剂的冰点降低。

总之，在酮苯脱蜡过程时，对不同原料和产品，其适宜的溶剂组成需通过试验方法确定，一般酮苯混合溶剂的组成为：丙酮(丁酮)25%~40%，苯30%~60%，甲苯10%~40%。

3. 溶剂比对脱蜡过程的影响

溶剂脱蜡过程中，所用溶剂与脱蜡原料油的体积比称为溶剂比(稀释比)。适宜的溶剂比能使润滑油完全溶解于溶剂中，蜡结晶良好，并且在蜡、油、溶剂混合物过滤时得到最大的过滤速度。

溶剂比过大时，会使冷冻系统、回收系统、过滤系统的负荷增大，使处理量减少，也会使蜡在油溶液中浓度降低，对蜡结晶生成不利，而且使油与蜡在溶剂中溶解量都增大，因此虽使脱蜡油收率增大，但为了保证脱蜡油的凝点，脱蜡温差也会增大。

溶剂比要根据原料油的性质来决定，对同一原油的各个馏分来说，较轻的润滑油馏分黏度小，在溶剂中溶解度较大，溶剂比可以小些;较重馏分脱蜡所用的溶剂比要大些。此外，如处理高含蜡油时，冷却后会析出大量的蜡，使蜡、油、溶剂混合物不易流动，因此也要使用较大的溶剂比。对相同的原料，脱蜡深度大时所使用的溶剂比要大于浅度脱蜡的溶剂比。表2-12为我国某原油的馏分在脱蜡时所用的溶剂比。

表2-12　脱蜡原料含蜡量、馏分组成与溶剂比的关系

油料	馏分范围/℃		密度 ρ_{20}/(g/cm³)	含蜡量/%	凝点/℃	溶剂比
	初馏点	终馏点				
20号机械油料	370~380	475~485	0.8530~0.8560	38.5	41	3.8~4.3
10号汽油机润滑油料	390~420	530~550	0.8750~0.8760	44	50	4.3~5.0
15号汽油机润滑油料	415~435	570~580(90%点)	0.8885~0.8902	61.2[①]	52	5.1~6.0

①取15号汽油机油料至-20℃脱蜡时，蜡析出的量。

4. 溶剂的加入方法

溶剂加入方式对脱蜡效果影响很大。加入的方法有两种：一种是蜡冷冻结晶以前，将全部溶剂一次加入，此称一次稀释法;另一种是在溶剂脱蜡过程中，将所需溶剂分多次加入，即"多次稀释"。使用多次稀释法，可以改善蜡结晶，并可在一定程度上减小脱蜡温差。

在采用多次稀释法时，在一定范围内降低第一次稀释的稀释比及增大一次稀释溶剂中的酮含量可使脱蜡温差减小，有利于结晶，并使蜡中带油减少。

下面以工业上广泛采用的三次稀释法为例来说明溶剂加入的位置与效果。一次稀释是在开始结晶前加入溶剂。国内有的溶剂脱蜡装置还采用将稀释点后移的"冷点稀释"，即将脱蜡原料油冷却降温至蜡晶开始析出、流体黏度较大时，才第一次加入稀释用溶

剂。通常第一次溶剂的加入点为原料的温度比其凝点低15~20℃的地方。溶剂的温度要比加入点的油温低2~3℃或相同，但决不能超过。冷点稀释方式在用于轻馏分油时效果较好，对重馏分油效果差些，对残渣油则不起作用。冷点稀释用于石蜡基原料油时的效果比用于环烷基原料油好。二次稀释时溶剂在结晶中间加入，使体系黏度下降，有利于蜡结晶生长。三次稀释，溶剂加入位置是第二台氨冷套管出口，即结晶完成后。作用是溶解蜡晶表面的油。

进行第一、二、三次稀释时，加入的溶剂温度应与加入点温度或溶液温度相同或稍低。过高，则把已结晶的蜡晶体局部溶解或熔化，起不到冷点稀释作用。过低，使溶液受到急冷，会出现较多的细小晶体，不便过滤。

为了充分发挥多次稀释的作用，每次加入的溶剂量和溶剂组成应适宜，见表2-13。

表2-13 一、二次稀释比对脱蜡效果的影响

原料名称	一次稀释比 （溶剂/油）	二次稀释比 （溶剂/油）	过滤速度/ [kg/(m²·h)]	脱蜡油收率/%	脱蜡油凝点/℃
减压三线油	0.8	1.8	104	67.8	-3
	1.0	1.5	93	55.06	-1
	1.3	1.3	89	54.6	-2
减压四线油	1.3	2.0	71	67.49	0
	1.6	1.9	58	63.05	+3

由表2-13可知，黏度低的润滑油，一次稀释比可小些，黏度高的油，由于其溶解度小，需要更多的溶剂才能溶解全部润滑油，因此，一次稀释比应大些。确定稀释比大小应适宜，一般在保证充分溶解油的情况下，稀释比小些为宜。

二次稀释的目的除了创造蜡结晶的有利条件外，对脱蜡操作也有好处。由于冷却到一定温度后，蜡析出很多，混合物黏度很大，当加入二次溶剂后，可降低混合物的黏度，减小蜡的扩散阻力、有利于蜡结晶的长大。通常二次稀释比较一次稀释比大，由上表可知。在总的稀释比相同时，过滤速度、脱蜡油收率和质量都可得到提高。

三次稀释主要满足总的溶剂比，进一步降低溶液黏度，以利于过滤。

5. 冷却速度对脱蜡效果影响

冷却速度就是单位时间内溶剂与脱蜡原料油混合物的温度降。

$$冷却速度 = \frac{温度降}{停留时间} \tag{2-4}$$

冷却速度较小时，由于原料油和溶剂混合物在单位时间内黏度增加不很快，所以蜡分子向蜡晶核移动不困难，就有利于生成大颗粒结晶，使过滤速度提高。但冷却速度过小，会延长原料油与溶剂混合物在结晶器中的停留时间，这就需要加大结晶器或降低处理量。因此，在脱蜡过程的冷冻初期不宜冷却过快。

在冷却结晶后期，由于已经生成了表面积足够大的晶体，继续析出的蜡分子已易于扩散到这些晶体的表面上，就可适当提高冷却速度。

表2-14为某原油15号汽油机润滑油料脱蜡冷却速度与过滤速度的关系。

表 2-14　某原油 15 号汽油机润滑油料脱蜡冷却速度与过滤速度的关系

冷却速度/ （℃/h）	溶剂组成 （丙酮∶苯）	溶剂比 （溶剂∶油）	脱蜡温度/ ℃	过滤速度/ [kg/(m²·h)]
30	35∶65	5∶1	-5.5	400
60	35∶65	5∶1	-6	253
120	35∶65	5∶1	-5	201
180	35∶65	5∶1	-6	162

从表 2-14 中可知，当其他条件大致相同时，提高冷却速度，将使过滤速度下降，这因为有大量的小结晶生成之故。

据文献记载，结晶初期冷却速度最好在 60~80℃/h，后期可快些，可达 130~250℃/h，最大为 300℃/h。对于各地的原油性质不一，究竟在冷冻初期和末期的冷却速度控制多少，应按具体的情况而定。我国目前所用润滑油原料大都含蜡多，常采用较大的冷却速度，因为高含蜡馏分油中石蜡多、地蜡少，易生长为大结晶，而且蜡浓度大，使蜡易于结晶析出。如我国某地原油的 15 号汽油机润滑油含蜡量大于 45%，生产时的冷却速度大于 200℃/h，也未发现操作困难的现象。

冷却速度还与脱蜡深度有关，浅度脱蜡时冷却速度可以快些，深度脱蜡时冷却速度可以慢些。

6. 助滤剂对脱蜡过程的影响

为了增大蜡的晶体颗粒，提高处理量和收率，还采用加入某些表面活性物质作助滤剂来提高过滤速度的方法。按化合物的结构，可将助滤剂分三类：

①萘的缩合物：烷基链的平均碳数为 25~40。

②无灰高聚物添加剂：丙烯酸酯、聚甲基丙烯酸酯、乙烯醋酸乙烯酯、聚 α-烯烃等。

③有灰润滑油添加剂：硫化烷基酚钡盐和烷基水杨酸钙盐等。

表 2-15 列出了国产冬用车辆油料中如入烷基萘（巴拉弗洛）助滤剂后对脱蜡过程的影响。由表可以看出，油料中加入 0.11% 巴拉弗洛后，改变了一部分蜡的晶体结构，使原来的单晶结构变成颗粒较大的、互不相连的树枝状结晶，使过滤速度提高 22.5%~41.5%，收率提高了 11%。

表 2-15　原料加入巴拉弗洛对脱蜡过滤速度和收率的影响

原料性质			工艺条件				结　果		
黏度（50℃）/ （mm²/s）	凝点/℃	含蜡量/%	巴拉弗洛/%	丙酮/%	溶剂比（剂/油）	过滤温度/℃	过滤速度/ [kg/(m²·h)]	相对滤速	收率/%
14.58~16.18	34.4	45.91	—	35.5~40	(2.94~32.2)∶1	-25	225	100	57.7
14.58	33	43.73	0.11	35.5	2.79∶1	-25	276	141.5	64.1

2.6　白土吸附

润滑油经过溶剂精制、脱蜡或硫酸精制后，仍然有些有害物质如胶质、环烷酸、酸渣、磺酸、微量溶剂等残留在油中，还必须再经过一次补充精制，改善油品的颜色、安定性、抗乳化性等性能，得到合格的润滑油基础油。

补充精制是润滑油基础油和组分生产的最后一道工序。补充精制工艺常用的有白土补充精制和加氢精制。我国在 20 世纪 60 年代以前全部采用白土补充精制工艺。自 1970 年建成第一套加氢精制装置后，各润滑油生产厂陆续用加氢精制替代或部分替代白土补充精制。同白土补充精制工艺相比，加氢精制具有工艺简单、操作方便、油品收率高、没有废白土污染等优点，而在产品质量及精制效果方面，两者各有千秋，特别是某些特种油品的生产仍必须用白土精制才能满足要求。目前我国各润滑油生产中，两种工艺仍处于共存状态。在国外，白土补充精制几乎全部被加氢精制所取代。

2.6.1 原理

白土精制就是用活性白土在较高的温度下处理润滑油，这些有害物质吸附在白土表面，从油中除去，使油品的颜色和安定性得到改善。

白土是一种结晶或无定形物质，它具有许多微孔，形成了很大的表面积。白土有天然白土和活性白土。天然白土就是风化的长石，活性白土是将天然白土用 8% ~ 15% 的稀硫酸活化，经水洗、干燥、粉碎而得，它的比表面积可达 $450m^2/g$，规格如表 2-16 所示，其活性比天然白土大 4~10 倍，因而在工业上得到广泛应用。

表 2-16 活性白土的规格

名 称	脱色率/%	游离酸/%	活性度[①] （20~25℃）	粒度（通过 120 目筛）/%	水分/%
质量指标	≥90	<0.2	≥220	≥90	≤8

①中和 100g 白土试样所消耗 0.1N NaOH 溶液的毫升数。

白土对不同物质的吸附能力各不相同，白土精制属于物理吸附过程。润滑油中的有害物质大部分为极性物质，白土对它们有较强的吸附能力，而对润滑油的理想组分的吸附能力却极其微弱，借白土的这种选择吸附性能就可使润滑油料得到精制。白土对油品中各组分的选择吸附能力顺序为：胶质、沥青质＞芳烃＞环烷烃＞烷烃。芳烃和环烷烃的环数越多，越容易被吸附。润滑油料用白土吸附处理后，再经固液分离，便可得到合格的基础油，吸附饱和的白土（废白土）送去再生或处理。

由于被吸附物向吸附剂孔内渗透有一个过程，这个过程进行的速度与吸附剂颗粒的大小、被吸附物分子运动的速率有直接关系。白土精制时，必须采用较高温度，目的在于降低润滑油的黏度，使其进入白土吸附剂内孔的渗透作用加强，使白土表面利用得更完全，同时还需保持一定的接触时间，以使吸附过程充分完成。

2.6.2 工艺流程

润滑油白土补充精制流程如图 2-31 所示，该法为接触精制法，另外还有固定床渗透法与移动床渗透法。

原料油进入原料油缓冲罐 1 中，在此用蒸汽加热到 75 ~ 80℃，用泵抽送至混合罐 3 中。从白土罐 2 中按比例加入白土至混合罐 3 中，油与白土悬浮液抽送至混合罐 4 中再进行混合。然后用泵抽送至加热炉 5 中，被加热到规定的温度（一般为 220~270℃）后进入蒸发塔 6 中，在塔底吹入过热水蒸气，塔顶馏出物经冷凝冷却后作为燃料油。蒸发塔底油与

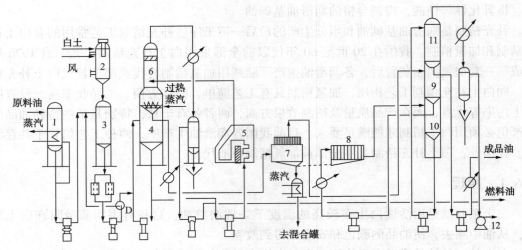

图 2-31　润滑油白土补充精制流程

1—原料油缓冲罐；2—白土罐；3，4—混合罐；5—加热炉；6—蒸发塔；
7—史氏过滤机；8—板框过滤机；9—史氏过滤机滤油罐；
10—板框过滤机滤油罐；11—成品油脱气罐；12—真空泵

白土的悬浮液靠压差流经冷却器冷却到 140~160℃，进入史氏过滤机 7 进行过滤，滤油流入史氏过滤机滤油罐 9，然后用泵抽出经冷却器冷却到 80~110℃，进入板框过滤机 8 进行过滤，滤油流入板框过滤机滤油罐 10，白土渣排入废白土斗中。板框过滤机滤油抽送到脱气罐 11 进行真空脱气，以便除去残存在油中的水分及一部分较轻的油气，成品油自脱气罐底抽送出装置。

2.6.3　影响因素

影响白土精制效果的主要因素是白土用量、精制温度和接触时间等工艺条件，原料油质量和白土性质对精制油的质量也有很大影响。

1. 原料性质

如果原料在前几个加工过程中处理不当造成精制深度不够或含溶剂太多等，就会增加白土精制的困难。一般来说，原料越重、黏度越大及产品质量要求越高，操作条件就越苛刻，而当白土活性高以及颗粒度和含水量适当时，在同样操作条件下，产品质量会更好。

2. 白土用量

原料和白土性质确定后，一般白土用量越大，产品质量就越好，但油品质量的提高和白土用量并非成正比，即当白土用量提高到一定程度后，产品质量的提高则不显著。在保证精制深度的前提下，白土用量要尽量少。因为白土用量过多，一方面浪费白土；另一方面，不加抗氧化添加剂的一般产品会因精制过度而将天然的抗氧化剂——少量胶质和沥青质完全除掉，使油品安定性降低，而且，白土用量过多会降低润滑油的收率。另外，白土用量过多对操作也有影响，会降低过滤速度，增加循环泵的磨损。白土还会在加热炉管内沉降，堵塞管线，严重的还会使油局部过热裂化结焦。实际操作中可根据实验及实际经验确定合适的白土用量，一般处理 10~40 号机械油，白土用量为 3%~5%；处理 10 号汽油机油，白土用量为 2%~3%；处理 20 号透平油，白土用量为 5%~10%；处理 19 号压缩机油，白土用量为 5%~10%；处理 20 号航空润滑油，白土用量为 10%~15%。

3. 精制温度

为了使非理想组分很快地全部吸附在白土活性表面上，要求这些分子能快速运动，以增加与白土活性表面的接触机会，这就要提高精制温度。白土的孔吸附润滑油中不良组分的速度决定于所精制润滑油的黏度，润滑油的黏度越大则吸附速度越小。润滑油与白土混合后加热温度越高，润滑油黏度就越低，白土吸附不良组分的速度就越快。在实际操作过程中应以保持润滑油的黏度尽量低为原则，混合物加热到稍高于润滑油的闪点时，白土的吸附能力达到最高，但也接近了分解温度，这就限制了温度的进一步提高。精制温度一般宜选在 180~320℃，处理重的油品时精制温度应偏于上限，超过 320℃ 时，由于白土的催化作用，油品易分解变质。

4. 接触时间

一般是指在高温下白土与油品接触的时间，即在蒸发塔内的停留时间。为了使油品与白土充分接触，必须保证有一定的吸附和扩散时间，所以，在蒸发塔内的停留时间一般为 20~40min。

第3章 加氢法生产矿物润滑油基础油

3.1 概 述

以溶剂精制、溶剂脱蜡和补充精制构成的所谓"老三套"装置进行生产的传统润滑油基础油生产工艺,虽已工业应用多年,技术上也有一些改进,但主要是节能和降低生产成本,而且也只能生产常规的 I 类基础油。与此同时,适合生产润滑油基础油的石蜡基原油资源逐年减少,到 20 世纪 90 年代初,我国由中间基和环烷基原油生产的润滑油占到润滑油产量的 40% 以上,这两类原油中含有一定量的黏度指数很低的多环芳烃,通过依靠物理分离方法的"老三套"生产工艺很难制取高质量的润滑油基础油。更重要的是,随着汽车制造业及机械工业的飞速发展以及环保要求日益严格,仅仅利用传统的润滑油基础油生产工艺得到的 API I 类基础油已经无法满足要求。因为这种生产工艺属于物理过程,不能改变各组分的化学结构,只能去掉润滑油的非理想组分,保留原有的理想组分,所以,在现在的润滑油基础油生产工艺中,采用加氢工艺技术生产 API II 类、III 类润滑油基础油已成为发展的必然趋势。加氢工艺属于化学过程,可以通过化学方法将润滑油原料的非理想组分转化成理想组分,从而提高基础油收率,改善其各项质量指标。1954 年,加拿大首先实现了加氢补充精制技术的工业化;1967 年,西班牙建成了世界上第一套利用加氢裂化技术生产基础油的工业装置;1981 年,美国 Mobil 公司的催化脱蜡工艺在澳大利亚投产;1993 年,美国 Chevron 公司的异构脱蜡工艺在美国应用。我国自 1970 年建成第一套润滑油加氢装置以来,先后在各润滑油生产厂建设了各种润滑油加氢装置,对提高我国润滑油基础油质量及生产技术水平发挥了积极作用。在应用过程中,润滑油加氢技术涉及多种形式,本章主要讨论润滑油加氢补充精制、加氢处理和加氢脱蜡工艺。

3.1.1 化学反应

润滑油的加氢反应比较复杂。原料中的多环芳烃可依次加氢成环烷烃,又可能开环成为链状化合物,同时还可以断裂成较小的分子。所以烃类的反应即有相继进行的加氢反应,又有平行进行的裂化反应,反应示例如下:

$$R_1,\ R_2,\ R_3,\ R_4 \longrightarrow R_1,\ R_2,\ R_3,\ R_4 \longrightarrow R_1,\ R_5,\ R_3,\ R_6 \longrightarrow R_7,\ R_5,\ R_8,\ R_6 \longrightarrow R_9,\ R_{11},\ R_{10},\ R_{12} \ +\ C_nH_{2n+2}$$

$$R_1,\ R_2,\ R_3,\ R_4 \longrightarrow R_1,\ R_5,\ R_3,\ R_6 \longrightarrow R_7,\ R_5,\ R_8,\ R_6 \longrightarrow C_nH_{2n+2}$$

此外，在加氢条件下还发生异构化反应以及含氧、含氮、含硫化合物进行的脱氧、脱氮、脱硫等反应。

3.1.2 润滑油加氢催化剂

催化剂应即具有加氢活性，又有裂化活性，并且两者必须相适应。对于加氢活性和裂化活相适应的催化剂，叫做平衡性催化剂。

催化剂中的加氢组分是周期表上第Ⅳ族的铬、钼、钨和第Ⅷ族的铁、钴、镍的氧化物或硫化物。裂化活性主要决定于担体，如三氧化二铝，硅酸铝以及分子筛。由于它们是引起碳离子反应的催化剂，因此催化剂的酸性是否合适是非常重要的。常用的催化剂是 $NiO-Mo-Al_2O_3$ 和 $Co-Mo-Al_2O_3$。从发展趋势看，前者用得越来越多，后者逐渐减少。

催化剂的加氢活性与所用金属有关。

在一定钨镍比下，研究总金属含量对润滑油性质的影响时发现，总金属含量在25%时得到的油品的黏度指数最高，总金属含量比25%更多或更少时，效果都变差。

用纯化合物如甲苯研究金属的组成和数量时发现，只要总金属含量在一定范围内，第Ⅷ族元素与总金属含量之比对活性的关系曲线上出现一个峰，峰值在25%～50%之间。

研究还发现，金属在最佳配比下。使用不同的担体，其加氢活性有很大不同，表3-1给出这些数据。从表3-1中可以看出，当用 Al_2O_3 作为担体时，加氢活性比二氧化硅高得多。这证明了担体对金属的加氢活性是有影响的。

表3-1　担体对催化剂加氢活性的影响

名　称	Ni-Mo	Co-Mo
Al_2O_3	14.5	12.2
SiO_2	0.6	0.75

注：活性以甲苯加氢分子转化%表示。

影响催化剂的活性的因素还很多，例如担体的结晶形态，孔径、比表面积等都影响催化剂的活性，因此。制备催化剂是个复杂的问题。近年来经过大量的研究认识了一些规律，对指导催化剂的生产有好处。但是，认识还很不完全，因而在研究中还不得不制出大量各种各样的催化剂进行筛选，才能得到能供工业上使用的品种。

3.2 润滑油加氢补充精制

加氢补充精制是在缓和条件下进行的加氢过程，温度低、压力低、空速大、操作条件缓和，加氢深度浅，耗氢量少、基本上不改变烃类结构，只能出去微量杂质、溶剂和改善颜色。与白土精制比较，加氢精制具有过程简单、油收率高、产品颜色浅和无污染等一系列优点。

3.2.1 工艺方案

加氢补充精制工艺流程有四个方案见图3-1。由此可以看出，润滑油加氢精制可以放在润滑油加工流程中的任意位置。

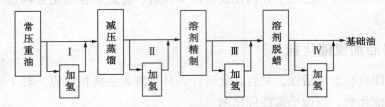

图 3-1 加氢精制在润滑油基础油生产过程中的位置

Ⅰ方案：处理常压重油，适用于处理含沥青质较少的石蜡-中间基原油，与不加氢工艺相比较，油品质量和收率都有提高。

Ⅱ方案：其目的是提高低质原油生产高黏度指数基础油的技术经济指标。这个过程中原料中的胶质、稠环和多环芳烃等非理想组分部分的转化为理想组分，因此溶剂精制时，降低了精制深度，改进了产品质量。提高了收率。如表3-2所示的加氢与不加氢工艺的比较。

表 3-2 加氢与不加氢工艺的比较

类 型		馏分油		脱沥青油	
		不加氢	加氢	不加氢	加氢
溶剂精制	溶剂比	1.2	1.1	1.8	1.2
	收率/%	73.8	78.2	69.7	76.9
脱蜡后油性质	黏度(98.6℃)/(mm²/s)	8.95	8.83	22.12	21.66
	黏度指数	89	90	78	82
	凝点/℃	-12.2	-12.2	-15	-15

脱沥青油先加氢后精制，使溶剂比降低30%，收率提高8.2%，黏度指数也有改善。

Ⅲ方案：此方案适用于加氢精制后润滑油凝点回升的原油，如大庆原油。使油和蜡得到精制。若生产石蜡时，可不用再建石蜡精制装置。简化了生产工艺。据报道：含硫大于0.75%的科威特原油，其减压馏分油采用此工艺，使溶剂脱蜡温度降低，节省了冷量，降低了操作费用。

Ⅳ方案：此方案应用最广，适用于加氢精制后润滑油凝点不回升的原油，如我国的胜利、大港、任丘油田的原油。

3.2.2 化学反应

加氢精制过程中的化学反应主要有加氢脱硫反应、加氢脱氮反应和加氢脱氧反应，此外还有不饱和烃的加氢饱和反应和加氢脱金属反应。

1. 加氢脱硫反应

硫的存在影响油品的性质，给润滑油的使用带来了许多危害。硫的存在影响油品的性质，给润滑油的使用带来了许多危害。润滑油基础油中的含硫化合物主要为硫醚类和噻吩类，硫醚硫主要是五元环和六元环的单环硫醚和二环或多环环硫醚，它们都带有复杂的长侧链。噻吩硫主要是烷基噻吩、苯并噻吩和二苯并噻吩及其同系物，其中烷基噻吩和苯并噻吩都带有复杂的长侧链，而二苯并噻吩带有简单的短侧链。各类含硫化合物的 C—S 键是比较容易断裂的，其键能比 C—C 或 C—N 键的键能小许多。因此，在加氢过程中，一般含硫化合物中的 C—S 键先行断开而生成相应的烃类和 H_2S 从而使硫杂原子被脱掉。例如：

$$\text{(二苯并噻吩)} + 2H_2 \longrightarrow \text{(联苯)} + H_2S \tag{3-1}$$

$$\text{(噻吩-R)} + H_2 \longrightarrow R'H + H_2S \tag{3-2}$$

2. 加氢脱氮反应

润滑油基础油中的含氮化合物中主要是吡啶类和吡咯类的杂环化合物。非杂环化合物如胺、腈等加氢脱氮活性比杂环氮化物高，含量少，容易脱除，因此加氢精制的关键是脱除杂环氮化物。一般认为，杂环氮化物的加氢脱氮主要经历三个步骤：ⓐ杂环和芳烃的加氢饱和；ⓑ饱和杂环中 C—N 键的氢解；ⓒ氮最终以氨的形式脱除。氮化物在氢气存在的条件下，在催化剂的作用下，发生脱氮反应生成相应的烃类和氨，例如：

$$\text{(喹啉-R)} + 4H_2 \longrightarrow R^1 + NH_3 \tag{3-3}$$

$$\text{(吲哚-R)} + 3H_2 \longrightarrow R^1 + NH_3 \tag{3-4}$$

3. 加氢脱氧反应

含氧化合物在加氢精制的条件下，发生化学反应，生成水和烃。例如：

$$\text{(环戊烷-COOH)} + 3H_2 \longrightarrow \text{(环戊烷-CH}_3) + 2H_2O \tag{3-5}$$

$$\text{(R-萘酮)} + H_2 \longrightarrow \text{(R-萘)} + H_2O \tag{3-6}$$

在润滑油加氢精制的进料中，各种非烃类化合物同时存在。加氢精制反应过程中，脱硫反应最易进行，无需对芳环先饱和而直接脱硫，故反应速率大、耗氢少；脱氧反应次之，含氧化合物的脱氧反应规律与含氮化合物的脱氮反应相类似，都是先加氢饱和，后 C—杂原子键断裂；而脱氮反应最难。反应系统中，硫化氢的存在对脱氮反应一般有一定

— 99 —

促进作用。在低温下，硫化氢和氮化物的竞争吸附抑制了脱氮反应；在高温条件下，硫化氢的存在会增加催化剂对 C—N 键断裂的催化活性，从而加快总的脱氮反应，促进作用更为明显。

3.2.3 催化剂

润滑油加氢精制同其他催化过程一样，催化剂在整个过程中起着十分重要的作用。装置的投资、操作费用、产品质量及收率等都和催化剂的性能密切相关。

到目前为止，国内外润滑油加氢精制催化剂的开发应用均是在燃料油加氢精制催化剂的基础上进行的，而且所使用的绝大部分催化剂都是由燃料油加氢精制催化剂直接或经过改性后转用过来的，专门的润滑油加氢精制催化剂的发展则较晚一些。

1. 活性组分

加氢精制催化剂的活性组分是加氢精制活性的主要来源。属于非贵金属的主要有ⅥB族和Ⅷ族中的几种金属（氧化物和硫化物），其中活性最好的有 W、Mo 和 Co、Ni；属于贵金属的有 Pt 和 Pd 等。

催化剂的加氢活性和元素的化学特征有密切关系。加氢反应的必要条件是反应物以适当的速率在催化剂表面上吸附，吸附分子和催化剂表面之间形成弱键后再反应脱附。这就要求催化剂应具有良好的吸附特性，而催化剂的吸附特性与其几何特性和电子特性有关。多种学说理论认为：凡是适合作加氢催化剂的金属，都应具有立方晶格或六角晶格，例如 W、Mo、Fe 和 Cr 是形成体心立方晶格的元素，Pt、Pd、Co 和 Ni 是具有面心立方晶格的元素，MoS_2 和 WS_2 具有层状的六角对称晶格。

催化剂的电子特性决定了反应物与催化剂表面原子之间键的强度。半导体理论认为，反应物分子在催化剂表面的化学吸附主要是靠 d 电子层的电子参与形成催化剂和反应物分子间的共价键，过渡元素具有未填满的 d 电子层，这是催化活性的来源。

以上分析表明，只有那些几何特性和电子特性都符合一定条件的元素才能用作加氢催化剂的活性组分。W、Mo、Co、Ni、Fe、Pt、Cr 和 V 都是具有未填满 d 电子层的过渡元素，同时都具有体心或面心立方晶格或六角晶格，通常用作加氢催化剂的活性组分。

研究表明，提高活性组分的含量，对提高活性有利，但综合生产成本及活性增加幅度分析，活性组分的含量应有一个最佳范围，目前加氢精制催化剂活性组分含量一般在 15%~35%。在工业催化剂中，不同的活性组分常常配合使用。例如，钼酸钴催化剂中含钼和钴，钼酸镍催化剂中含钼和镍等。在同一催化剂内，不同活性组分之间有一个最佳配比范围。

2. 助剂

为了改善加氢精制催化剂某方面的性能，如活性、选择性和稳定性等，在制备过程中常常需要添加一些助剂。大多数助剂是金属化合物，也有非金属元素。

按作用机理不同，助剂可分为结构性助剂和调变性助剂。结构性助剂的作用是增大表面。防止烧结，如 K_2O、BaO、La_2O_3 能减缓烧结作用，提高催化剂的结构稳定性。调变性助剂的作用是改变催化剂的电子结构、表面性质或者晶型结构，例如有些助剂能使主要活性金属元素未填满的 d 电子层中电子数量增加或减少，或者改变活性组分结晶中的原子距离，从而改变催化剂的活性；有的能损害副反应的活性中心，从而提高催化剂的选择性。助剂本身活性并不高，但与主要活性组分搭配后却能发挥良好作用。主金属与助剂两者应有合理的比例。

3. 载体

加氢精制催化剂的载体有两大类：一类为中性载体，如活性氧化铝、活性炭、硅藻土等；另一类为酸性载体，如硅酸铝、硅酸镁、活性白土和分子筛等。一般来说，载体本身并没有活性，但可提供较大的比表面积，使活性组分很好地分散在其表面上从而节省活性组分的用量。另一方面，载体可作为催化剂的骨架，提高催化剂的稳定性和机械强度，并保证催化剂具有一定的形状和大小，使之符合工业反应器中流体力学条件的需要，减少流体流动阻力。载体还可与活性组分相配合，使催化剂的性能更好。

4. 加氢精制催化剂的预硫化

当催化剂加入反应器后，适性组分以氧化物形态存在。根据生产经验和理论研究，加氢催化剂的活性组分只有呈硫化物的形态，才有较高的活性，因此加氢催化剂使用之前必须进行预硫化。预硫化是将催化剂活性组分在一定温度下与H_2S作用，由氧化物转变为硫化物。在硫化过程中，反应极其复杂，以Co-Mo和Ni-Mo催化剂为例，硫化反应式为：

$$MoO_3+2H_2S+H_2 \longrightarrow MoS_2+3H_2O \tag{3-7}$$

$$Co+H_2S+H_2 \longrightarrow CoS+H_2O \tag{3-8}$$

$$3NiO+2H_2S+H_2 \longrightarrow Ni_3S_2+3H_2O \tag{3-9}$$

这些反应都是放热反应，而且进行的速率快。催化剂的硫化效果取决于硫化条件，即温度、时间、H_2S分压、硫化剂的浓度及种类等，其中温度对硫化过程影响较大。

根据实际经验，预硫化的最佳温度范围是280~300℃，在这个范围内催化剂的预硫化效果最好。预硫化温度不应超过320℃，因为高于320℃，金属氧化物有被热氢还原的可能。一旦出现金属态，这些金属氧化物转化为硫化物的速率非常慢。而且MoO_3还原成金属成分后，还能引起钼的烧结而聚集，使催化剂的活性表面缩小。

催化剂预硫化所用的硫化剂有H_2S或能在硫化条件下分解成H_2S的不稳定的硫化物，CS_2和二甲基硫醚等。据国外炼厂调查，约有70%的炼厂采用CS_2或其他硫化物进行硫化，采用H_2S作硫化剂较少，CS_2是应用最多的硫化剂。CS_2自燃点低（约124℃），有毒，运输困难，使用时必须采用预防措施。

用CS_2作硫化剂时，CS_2首先在反应器内与氢气混合反应生成H_2S和甲烷。反应式为：

$$CS_2+4H_2 \longrightarrow 2H_2S+CH_4 \tag{3-10}$$

硫化的方法分高温硫化、低温硫化、器内硫化、器外硫化、干法硫化和湿法硫化等。用湿法硫化时，首先把CS_2溶于石油馏分，形成硫化油，然后通入反应器内与催化剂接触进行反应。适合作硫化油的石油馏分有轻油和航空煤油等。CS_2在硫化油中的浓度一般为1%~2%。

5. 加氢精制催化剂的失活与再生

在加氢工业装置中，不管处理哪种原料，由于原料要部分地发生裂解和缩合反应，催化剂表面便逐渐被积炭覆盖，使它的活性降低。积炭引起的失活速率与催化剂性质、所处理原料的馏分组成及操作条件有关。原料的相对分子质量越大，氢分压越低和反应温度越高，失活速率越快。在由积炭引起催化剂失活的同时，还可能发生另一种不可逆中毒。例如，金属沉积会使催化剂活性减弱或者使其孔隙被堵塞。存在于油品中的铅、砷、硅属于这些毒物的前一种，而加氢脱硫原料中的镍和钒则是造成床层堵塞的原因之一。此外，在反应器顶部有各种来源的机械沉积物，这些沉积物导致反应物在床层内分布不良，引起床层压降过大。

催化剂失活的各种原因带来的后果是不同的。由于结焦而失活的催化剂可以用烧焦办法再生，被金属中毒的催化剂不能再生，而催化剂顶部有沉积物时，需将催化剂卸出并将一部分或全部催化剂过筛而使催化剂的活性恢复。

催化剂的再生就是把沉积在催化剂表面上的积炭用空气烧掉，再生后催化剂的活性可以恢复到原来水平。再生阶段可直接在反应器内进行，也可以采用器外（即反应器外）再生的方法。这两种再生方法都得到了工业应用。无论哪种方法，都采用在惰性气体中加入适量空气逐步烧焦的办法。用水蒸气或氮气作惰性气体，同时充当热载体作用。这两种物质作稀释气体的再生过程各有优缺点。

在水蒸气存在下再生的过程比较简单，而且容易进行。但是在一定温度条件下，若用水蒸气处理时间过长，会使载体氧化铝的结晶状态发生变化，造成表面损失、催化剂活性下降以及力学性能受损。在操作正常的条件下，催化剂可以经受 7~10 次这种类型的再生。用氮气作稀释气体的再生过程，在经济上比水蒸气法可能要贵一些，但对催化剂的保护作用效果较好，而且污染问题也较少，所以目前许多工厂趋向于采用氮气法再生。有一些催化剂研究单位专门规定只能用氮气再生而不能用水蒸气再生。再生时燃烧速率与混合气中氧的体积分数成正比，因此进入反应器中氧的体积分数必须严格控制，并以此来控制再生温度。根据生产经验，在反应器入口气体中氧的体积分数控制在 1%，可以产生 110℃ 的温升。例如，如果反应器入口温度为 316℃，氧的体积分数为 0.5%，则床层内燃烧段的最高温度可达 371℃。如果氧的体积分数提高到 1%，则燃烧段的最高温度为 427℃。因此，再生时必须严格控制催化剂床层的温度，因为烧焦时会放出大量焦炭的燃烧热和硫化物的氧化反应热。

对大多数催化剂来讲，燃烧段的最高温度应控制在 550℃ 以下。因为温度如果高于 550℃，氧化钼会蒸发，$\gamma\text{-}Al_2O_3$ 也会烧结和结晶。实践证明，催化剂在高于 470℃ 下暴露在水蒸气中，会发生一定的活性损失。因此再生过程中应严格控制氧含量，以保证一定的燃烧速率和不发生局部过热。

如果催化剂失活是由于金属沉积，则不能用烧焦的办法把金属除掉并使催化剂完全恢复活性，操作周期将随金属沉积物的移动而缩短，在失活催化剂的前沿还没有达到催化剂床层底部之前，就需要更换催化剂。

如果装置因炭沉积和硫化铁锈在床层顶部的沉积而引起床层压降的增大导致停工，则必须根据反应器的设计，全部或部分取出催化剂并将其过筛，但是最好在催化剂卸出之前先将催化剂进行烧焦再生，因为活性硫化物和沉积在反应器顶部的硫化物与空气接触后会自燃。

由于床层顶部的沉积物引起压降而需要对催化剂进行再生时，这些沉积物的燃烧可能会难以控制，原因是流体循环不好。这种情况下会出现局部过热，并使这一部分的防污筐篮及其他部件受到损坏，所以要特别注意。

3.2.4 工艺流程

典型的加氢精制的原则流程框图见图 3-2。

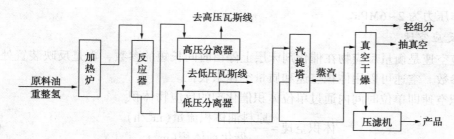

图 3-2 加氢精制的原则流程框图

原料油与经过压缩机压缩后的氢气混合，然后进入加热炉辐射室加热到反应所需温度再进入反应器顶部。反应后的产物从反应器底部出来，经两次换热和一次冷却后进入高压分离器，反应产物中的氢气和反应产生的气体大部分分离出去。高压分离器底部的产物再进入低压分离器，低压分离器底部的油经过两次换热和进入加热炉对流室换热后进入汽提塔和真空干燥塔，将其所含的少量低沸点组分和微量水分除去。干燥后的反应产物，从真空干燥塔底出来并进入压滤机除去催化剂粉末，滤液再经换热和冷却后送出装置，这样便得到精制产物。

加氢精制与白土精制比较，脱硫能力稍强，产物的酸值降低幅度大，透光率也较高；但脱氮能力比白土精制差，并且产品经热老化和紫外光老化后，透光率下降的幅度也比白土精制大。

3.2.5 操作条件

加氢精制的效果与原料性质、催化剂性能及操作参数有关。一般根据原料的特点，选用合适的催化剂，通过优化反应温度、反应压力、反应空速、氢油比等操作参数，达到提高产品质量的目的。

1. 反应温度

加氢精制如果操作温度过低，加氢反应速率太慢，但温度过高则可能引起烃裂化反应并在催化剂上结焦。

反应温度对硫、氮等杂质的脱除率有明显影响。脱除率一般随温度升高而增加，脱硫存在一个最佳温度，这个温度随原料的加重而增高。在反应温度范围内，温度越高，氮脱除率越高，在加氢精制的温度范围内提高反应温度，有利于氧化物、氮化物、稠环芳烃、胶质和沥青质等影响基础油颜色及安定性物质的脱除，使基础油的颜色和安定性等性能变好。

润滑油经加氢精制后会发生不同程度的凝点上升现象，这是由于润滑油中含有的烯烃加氢后生成饱和烃，带烷基侧链的多环芳烃加氢后成为带烷基侧链的环烷烃和环烷烃加氢开环造成的。为避免凝点上升，除选用合适的催化剂外，往往可通过提高反应空速、降低反应温度来解决。

润滑油加氢精制的反应温度控制在 $210 \sim 300 ℃$。

2. 反应压力

加氢精制的反应压力指操作系统的氢分压，氢分压越大，氢气浓度越大。有利于提高加氢反应速率，提高精制效果，延长催化剂寿命。研究表明，提高反应压力对脱硫、脱氮及脱除重芳烃都有利。但压力越高，对设备要求越高，因此压力的提高受到设备的限制。

通常操作压力为 2~6MPa。

3. 反应空速

反应空速是衡量反应物在催化剂床层上停留时间长短的参数，也是反映装置处理能力的重要参数。空速可以用体积空速和质量空速来表征。

体积空速即单位时间内通过单位体积催化剂的反应物体积。

$$体积空速 = \frac{原料油体积流量(m^3/h)}{催化剂体积(m^3)} \quad (3-11)$$

质量空速是指单位时间内通过单位质量催化剂的反应物质量。

$$质量空速 = \frac{原料油质量流量(kg/h)}{催化剂质量(kg)} \quad (3-12)$$

空速大，反应物在催化剂床层上的停留时间短，反应装置的处理能力大。空速的选择与原料油和催化剂的性质有关。重质原料油反应慢，空速小；催化剂活性好则空速可大些。硫化物反应速率快，空速变化对脱硫影响较小；氮化物反应速率较慢，空速过大会造成脱氮率降低。加氢精制的反应空速一般在 $1.0~3.0h^{-1}$。

4. 氢油比

氢油比指在加氢精制过程中，工作氢气与原料油的比值，可用体积氢油比和摩尔氢油比来表征。

体积氢油比指标准状况下工作氢气的体积与原料油的体积之比，习惯上原料油按 60℃计算体积。

$$体积氢油比 = \frac{标准状况下氢气的体积流量(m^3/h)}{原料油的体积流量(m^3/h)} \quad (3-13)$$

工作氢气由新氢和循环氢组成。

摩尔氢油比是指工作氢气的物质的量与原料油的物质的量之比。

$$摩尔氢油比 = \frac{工作氢气的体积流量(m^3/h) \times 工作氢气的浓度(\%)}{原料油的质量流量(kg/h)} \times \frac{M_油}{22.4} \quad (3-14)$$

式中　$M_油$——原料油的平均摩尔质量。

提高氢油比有利于加氢精制反应的进行，有利于原料油的气化和降低催化剂的液膜厚度，提高转化率。氢油比的提高还可防止油料在催化剂表面结焦。由于加氢精制的反应条件缓和，耗氢量较少，所以选用的氢油比较低，一般在 $50~150m^3/m^3$（标准状况）。

3.3　加　氢　脱　蜡

3.3.1　概述

润滑油临氢催化脱蜡（简称催化脱蜡）也称润滑油临氢降凝，是一项润滑油生产新工艺。它不同于传统的润滑油溶剂脱蜡工艺，是一种借助于催化剂及氢气进行择形加氢裂化或临氢异构化将油中蜡脱除或转化，以达到降低润滑油的凝点（倾点）的催化转化工艺。

由于溶剂脱蜡工艺存在着工艺复杂、投资高、低温冷冻费用高、生产低凝点油较困难等问题，因此从 20 世纪 60 年代末以来，人们陆续开展了用催化脱蜡代替溶剂脱蜡的研究，并取得长足的进展，终于在 70 年代中后期将催化脱蜡工艺实现工业化。

催化脱蜡与溶剂脱蜡相比，有下列特点。

①装置建设投资、操作及维修费都较低。如炼油厂已有氢气来源，装置建设投资可节约50%，如需增建制氢装置，则该项投资仍可节约20%；操作费用约低75%，如包括制氢装置操作费，则仍低40%。

②原料选择灵活性较大。既可加工含蜡量较低的油料，也可加工含蜡量较高的油料；既可加工柴油馏分，也可加工由轻、中、重质减压馏分油和脱沥青残渣油得到的各种溶剂精制工艺抽余油及加氢处理油来生产全部黏度等级的润滑油基础油。可以从石蜡基油料生产倾点极低的润滑油基础油，而溶剂脱蜡因受制冷能力和输送限制，不能从石蜡基油料生产这种倾点极低的基础油。

③工艺较简单，操作条件较缓和，便于操作。

④润滑油收率较高，比溶剂脱蜡约高10%~15%(体)。

3.3.2 反应原理

润滑油加氢脱蜡一般可通过两种途径实现：一是催化脱蜡，二是异构脱蜡。润滑油催化脱蜡技术是在氢气和有选择性能的择形分子筛催化剂的存在下，利用分子筛独特的孔道结构和适当的酸性中心，将原料油中凝点较高的正构烷烃和带有短侧链的异构烷烃，在分子筛孔道内选择性地裂化成气体和低凝点烃类分子，从而降低油品凝点或倾点的过程，因此又称为选择性催化加氢裂化脱蜡。异构脱蜡的基本原理是在专用分子筛催化剂的作用下，将高倾点的正构烷烃异构化为低倾点的支链烷烃。即通过采用具有特殊孔结构的双功能催化剂，使蜡组分中的长链正构烷烃异构化为单侧链的异构烷烃和将多环环烷烃加氢开环为带长侧链的单环环烷烃，从而降低润滑油的倾点，改善润滑油的低温流动性。

正构烷烃或低分支异构烷烃通过异构化，转化为高分支异构烷烃的反应是可以改善油品的低温流动性的主要反应，但有可能使其黏度指数降低。这种在双功能催化剂作用下的正构烷烃的反应机理已作过许多研究，常采用 Coonradt 与 Garwood 提出的正碳离子反应机理进行解释，如图3-3所示。

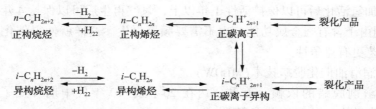

图3-3 烷烃在双功能催化剂上的反应机理

正构烷烃首先在催化剂的加氢-脱氢中心上脱氢生成相应的烯烃，烯烃迅速转移到酸性中心，得到一个质子而生成正碳离子。正碳离子是极其活泼的，只能瞬时存在，接着异构化为更稳定的正碳离子，其稳定性顺序为叔碳离子>仲碳离子>伯碳离子。正碳离子异构后可能将质子还给催化剂酸性中心，再在加氢中心加氢后生成异构烷烃，也可能按照β-键断裂原则，生成较小的烯烃(在氢压下迅速加氢生成烷烃)和新的正碳离子。可见，正构烷烃可以通过异构化转化为同碳数的异构烷烃，也可以通过裂化转化为比原料分子碳数少的异构及正构烷烃的系列混合物。调整双功能催化剂中两功能的相对活性，可以得到期望的产品分布。

几种润滑油脱蜡过程的比较见表 3-3。

表 3-3 异构脱蜡过程与其他脱蜡过程的比较

项　　目	溶剂脱蜡	催化脱蜡	异构脱蜡
脱蜡原理	物理脱蜡–蜡结晶过滤	化学脱蜡–蜡裂化	化学脱蜡–蜡异构化
产品倾点/℃	$-15 \sim -10$	$-50 \sim -10$	$-50 \sim -10$
产品质量收率/%	基准	相同或较低	相同或较高
产品黏度指数	基准	低	高
副产品	蜡膏	气体和石脑油	气体、石脑油和中间馏分
基建费用/%	100	$60 \sim 80$	$60 \sim 85$
操作费用/%	100	$50 \sim 60$	$55 \sim 65$

由表 3-3 可以看出，尽管催化脱蜡通过蜡烃选择性裂化，降低了油品的倾点，但脱蜡油的收率下降了，且产品的黏度指数低于溶剂脱蜡油；而异构脱蜡主要通过蜡催化异构来降低产品的倾点，脱蜡油的收率提高了，且产品的黏度指数也高于溶剂脱蜡油。异构脱蜡技术比其他脱蜡技术有明显的优势，自 1993 年 Chevron 公司将该技术工业化以来，应用发展很快，目前，我国也已引进该技术，生产出了高质量的润滑油。

3.3.3　工艺流程

1. 埃克森美孚公司的加氢脱蜡技术

催化加氢脱蜡技术是通过催化路线改进装置生产水平的好方法。为了解决提高润滑油基础油质量和降低生产成本之间的矛盾，埃克森美孚公司已开发了几种催化加氢脱蜡技术用以替代传统的溶剂工艺。这些技术包括 Mobil 润滑油催化脱蜡技术（MLDW）、Mobil 异构脱蜡技术（MSDW）等。

对于润滑油加氢工艺和脱蜡工艺来说，催化剂的循环周期不再是个需要关注的问题，MLDW 催化剂加氢活化后可以保持活性 1 年以上，氧气再生后可以保持 4 年以上。蜡异构化 MWI 催化剂由于含有强金属功能，也不需要频繁再生。这样就使得催化加氢工艺路线比溶剂精制工艺更有竞争性。

（1）Mobil 润滑油催化脱蜡技术（MLDW）

为减轻对溶剂脱蜡的依赖，美孚公司在 20 世纪 70 年代中期开发了 MLDW 工艺。图 3-4 为美孚公司的 MLDW 工艺流程图。

它将 ZSM-5 选为 MLDW 工艺的催化剂技术平台，是因为其对孔道系统、物理性质变化具有多方面的适应性，能够对从锭子油到光亮油的整个黏度等级的基础油实现有效脱蜡。MLDW 工艺 1981 年在美孚公司澳大利亚 Adelaida 炼厂实现工业化，该工艺能够加工的原料范围较宽，通过裂化正构烷烃和略带支链的烷烃，还能生产高辛烷值汽油和液化石油气。与溶剂脱蜡相比，尽管催化脱蜡的收率有所下降，但低倾点下黏度更合适，对较轻的原料尤其如此。目前世界上大约有 14 套 MLDW 装置投产，由于新的异构脱蜡工艺的出现，现在国外已不再新建采用 MLDW 技术的装置。

（2）Mobil 异构脱蜡技术（MSDW）

MSDW 利用加氢工艺手段获得原料多样性的效果，掀起了新一轮以异构化后接加氢裂

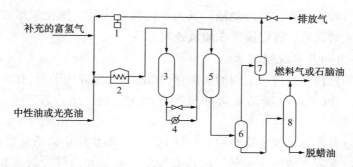

图 3-4　MLDW 工艺流程图

1—循环压缩机；2—进料加热炉；3—脱蜡反应器；4—进料/物料热交换器；
5—加氢精制反应器；6—高温闪蒸器；7—低温闪蒸器；8—产品汽提塔

化而非单独加氢裂化催化脱蜡的工艺开发热潮。

经过加氢的进料不仅硫、氮含量低，而且焦炭先驱物比经溶剂精制的进料低得多。对这种更为清洁的进料，可在加氢精制催化剂或加氢裂化催化剂之后，采用更为高效的择形分子筛改善对石蜡转化的选择性，从而使基础油的收率和 VI 都高于 MLDW。

2. BP 公司的催化脱蜡工艺技术（BPCDW）

20 世纪 70 年代后期，BP 公司开发的 BPCDW 在美国埃克森公司的贝敦炼油厂建立了第一套催化脱蜡装置，以降低轻质润滑油的倾点。1984 年第二套 BPCDW 装置在美国得克萨斯州的阿瑟港炼厂投产。

BPCDW 工艺采用的催化剂，只选择加氢裂化直链烃及分支较少的链烃，只适用于处理含正构蜡较多的轻、中质油料，而不适用于含正构蜡较少而微晶蜡（由异构石蜡烃、环烷烃和少量稠环芳烃组成）较多的重质油料，因微晶蜡不能到达催化剂的活性中心。该工艺流程除设一个固定床反应器及循环氢脱硫系统外，与 MLDW 工艺流程基本相同。

BPCDW 工艺典型的操作条件是：反应温度为 288～399℃，反应压力为 3.5～21MPa，空速为 0.5～1.5h^{-1}，氢油比为 358～890m^3/m^3，氢耗为 17.8～160 m^3/m^3。具体条件视原料性质和对产品倾点的要求（脱蜡深度）而定，反应温度随催化剂的老化而提高，反应温度每提高 7℃，烷烃裂化率增加 1%。

BPCDW 技术适宜于生产低倾点（-40℃及低至-57℃）的低黏度变压器油和冷冻机油。它不仅能从低含蜡量的环烷基油料中生产低倾点油，而且还能加工经部分溶剂脱蜡后的石蜡基原料油。用此 BPCDW 工艺技术加工部分溶剂脱蜡后的油料，可使倾点进一步降低，这样可以减轻溶剂脱蜡装置的操作负荷（降低冷冻量或提高过滤速度）。这对润滑油生产能力受到溶剂脱蜡装置限制的炼厂是一条值得重视的途径。

BPCDW 工艺的副产品是液态烃和汽油，裂解产物主要是丙烷、丁烷和戊烷（其质量比为 2∶4∶3）。该工艺具有以下特点：采用对原料适应性较强的双功能铂氢型丝光沸石催化剂；副产品为汽油和液化气；在催化剂寿命范围内，产品质量较稳定；开工周期较长。

BPCDW 工艺主要加工环烷基油料，脱蜡油倾点可降至-43℃，分别用于制取冷冻机油、变压器油、液压油。加工石蜡基油料时，倾点下降幅度较小，因而需先经部分溶剂脱蜡。再用 BPCDW 工艺催化脱蜡。

BPCDW 工艺与润滑油溶剂脱蜡或加氢处理工艺结合，可以从石蜡基油料中生产出高质量的变压器油、液压油和自动传动液。其加工路线有 3 种：催化脱蜡在溶剂脱蜡之前、催化脱蜡在溶剂脱蜡之后、催化脱蜡在加氢处理之后。

3. 雪佛龙公司的异构脱蜡技术

雪佛龙公司的异构脱蜡技术采用加氢裂化（ICR）、加氢异构脱蜡（IDW）和加氢后精制（HDF）三种工艺，以减压瓦斯油或溶剂脱沥青油为原料，生产轻、中、重中性油和光亮油。

该工艺是通过有选择地改变原料油中的分子大小、形状和杂原子含量来改进其润滑性质，硫、氮等杂质实际上被完全脱除，原料被转化为富含异构烷烃的饱和烃，芳烃、硫、氮等活性物质以及影响低温性能的物质实际上被完全转化或脱除。

异构脱蜡段典型的工艺操作条件是：反应温度为 315~400℃，反应压力为 6.8~17.2MPa，空速为 0.3~0.5h^{-1}，氢耗为 17.8~89.1 m^3/m^3。加氢裂化和异构脱蜡/加氢后精制装置可以组合在一起操作，也可以分开单独操作。加氢裂化蜡油储存在中间罐中，异构脱蜡和加氢后精制装置切换操作，每次只生产一种中性油。

3.3.4 催化剂

实现加氢脱蜡工艺的关键是要有一个理想的催化剂。这种催化剂应具有良好的选择性，即能选择性地从润滑油馏分混合烃中，将高熔点石蜡（正构石蜡烃及少侧链异构烷烃）裂解生成低分子烷烃从原料中除去或异构成低凝点异构石蜡烃而使凝点降低，同时尽量保留润滑油的理想组分不被破坏，以保证高的润滑油收率。为了达到此目的，加氢脱蜡所采用的催化剂都是双功能催化剂。加氢脱蜡催化剂中的加氢组分，除用贵金属铂、钯等以外，也有用镍、钼、锌等非贵金属的。加氢脱蜡催化剂中的酸性组分则大体分为两类，一类为含卤素的氧化铝，另一类为氢型沸石，用前者作载体的属于临氢异构化型催化剂，而用后者作载体的属于（分子）择形加氢裂化型催化剂（一种特殊形式的选择性加氢裂化催化剂）。以下介绍在工业化加氢脱蜡过程中用到的典型的催化剂。

1. ZSM-5 沸石催化剂

在催化剂方面，ZSM-5 允许高倾点直链烷烃、带甲基支链的烷烃和长链单烷基苯进入孔道，而将低倾点、高分支烷烃、多环环烷烃和芳烃拒之孔外。通过氢转移反应，低相对分子质量的烯烃、烷烃和单烷基苯的烷基侧链转化成正碳离子，通过骨架异构化使正碳离子发生异构，紧接着 C—C 键断链。骨架异构化的发生认为是通过环丙烷质子化机理。裂化产物扩散到分子筛之外，进入黏结剂形成的大孔，最后形成液体和气体。另一方面，裂化产物能够继续反应，生成更小相对分子质量的产物或在高温下生成芳烃和焦炭。由于特殊的孔结构，焦炭无法在 ZSM-5 内部形成，使 ZSM-5 比其他用在相同场合的大孔分子筛具有更长的使用寿命。裂化产物主要是低相对分子质量的烷烃、烯烃以及烷基苯。50% 的裂化产物是 C_5 化合物，另一半是汽油馏分范围的产物。没有加氢转化的部分，辛烷值较高，后续的润滑油加氢可以改善产品颜色，脱除痕量烯烃。

2. 美孚 MLDW 系列催化脱蜡催化剂

美孚开发了 4 种 MLDW 催化剂：MLDW-1、MLDW-2、MLDW-3 和 MLDW -4。每种催化剂都比前一种催化剂性能优越，产品质量往往更好。

（1）MLDW-1 和 MLDW-2 催化剂

MLDW-1 催化剂于 1981 年推出，性能较好，应用在 Paulsboro 的装置上，周期寿命为 4~6 周。通过高温氢活化，催化剂活性在使用周期内得以恢复。如果周期寿命下降到 2 周以下，需要长时间氧气再生，使催化剂彻底烧净。与 MLDW-1 相比，MLDW-2 的扩散性和抵抗原料中毒性的能力更强。它是 1992 年在 Paulsboro 的 MLDW 装置上推出的。催化剂的周期寿命是 MLDW-1 的 3 倍。MLDW-2 在高温下很容易氢活化。由于氧气或空气再生的频率降低，使用 MLDW-2 能够缩短停工时间，降低能耗。

（2）MLDW-3 催化剂

在对 MLDW-2 催化剂活性和配方基础改进之后，1992 年 MLDW-3 实现了工业化。该催化剂于 1993 年在美孚澳大利亚 Adelaida 炼厂的装置上得到应用，1995 年又在 Paulsboro 的 MLDW-装置上应用。这两个装置的工业应用表明，两次氢活化之间的周期寿命延长了 2 倍。这种催化剂最大优势之一就是改善产品的氧化安定性。利用这种催化剂生产的透平油，氧化安定性试验显示至少与溶剂脱蜡油相当，在 Paulsboro 装置上连续运转 1000 天，不需要氧气再生。

（3）MLDW-4 催化剂

1996 年，在美孚澳大利亚 Adelaida 炼厂和美孚法国 Gravenchon 润滑油厂，MLDW-4 实现了工业化。还有其他几套获得许可证的装置在使用该催化剂。MLDW-4 在两次氢活化之间的周期寿命进一步延长，起始循环温度较低，终止循环温度较高，脱蜡反应器至少可以运转 1 年以上才需要进行氢活化。

3. 美孚 MSDW 系列异构脱蜡催化剂

异构脱蜡催化剂不同于 MLDW 要求具有双功能，即强金属功能和与金属功能相平衡的酸功能。

美孚研究开发了以下系列选择性异构化润滑油脱蜡双功能催化剂。

（1）MSDW-1 催化剂

该催化剂特别适于处理石蜡基加氢处理和加氢裂化的原料。MSDW 含有一种中孔分子筛，具有平衡分子筛裂化活性的强金属功能。与溶剂脱蜡相比，MSDW 对含蜡原料最为有利，MSDW 通过加氢异构化将大部分石蜡转化为润滑油组分。MSDW-1 是专为轻质和重质加氢中性油进料而开发的。它于 1997 年 5 月装入新加坡裕廊炼油厂的装置上。工业性能优于中试装置，黏度指数达到预期目标，润滑油收率高出预期值 2%，预期催化剂寿命至少为 3 年。

（2）MSDW-2 催化剂

美孚对 MSDW-1 的酸功能及其金属功能的结合和优化进行了改进，已经通过广泛的中试试验验证了催化剂制备的再现性和在黏度指数及收率方面的优势。加工同样的重质中性蜡膏，以 MSDW-2 为催化剂，倾点相同时，342℃以上油品的收率和黏度指数明显高于 MSDW-1。在加工轻质中性油方面，MSDW-2 具有更显著的优势。MSDW-2 催化剂活性与 MSDW-1 相当，操作条件相同。采用 MSDW-2 石蜡烃裂化较少，而且产生大量高 VI、低倾点、略带支链的烷烃。MSDW-2 催化剂于 1998 年第一季度工业化，2001 年已成功用于新加坡裕廊炼油厂的装置上。

4. BP 公司催化脱蜡 Pt/HM 催化剂

该催化剂是对原料适用性较强的双功能铂氢型丝光沸石催化剂，只选择性加氢裂化直链烃及分支较少的链烃。

5. 雪佛龙异构脱蜡催化剂

异构脱蜡催化剂是一种裂化活性缓和、异构化活性很高的双功能催化剂。工业上有效的异构脱蜡催化剂，要有合适的异构化/裂化活性比，必须优化金属/酸的平衡和其他因素。可是，异构脱蜡催化剂的金属组分都是贵金属，对原料油中的氮、硫、金属等杂质都非常敏感，所以异构脱蜡的原料必须进行深度脱氮、脱硫、脱金属。比较理想的异构脱蜡催化剂只加快烷烃异构化速率，能大幅度降低倾点和提高黏度指数，只改变烷烃的化学结构，不破坏分子的大小。可是，实际上异构脱蜡催化剂的酸性组分总是有一些裂化活性，目前还没有完全异构化的催化剂。

雪佛龙公司开发的异构脱蜡催化剂有以下三种：

(1) 贵金属-(SAPO-11) 催化剂

据报道，用 Pt-(SAPO-11) 催化剂进行异构脱蜡，由于裂化反应比较缓和，反应产物的分子比 ZSM-5 催化剂的分子要大一些，同时由于异构化反应的选择性很强，使正构烷烃变为异构烷烃，因而可得到低倾点、低黏度和高收率的基础油。一般采用 Pt-(SAPO-11) 催化剂进行异构脱蜡，降低倾点达到的中间值是 17~34℃，即降低倾点的幅度在 38~68℃。由于催化剂的选择性好，气体生成量少，异构化不消耗氢气。同时裂化生成液体产品消耗的氢气比裂化生成气体消耗的氢气要少，所以异构脱蜡的氢气消耗量少于催化脱蜡。

(2) 贵金属-(SSZ-32) 催化剂

雪佛龙公司用于异构脱蜡催化剂的 SSZ-32 是一种中孔硅酸铝沸石分子筛，其有效孔口直径也在 0.53~0.65nm，所以同样具有独特的分子筛功能。其平均晶粒大小必须小于 0.5μm，小于 0.1μm 更好，最好小于 0.05μm，灼烧以后的 SSZ-32 限制指数至少大于 12，所用的贵金属也是铂。用 0.325%Pt-(65%SSZ-32+35%Al$_2$O$_3$) 催化剂在缓和的条件下，对中、重精制油进行异构脱蜡，可以得到高收率、高黏度指数和低倾点的 II/III 类基础油。

(3) 贵金属-(SAPO-11) 和贵金属-(ZSM-22 或 ZSM-5) 组合催化剂

这种组合催化剂通常在用贵金属-(SAPO-11) 催化剂脱蜡效果不理想时才用，以便降低倾点达到理想的效果。

一般在异构脱蜡反应器的上层装 Pt-(SAPO-11)，下层装 Pt-(ZSM-22 或 ZSM-5)。异构脱蜡以后剩下的正构烷烃再进行选择性裂化，使倾点进一步降低。因此，下层所用的中孔沸石 ZSM 催化剂的裂化选择性高，其限制指数在 4~12。

3.4 润滑油加氢处理

润滑油加氢处理又称加氢裂化或加氢改质，是指在催化剂及氢的作用下，通过选择性加氢裂化反应，将非理想组分转化为理想组分，以提高基础油的黏度指数，改善润滑油基础油的黏温性能。这一点与溶剂精制工艺相同。但这两种工艺存在本质的差异。加氢处理工艺采用的是化学转化过程，即在催化剂及氢的作用下，通过化学反应，将非理想组分转化为理想组分，来提高基础油的黏度指数。如加氢处理能使润滑油料中的多环芳烃及多环环烷烃裂解开环，生成带有若干烷基侧链的高黏度指数的单环芳烃或单环环烷烃。而溶剂精制工艺采用的却是物理过程，用选择性溶剂将非理想组分抽提分离，来改善基础油的黏温性能。因此应用润滑油加氢处理技术可以从各种原油生产高黏度指数的润滑油基础油。润滑油加氢处理是在比加氢补充精制苛刻得多的条件下进行的深度加氢精制过程，压力一般为 15~20MPa，温度在 400℃左右，采用较小的空速和较大的氢油比。我国设计的加氢处理过程的操作条件较缓和，压力一般在 8MPa，温度在 300~400℃，空速约 $0.5~1.5h^{-1}$，氢油比约 500∶1(体积比)。

3.4.1 原理

从化学的角度来看，加氢过程的化学反应大体上可以分成两大类：一类是氢直接参与的化学反应，另一类是临氢条件下的化学反应。前者主要有加氢饱和、氢解；后者主要有临氢条件下的异构化反应等。

在加氢处理过程中，发生的化学反应主要有以下几类。

①脱除杂原子化合物。加氢处理的反应苛刻度比加氢补充精制高得多。因此原料中绝大部分杂原子化合物都发生氢解反应而被脱除。

②芳烃饱和，环烷烃开环及异构化。这类反应是提高油品黏度指数最主要的反应。

③正构烷烃或低分支异构烷烃临氢异构化为高分支异构烷烃。这也是提高基础油黏度指数的主要反应。

④烷烃的加氢裂化以及带有长烷基侧链环状烃的加氢脱烷基反应。这类反应将导致轻质产物的生成，使基础油收率降低。因此在润滑油加氢处理过程中应尽量减少此类反应的发生。

几种重要的反应示例如下：

(1) 稠环芳烃加氢生成稠环环烷烃

$$(3-15)$$

稠环芳烃的加氢饱和是分步进行的，即只有一个芳烃环完全加氢饱和之后，才对其余芳烃环进行加氢。而且每步间芳烃环的加氢-脱氢反应都是处于平衡状态。加氢反应平衡常数随温度升高而降低，因而芳烃深度加氢饱和反应必须在较低温度下进行。不同环数的稠环芳烃的加氢反应平衡常数随芳烃环数的增加而降低，说明多环稠环芳烃完全加氢比少环的稠环芳烃加氢更困难。从反应速率看，稠环芳烃的第一个芳烃环加氢速率较快，第二、三个芳烃环继续加氢时速率依次急剧降低。

(2) 稠环环烷烃的加氢开环

$$(3-16)$$

正构烷烃首先在催化剂的加氢-脱氢中心上脱氢生成相应的烯烃，然后这部分烯烃迅速转移到酸性中心得到一个质子，而生成仲正碳离子，仲正碳离子异构成叔正碳离子，当叔正碳离子将 H^+ 还给催化剂的酸性中心后即变成异构烯烃，再在加氢中心上加氢即得与原料分子碳数相同的异构烷烃。

(3)正构烷烃或分支程度低的异构烷烃的临氢异构

$$\begin{array}{c}C_{10}-C-C_{10}\\|\\C-C-C-C-C\end{array} \longrightarrow \begin{array}{c}C_{10}-C-C_{10}\\|\\C-C_2\\|\\C_2\end{array} \tag{3-17}$$

黏度指数约125
凝点19℃

黏度指数约119
凝点-40℃

通过上述反应，润滑油加氢处理技术将非理想组分转变成了理想组分，提高了基础油总的黏度指数和氧化性能，降低了油品黏度和挥发性。

此外，脱除杂原子(氮、氧、硫)以提高基础油的色度和色度安定性以及烯烃饱和等非理想组分的转化反应也是在润滑油加氢处理过程中所期望的。而需避免的反应，则有正构烷烃和异构烷烃的加氢裂化、带长侧链的单环环烷烃的加氢脱烷基等反应，因为这些反应将导致加氢油黏度下降、润滑油收率降低和氢耗量的增加。

3.4.2 催化剂

对润滑油加氢裂化反应的分析结果表明：用于生产高黏度指数润滑油的加氢裂化催化剂。不仅应具有非烃破坏加氢和芳烃加氢饱和的功能，而且还应具有多环环烷烃选择性加氢开环、直链烷烃和环烷烃的异构化等功能。因而加氢裂化催化剂应是一种由加氢组分和具有裂化性能的酸性载体组成的双功能催化剂，但它与加氢裂化生产汽油的催化剂不一样，即加氢处理催化剂的裂化活性不能比加氢活性大得太多，否则在芳烃加氢前侧链大量断裂，形成低沸点产物，使基础油收率降低。为了避免脱烷基以及不使加氢后润滑油黏度下降太大，催化剂载体的酸性也不能太强，而且酸性中心也不能太多。总之，这两种功能应尽量达到平衡，才能达到收率高、质量好和运转周期长的目的。

1. 加氢组分

加氢组分在加氢处理催化剂中的作用主要是使原料中的芳烃，尤其是多环芳烃进行加氢饱和；使烯烃，主要是裂化反应生成的烯烃迅速加氢饱和，防止不饱和分子吸附在催化剂表面缩合生焦而降低催化活性。此外，加氢组分还具有对非烃破坏加氢的作用。

常用的加氢组分按其加氢饱和活性强弱排列如下：

Pt、Pd>W-Ni>Mo-Ni>Mo-Co>W-Co

虽然铂和钯具有最高的加氢活性，但由于对硫的敏感性很强，因而目前工业加氢处理催化剂的加氢组分不采用铂和钯，而多采用抗毒性好的金属组分，主要由 W-Ni 或 Mo-Ni 等金属组成(使用前需在装置上进行硫化)。

2. 酸性载体

酸性载体是加氢处理催化剂中的裂化组分，其作用在于促进 C—C 键的断裂和异构化，使多环环烷烃选择性加氢开环以及直链烷烃和环烷烃异构化，以提高润滑油的黏度指数。

工业加氢处理催化剂用的载体主要有两类：高裂化活性的 $SiO_2-Al_2O_3$ 载体和低裂化活性的加氟的 Al_2O_3 载体。与燃料油加氢裂化催化剂所用的 $SiO_2-Al_2O_3$ 载体不同，润滑油加氢处理催化剂中 Al_2O_3 含量较低，一般低于30%(质)。

酸性载体的作用主要有以下几个方面：

(1)增加有效表面和提供合适的孔结构；

(2)提供酸性中心；

（3）提高催化剂的机械强度；

（4）提高催化剂的热稳定性；

（5）增加催化剂的抗毒性能；

（6）节省金属组分用量，降低成本。

3. 催化剂的活化

加氢催化剂上的 Ni、Mo、W 等金属，在制备时是以氧化态形式存在的，活性低且不稳定。因此在使用之前必须经过预硫化处理，使之转变为硫化态后才能有稳定的活性。所用硫化剂为 CS_2，它在氢气存在下先发生氢解反应生成 H_2S，后者与金属氧化物作用进行还原硫化。

在操作过程中，反应器内还必须维持一定的 H_2S 分压，以避免硫化态组分因失硫而导致活性下降，在加工含硫量低的原料时，若自身脱硫生成的 H_2S 过少，还需要适当地向系统补硫。

4. 催化剂的再生

加氢处理催化剂在使用过程中由于结焦和中毒，使催化剂的活性及选择性下降，不能达到预期的加氢目的，必须停工再生或更换新催化剂。国内加氢装置一般采用催化剂器内再生方式，有蒸汽-空气烧焦法和氮气-空气烧焦法两种。对于 $\gamma\text{-}Al_2O_3$ 为载体的 Mo、W 系加氢催化剂，其烧焦介质可以为蒸汽或氮气，但对于以沸石为载体的催化剂，如再生时水蒸气分压过高，可能破坏沸石的晶体结构，从而失去部分活性，因此必须用氮气-空气烧焦法再生。

3.4.3 工艺流程

用加氢处理工艺生产润滑油基础油时，一段加氢处理工艺流程是基础，通过选择性加氢裂化来提高基础油的黏度指数。由于原料性质及对基础油收率和质量（如黏度及黏度指数）要求的不同，采用不同的工艺流程，特别是为了改善加氢处理油的光安定性，需要增设后处理段。工业上常用的工艺流程除一段加氢处理流程外，还有两段加氢流程和加氢处理与溶剂精制结合的流程。

1. 一段加氢处理工艺流程

一段加氢处理工艺流程框图见图 3-5。

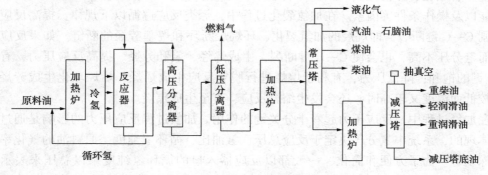

图 3-5　一段加氢处理工艺流程框图

原料油和氢在加热炉前混合，经加热到反应要求的反应温度后，再由上到下通过固定床催化反应器。然后经高压分离器及低压分离器、常压及减压分馏塔得到各种黏度级别的含蜡加氢生成油，再经脱蜡即得润滑油基础油。由于加氢裂化是一个强放热过程，因此必须在床层间通入冷氢进行冷却以控制反应温度。从高压分离器出来的气体，即循环氢，其中一部分作冷氢，其余则与原料混合再循环回去，有时还需要经过洗涤或吸收处理除去硫化氢、氨和烃类，以免对催化剂带来不利影响。由于反应过程中进行深度脱硫、脱氮及较多的加氢裂化，所以化学耗氢量较大（质量分数为原料的 2%~3%），因而在采用此工艺时，一般都建有制氢装置。

2. 两段加氢处理工艺流程

两段加氢处理工艺流程中，第一段进行加氢裂化反应，用以确定基础油的黏度指数水平及收率；第二段进行加氢反应，用以调节基础油的总芳烃含量及各类芳烃的分布，从而提高基础油的安定性（特别是光安定性），但并不引起明显的黏度指数变化。通常在两段加氢之间进行溶剂脱蜡。

3.4.4 操作条件

影响加氢过程的主要工艺条件有反应温度、压力、空速及氢油比。

1. 反应温度

温度对反应过程的影响主要体现在温度对反应平衡常数和反应速率常数的影响上。

对于加氢处理反应而言，由于主要反应为放热反应，因此提高温度，反应平衡常数减小，这对受平衡制约的反应过程尤为不利，如脱氮反应和芳烃加氢饱和反应。加氢处理的其他反应平衡常数都比较大，因此反应主要受反应速率制约，提高温度有利于加快反应速率。

温度对加氢裂化过程的影响，主要体现在对裂化转化率的影响。在其他反应参数不变的情况下，提高温度可加快反应速率，也就意味着转化率的提高，这样，随着转化率的增加导致低分子产品的增加而引起反应产品分布发生很大变化，这也导致产品质量的变化。

在实际应用中，应根据原料组成和性质及产品要求来选择适宜的反应温度。

2. 反应压力

加氢裂化过程是在较高压力下，烃类分子与氢气在催化剂表面进行裂解和加氢反应生成较小分子的转化过程，同时也发生加氢脱硫、脱氮和不饱和烃的加氢反应。其化学反应包括饱和、裂化和异构化。烃类在加氢条件下的反应方向和深度取决于烃的组成、催化剂的性能以及操作条件等因素。在加氢裂化过程中，烃类反应遵循以下规律：提高反应温度会加剧 C—C 键断裂，即烷烃的加氢裂化、环烷烃断环和烷基芳烃的断链。如果反应温度较高而氢分压不高，也会使 C—H 键断裂，生成烯烃、氢和芳烃。提高反应压力，有利于C—C 键的饱和；降低压力，有利于烷烃进行脱氢反应生成烯烃、烯烃环化生成芳烃。在压力较低而温度又较高时，还会发生缩合反应，直至生成焦炭。

在加氢过程中，反应压力起着十分关键的作用。加氢过程反应压力的影响是通过氢分压来体现的，系统中氢分压决定于反应总压、氢油比、循环氢纯度、原料油的气化率以及转化深度等。为了方便和简化，一般都以反应器入口的循环氢纯度乘以总压来表示氢分压。随着氢分压的提高，脱硫率、脱氮率、芳烃加氢饱和转化率也随之增加。对于 VGO（Vacuum Gas Oil，减压馏分油）原料而言，在其他参数相对不变的条件下，氢分压对裂化转化深度产生正的影响；重质馏分油的加氢裂化，当转化率相同时，其产品的分布基本与压力无关。反应氢分压是影响产品质量的重要参数，特别是产品中的芳烃含量与反应氢分压有很大的关系。反应氢分压对催化剂的失活速率也有很大影响，过低的压力将导致催化剂快速失活而不能长期运转。

总的来说，提高氢分压有利于加氢过程反应的进行，加快反应速率。但压力提高增加装置的设备投资费用和运行费用，同时对催化剂的机械强度要求也提高。目前工业上装置的操作压力一般在 7.0~20.0MPa。

3. 空速

空速的大小反映了反应器的处理能力和反应时间。空速越大，装置的处理能力越大，但原料与催化剂的接触时间则越短，相应的反应时间也就越短。因此，空速的大小最终影响原料的转化率和反应的深度。

4. 氢油比

氢油比是单位时间内进入反应器的氢气流量与原料油量的比值，工业装置上通用的是体积氢油比，它是以每小时单位体积的进料所需要通过的循环氢气的标准体积量来表示的。氢油比的变化实质上是影响反应过程的氢分压，增加氢油比，有利于加氢反应进行，提高催化剂寿命；但过高的氢油比将增加装置的操作费用及设备投资。

润滑油加氢处理一般采用高压高温操作：总压力一般大于 15MPa，常高达 20MPa 以上；温度在 350~430℃；空速为 $0.3~1.0h^{-1}$；氢油比为 1000~1800，一般氢耗为 190~340m^3/t。

润滑油加氢处理所选择的操作条件取决于对加工深度的要求。一般来说，调节反应深度主要通过温度和空速两个参数，而压力和氢油比在工艺设计中确定以后在生产中就不大改变了。在操作参数中，反应温度是很重要的，只有每个催化剂床层和整个反应器的温差不大于 20℃ 时才能保证润滑油产品的质量和收率。为此，反应器内需分层装入催化剂，床层数与床层高度需按原料油性质及目的产品进行设计：对含硫、氮化合物较高的原料，反应放热很大，因此反应器上部催化剂床层高度应准确计算；当硫、氮逐渐脱除后，反应热就较小了，此时催化剂床层高度可逐步加长。如果反应热很大，根据需要也可以用两个反应器。此外，反应器内每个催化剂床层要用冷氢严格控制，末期最高反应温度也应控制低于 420℃，否则将发生过度裂化反应，使产品质量变坏并使催化剂寿命大为缩短。

根据润滑油加氢处理的反应机理，反应在较高压力下进行才有利于芳烃加氢的平衡，如压力不合适，会使润滑油产品中芳烃含量较高，颜色也变差，同时催化剂失活加快。空速不宜高，如空速太高，则反应温度就必须升高，而使基础油收率降低，同时氢分压也要提高到不经济的程度。总之，操作条件以及加工深度的选择在很大程度上将取决于原料性质和产品质量。

第4章 合成润滑油基础油的制备

4.1 概　述

目前，95%左右的润滑油都是矿物基础油，可以满足大多数使用环境下的机械设备润滑，但在高温、低温、高真空和强辐射等工况下，多采用合成基础油调制成合成润滑油进行润滑。合成润滑油是是采用有机合成方法由低分子经过化学合成制备成的较高分子的物质，具有一定化学结构和特殊性能。制备合成润滑油基础油的原料可以是动植物油脂，也可以是石油或其他化工产品。在化学组成上，合成润滑油基础油的每一个品种都是单一的纯物质或同系物的混合物。构成合成润滑油基础油的元素除碳、氢之外，还包括氧、硅、磷和卤素等。

合成润滑油与矿物润滑油相比，在性能上具有一系列优点。合成润滑油可以解决矿物润滑油不能解决的问题。合成润滑油不但是许多军工产品的重要润滑材料，而且在民用方面也有很大的潜力。合成润滑油虽然比矿物润滑油价格高，但由于性能优良、使用寿命长、机械磨损小，因此合成润滑油的应用越来越广泛。

4.1.1　合成油的分类

根据合成润滑油基础油的化学结构，美国材料与试验协会（ASTM）特设委员会制定了合成润滑油基础油的试行分类法，该法将合成润滑油基础油分为三大类：第一类为合成烃油，主要包括聚 α-烯烃油、烷基苯、合成环烷烃、聚丁烯等；第二类为有机酯，主要包括双酯、多元醇酯和聚酯；第三类为其他合成油，主要有聚醚、磷酸酯、硅油、硅酸酯、卤代烃和聚苯醚等。

4.1.2　合成油的性能特点

矿物润滑油是目前最常用的润滑油，但矿物润滑油产品有明显的不足。首先，矿物润滑油基础油的低温性能差，尤其是高黏度润滑油的倾点一般都在10℃以下，在寒区冬季野外操作很难启动。其次，矿物润滑油基础油在120℃下开始迅速氧化，加入各种添加剂后可以在150℃下长期使用，但在更高温度下使用寿命很短，且容易生成积炭。另外，矿物润滑油基础油的黏度指数一般都在90~110，加氢法矿物润滑油基础油的黏度指数可提高到120~130。矿物润滑油基础油遇火会燃烧，抗辐射性差，一般情况下相对密度都不大于1。

合成润滑油基础油具有更优异的性能，可以弥补矿物润滑油基础油的上述不足。但相比较而言，合成润滑油基础油的价格比矿物润滑油基础油高。下面分几个方面分别介绍合成润滑油基础油的性能特点及其适用的润滑场合。

1. 具有优良的耐高温性能

合成润滑油基础油具有热安定性好、热分解温度高、闪点及自燃点高、对添加剂的感受性好等特点。合成润滑油基础油比矿物润滑油基础油具有更为优良的耐高温性能。表4-1列出了各类合成润滑油基础油的热分解温度和整体极限工作温度范围。从表4-1中可以看出，对黏度相近的油品来说，合成润滑油基础油比矿物润滑油基础油的使用温度要高。

表4-1　各类合成基础油的热分解温度和整体极限工作温度范围

类　别	热分解温度/℃	长期工作温度/℃	短期工作温度/℃
矿物润滑油基础油	250~340	93~121	135~149
聚α-烯烃油	338	177~232	316~343
双酯	283	175	200~220
多元醇酯	316	177~190	218~232
聚醚	279	163~177	204~218
磷酸酯	194~421	93~177	135~232
硅油	388	218~274	316~343
硅酸酯	340~450	191~218	260~288
聚苯醚	454	316~371	427~482
全氟碳化合物	—	288~343	399~454
聚全氟烷基醚	—	232~260	288~343

2. 具有良好的低温性能及黏温性能

大多数合成润滑油基础油比矿物润滑油基础油的黏度指数高，黏温性能好。表4-2列出了各类合成润滑油基础油的黏度指数及凝点的范围。

表4-2　各类合成润滑油基础油的黏度指数及凝点的范围

类　别	黏度指数	凝点/℃	类　别	黏度指数	凝点/℃
矿物润滑油基础油	50~130	−45~−6	硅油	100~500	<−90~10
聚α-烯烃油	80~150	−60~−20	硅酸酯	110~300	<−60
双酯	110~190	<−80~−40	聚苯醚	−100~10	−15~20
多元醇酯	60~190	<−80~−15	全氟碳化合物	−240~10	<−60~16
聚醚	90~280	−65~5	聚全氟烷基醚	23~355	−77~−40
磷酸酯	30~60	<−50~15			

从表4-2中可以看出，合成润滑油基础油的黏度指数比矿物润滑油基础油的黏度指数高，凝点比矿物润滑油基础油的凝点低，因此合成润滑油基础油比矿物润滑油基础油的使用温度范围宽。

3. 挥发损失小

油品的挥发性是油品在使用过程中的一项重要性能。若使用温度高，挥发性大的油品不但耗油量高，而且由于轻组分的挥发会使油品变黏，造成油品基本性能发生变化，从而影响油品的使用寿命。矿物润滑油基础油是组成复杂的混合物，在一定蒸发温度下，其中的轻组分容易挥发。合成润滑油基础油大多数是一种单一的化合物，其沸点范围较窄，与相同黏度的矿物润滑油基础油相比，挥发性低，在高温下挥发损失小。如用矿物润滑油基础油调制的SAE40内燃机油比用合成润滑油基础油调制的SAE20内燃机油的挥发损失大一倍以上。

4. 不容易着火燃烧

矿物润滑油基础油遇火会燃烧，在许多靠近热源的部位，常常由于矿物润滑油基础油的泄漏着火造成重大事故，而且目前还无法通过加入添加剂有效改善矿物润滑油基础油的着火性能，而合成润滑油基础油却具有优良的难燃性能。如磷酸酯虽然本身闪点并不高，但是由于没有易燃和维持燃烧的分解产物，因此不会造成延续燃烧。芳基磷酸酯在700℃以上遇明火会发生燃烧，但它不传播火焰，一旦火源切断，燃烧立即停止。聚醚是水-乙二醇难燃液的重要组分，主要用来增加黏度。聚醚和乙二醇都能燃烧，但水-乙二醇难燃液中含40%~60%的水，在着火时由于水的大量蒸发，水蒸气隔绝了空气，从而达到阻止燃烧的目的。全氟碳润滑油在空气中根本不燃烧，而聚全氟烷基醚油在氧气中也不能燃烧。表4-3中列出了各类合成油的难燃性能。

表 4-3　合成油的难燃性能

油品类型	闪点/℃	燃点/℃	自燃点/℃	热歧管着火温度/℃	纵火剂点火温度
矿物汽轮机油	200	240	<360	<510	燃
芳基磷酸酯	240	340	650	>700	不燃
聚全氟甲乙醚	>500	>500	>700	>930	不燃
水-乙二醇难燃液	无	无	无	>700	不燃

合成润滑油基础油的难燃性能对航空、冶金和发电等工业部门具有极重要的使用价值。

5. 具有较高的密度

矿物润滑油基础油相对密度小于1，而某些合成润滑油基础油具有相对较大的相对密度，可满足一些特殊用途的需求，如用于导航的陀螺液、仪表隔离液等。合成润滑油基础油的相对密度见表4-4。

表 4-4　合成润滑油基础油的相对密度

油品名称	相对密度	油品名称	相对密度
矿物润滑油基础油	0.8~0.9	氟硅油	1.4
多元醇酯	0.9~1.0	聚全氟烷基醚	1.8~1.9
磷酸酯	0.9~1.2	全氟碳、氟氯油	>2.0
甲苯基硅油	1.0~1.1	氟溴油	2.4
甲基氯苯基硅油	1.2~1.4		

6. 其他特殊性能

(1) 含氟润滑油具有极好的化学稳定性

含氟润滑油包括全氟碳化合物、氟氯油、氟溴油和聚全氟烷基醚等，它们都具有极好的化学稳定性。在 100℃ 以下，全氟碳油、氟氯油和聚全氟烷基醚油分别与氟气、氯气、68% 硝酸、98% 硫酸、浓盐酸、王水、铬酸洗液、高锰酸钾和 30% 的过氧化氢溶液不起作用。在 100℃ 下，全氟碳油与聚全氟烷基醚油用 20% 的氢氧化钾溶液处理后可长期与偏二甲肼接触而不发生反应。氟油与火箭用的液体燃料及氧化剂，如煤油馏分、烃类燃料和偏二甲肼、二乙基三胺、过氧化氢、红色发烟硝酸及液氧等不起反应。但氟油可与熔化的金属钠发生剧烈反应。聚全氟烷基醚油与金属卤化物——路易斯酸，如 $AlCl_3$、SbF_3、CoF_3 接触，在 100℃ 以上会发生分解。

(2) 聚苯及聚苯醚具有良好的抗辐射性能

一般来说，每年 10^6 rad 的吸收剂量对润滑油的影响很小，到 $10^7 \sim 10^8$ rad 就能分出润滑油抗辐射性能的优劣。矿物润滑油基础油能耐 $10^8 \sim 10^9$ rad/a 的剂量。酯类油、聚 α-烯烃油与矿物润滑油基础油的耐辐射性能相近，硅油、磷酸酯则低于矿物润滑油基础油，只能耐 10^7 rad/a 的剂量。如果需要耐 10^9 rad/a 的吸收剂量的润滑油，就需要含苯基的合成油，如烷基化芳烃、聚苯或聚苯醚。聚苯醚的抗辐射性能最好，能耐 10^{11} rad/a 的吸收剂量。

(3) 酯类及聚醚合成油具有生物降解功能

润滑油应用在国民经济各个部门，在使用过程中，不可避免地遇到润滑油泄漏、溢出或不当排放。矿物润滑油基础油不可生物降解，对环境会造成严重污染。可以生物降解的合成润滑油基础油为植物油、合成酯和聚乙二醇等。

4.1.3 合成油的应用

合成润滑油基础油的应用领域很广，使用矿物润滑油基础油的部位几乎均可以用合成润滑油基础油代替。此外，由于合成润滑油基础油具有许多矿物润滑油基础油所不及的特殊性能，因此有些部位只能使用合成润滑油基础油。随着科学技术的发展，合成润滑油基础油的应用领域和生产量将不断扩大，使用合成润滑油基础油的经济效益和社会效益将更加显著。

表 4-5 列出了合成润滑油基础油的应用领域。

表 4-5　合成润滑油基础油的应用领域

应用领域	用途	合成润滑油基础油类型
汽车工业	发动机润滑油	聚烯烃、酯类油
	二冲程发动机油	聚丁烯
	汽车齿轮油	聚烯烃、酯类油、聚醚
	汽车自动传动液	聚烯烃、酯类油
	中心液压油	聚烯烃、酯类油
	制动液	聚醚

应用领域	用途	合成润滑油基础油类型
一般工业	齿轮和轴承润滑油	聚烯烃、酯类油，聚醚
	冷冻机油	酯类油、聚醚
	压缩机油	聚烯烃、酯类油、聚醚
	难燃液压油	磷酸酯、聚醚
	导热和电气用油	烷基苯、聚烯烃、硅油
	金属加工液	聚醚、醇类油
	润滑脂	聚烯烃、酯类油、硅油，氟油
国防军事业	航空喷气发动机	聚烯烃、酯类油
	活塞式发动机油	聚烯烃、酯类油
	航空及导弹液压油	聚烯烃、酯类油，磷酸酯、硅酸酯
	耐辐射、抗化学润滑剂	烷基苯、聚苯醚、氟油

4.2　聚α-烯烃合成基础油

　　合成烃类润滑油基础油是由化学合成方法制备的烃类润滑油基础油，包括聚α-烯烃、聚丁烯、烷基苯和合成环烷烃四类。目前，全世界合成烃类润滑油基础油的年用量约占合成润滑油基础油年产量的1/3，是合成润滑油基础油的一大类产品。

　　在合成烃类润滑油基础油中，聚α-烯烃合成油（Polymer Alpha Olefins，简称PAO）是使用最广泛、用量最大的一种合成基础油，在润滑油基础油API分类法中，也将聚α-烯烃合成油单独作为Ⅳ类基础油。一方面，由于它是由碳和氢两种元素组成，与矿物润滑油相同，具有许多与矿物润滑油相同的性能。另一方面，它们又具有一些优于矿物润滑油的特性，因此，在工业上得到广泛的应用。本节将重点讨论聚α-烯烃合成油的生产工艺、性能特点及应用等情况。

4.2.1　化学反应

　　α-烯烃是指高碳的端烯烃。习惯上把C_4及以上的端烯烃称为α-烯烃。工业产品的α-烯烃一般是直链α-烯烃的混合物。产品的碳数分布宽（$C_4 \sim C_{40}$），其用途十分广泛。用于制备合成润滑油的主要是$C_8 \sim C_{10}$的α-烯烃，尤其是C_{10}烯烃的三聚体、四聚体，其性能更佳。

　　聚α-烯烃合成油是由α-烯烃（主要是$C_8 \sim C_{10}$）在催化剂作用下聚合（主要是三聚体、四聚体和五聚体）而获得的一类长链烷烃。其结构式为：

$$n\text{RCH}=\text{CH}_2 \longrightarrow \text{CH}_3-\underset{\underset{R}{|}}{\text{CH}}\left[\text{CH}_2-\underset{\underset{R}{|}}{\text{CH}}\right]_{n-2}\text{CH}_2-\underset{\underset{R}{|}}{\text{CH}_2} \tag{4-1}$$

式中　n——3~5；

　　　　R——C_mH_{2m+1}（m为6~10）。

　　PAO合成油不含任何非烃类和芳烃、环烷烃等环状烃类，而基本上是由一类独特的带有多个长度适中的直链烷基侧链(梳状)的异构烷烃构成。由前述润滑油的化学组成与使用性能的关系规律可知,这种独特化学结构无疑会使 PAO 产品具有十分稳定和优异的性能。如,直链烷烃骨架有利于良好的黏温特性;而多侧链的异构烷烃骨架和相对较短(不大于10 个碳数)的直链端又利于保持良好的低温流动性等等。可以说,这种较均一的组成,尤其是不含芳烃、环状烃以及不饱和键,是一种非常适合现代润滑油基础油要求的理想化学组成。

4.2.2 生产技术

聚 α-烯烃合成油的生产工艺基本分为两个步骤:一是制备 α-烯烃(主要是 $C_8 \sim C_{10}$)中间体原料;二是用这些低相对分子质量的 α-烯烃进一步合成 PAO 基础油。

1. 聚 α-烯烃合成油的原料

工业上制取原料 α-烯烃的方法有石蜡裂解法和乙烯齐聚法两大类。

(1)石蜡裂解法

石蜡裂解法生产 α-烯烃是将含 $C_{25} \sim C_{35}$(350~480℃)的石蜡与过热水蒸气在 540℃左右、0.2~0.4MPa 压力下进行裂解,得到奇、偶碳数都有的 α-烯烃产物,然后分馏成所需馏分。α-烯烃的收率和质量取决于原料蜡的性质和裂解的工艺条件,若蜡中的含油量低于0.5%,则烯烃的收率可达 60%~68%(对原料蜡),直链 α-烯烃的纯度达 83%~89%。由于此法采用高温气相裂解,因而副产正构内烯、异构烯、双烯、烷烃和芳烃等杂质。蜡裂解法的工艺简单、成熟、不用催化剂、操作简便,从 20 世纪 60 年代开始在欧美及前苏联大规模应用。此法的缺点是对原料蜡质量要求较高,来源有限,所得 α-烯烃的质量差,成本高,目的 α-烯烃的收率低。随着乙烯齐聚法生产 α-烯烃的工艺日趋成熟,价格又逐步接近蜡裂解法,蜡裂解法已逐渐失去竞争能力。1986 年以后欧美蜡裂解装置已全部停产,被乙烯齐聚工艺所取代。

(2)乙烯齐聚工艺

乙烯齐聚法因催化剂和工艺的不同分为一步法、二步法和 SHOP 法三种。由于制备方法的不同,所得 α-烯烃的碳数分布、纯度、正构直链 α-烯烃的含量以及技术经济效果都有差异。

①齐格勒一步法。海湾石油公司生产 $C_4 \sim C_{30}$ α-烯烃采用的是一步法齐格勒反应,即在较高的温度下使链增长反应与置换反应一步完成。乙烯与三乙基铝的烃溶液在 180~200℃、21MPa 和三乙基铝与乙烯比为 $(10^{-4} \sim 10^{-2})$:1 的条件下,在狭长的反应管内反应,乙烯的单程转化率控制在 60%~75%,以减少支链烯烃等杂质的生成。反应流出物中未反应乙烯进行循环,液体产品与 25%氢氧化钠溶液接触,三乙基铝水解为铝酸钠及烷烃。混合 α-烯烃再经粗分馏及精馏得到 α-烯烃单烯烃或混合馏分。该方法的优点是:α-烯烃的商品馏分质量高;三乙基铝的单位消耗较低;动力平衡有利,通过回收反应热可以产生蒸汽;工艺流程和设备简单。其缺点是:齐聚时生成约 0.2%的高分子聚合物,沉积于反应器管子的内表面,不能长期操作;齐聚物在分离之前因除去催化剂残余必须经碱、水洗,生成污染烯烃的烷烃;齐聚物的相对分子质量分布宽,目的产物 $C_8 \sim C_{18}$ α-烯烃的产率在最好情况下也只有 50%~55%(以转化的乙烯计算)。

②齐格勒两步法。乙基公司的两步法是将链增长反应与置换反应分两步进行。第一步反应是在平均温度 127℃、压力 2.1MPa 下进行,由于条件的控制和低分子烯烃的循环,

链增长反应是在几乎不发生置换反应的条件下进行的。第二步链置换反应的温度约293℃，压力1.6MPa，停留时间约0.5s，以减少副产物的生成。在分离时，由于三乙基铝与α-十二碳烯的沸点相近，因此采用减压蒸馏将两者分开。两步法的优点是链增长反应可以单独加以调节。一步法是链增长和置换反应同时进行，由于反应互相牵制，调节幅度很小。因此，两步法产品中各碳数α-烯烃分布灵活性大，所需要碳数范围的α-烯烃产率较高。两步法的缺点是：生产C_{14}以上的重烯烃时，由于内烯含量较高（大于6%），而且亚乙烯结构的烯烃含量过高（大于11%），因此α-烯烃的质量受到限制；另一方面，由于工艺复杂，且设备笨重，因此生产成本稍高。

③SHOP法。壳牌公司根据α-烯烃和脂肪醇市场的需要开发了一套由乙烯生产α-烯烃和脂肪醇的独特的方法，称SHOP法。它复合并发展了以前的工艺过程，采用齐聚、异构化、歧化、置换及羰基合成等工艺过程于一体。SHOP法的特点是：乙烯齐聚是三相反应，即催化剂溶液相、α-烯烃相及乙烯气相。由于第一阶段反应是在过量乙烯的存在下进行链增长和置换反应，α-烯烃产品的分布与一步法过程相似。SHOP法增加了异构化反应和歧化反应。异构反应是以氧化镁为催化剂，将齐聚过程中生成的用处不大的低沸点C_4及高沸点C_{20}馏分的α-烯烃进行吸附净化和异构化，也就是将直链烯烃的双键由端部转移到内位，为下一步歧化创造条件。因为在歧化反应时，双键在端位的α-烯烃是不进行歧化反应的。歧化反应是将异构化所得内烯在双键位置上断裂并重新组合，转化为奇、偶数碳原子的直链内烯烃。歧化反应可使一个高碳烯烃分子和一个低碳烯烃分子转化生成两个中等碳数的烯烃分子。因此SHOP法不但可把用处不大的低碳和高碳烯烃转化为$C_{11} \sim C_{14}$内烯，而且可生产奇数碳内烯。

2. 聚α-烯烃合成油的生产工艺

目前，国外各公司的PAO基本上都是乙烯齐聚生成的C_{10}α-癸烯经催化齐聚而得到的齐聚物（主要是三聚物、四聚物和五聚物），并经加氢饱和生产的。即聚α-烯烃合成油的生产一般分为两步进行：

（1）烯烃的聚合

根据所要求生产的润滑油黏度不同，采用不同的催化剂和聚合条件，可聚合成二聚体、三聚体、四聚体、五聚体等。为生产低黏度PAO，低聚反应的催化剂通常是三氟化硼（BF_3）与极性助催化剂水、醇或弱羧酸联用，BF_3过量。反应粗产品用水或碱水急冷、沉降，然后用更多水洗以除去所有BF_3催化剂痕迹，可将洗涤水浓缩并用浓硫酸处理来回收气态BF_3。

（2）加氢反应

可在蒸馏之前或之后进行。蒸馏是为了除去未反应的单体，分离二聚物作为黏度为2.0mm²/s的产品销售，有时还联产较轻及较重的PAO。通常以金属镍/硅藻土或钯/氧化铝为催化剂，对聚合油进行加氢反应，使齐聚物中的双键饱和，以提高油的化学稳定性及氧化安定性。尽管经过加氢饱和，仍称聚α-烯烃。

聚α-烯烃油的质量及性能受多种因素的影响，下面对其中的主要因素进行讨论。

①α-烯烃的碳数和双键的位置。研究表明，从C_4α-烯烃开始，随着α-烯烃的碳数增加，聚合油的黏度指数逐渐升高，倾点下降，当α-烯烃碳数为8时，倾点降到最低点，以后随着碳数继续增加，聚合油的倾点又明显上升。此外，聚合油中二聚体的含量对聚合油性能亦有较大的影响，二聚体含量降低，蒸发损失明显降低，但倾点升高，低温黏度

变大。

原料烯烃中双键的位置对聚合油的黏度指数有明显的影响,双键位于 α 位置的烯烃,其聚合油黏度指数最高。例如 1-庚烯聚合油的黏度指数为 115,而 2-庚烯聚合油的黏度指数为 65,3-庚烯聚合油的黏度指数仅 23。内烯对聚合油倾点及低温黏度也有明显的影响,倾点随着内烯的含量增加而降低,但-40℃黏度则随之增加。

②聚合催化剂。聚 α-烯烃油的性能取决于油品的聚合度及相对分子质量分布,而聚合催化剂又是决定的因素。20 世纪 70 年代以来,各国对 α-烯烃聚合催化剂的研究十分重视。α-烯烃聚合催化剂可分为游离基型、三氯化铝型、齐格勒型和路易斯酸络合型四种。选用不同类型的催化剂,对聚合油的收率、聚合度控制、相对分子质量分布及油品性能有明显的影响。目前,低黏度 PAO 的生产最常用的催化剂是 BF_3,以水、醇或弱羧酸为助催化剂;高黏度 PAO 的生产则常用 Ziegler-Natta 催化剂(如烷基铝加有机卤化物)。

③聚合条件。聚合条件主要是指聚合温度及时间。一般来说,随着聚合温度的提高,聚合油中二聚体的比例增加,黏度、黏度指数和倾点也随之降低,蒸发损失增加。随着反应时间的增加,产品的组成及异构体的分布也随之变化。首先进行的反应是原料 α-烯烃的齐聚反应,接着是反应产物与原料 α-烯烃反应或它们之间的相互反应。第二步的反应速度要比第一步慢得多。研究表明,只要 α-烯烃单体过量,四聚体与高聚体的形成首先是由三聚体与单体的反应结果,然后再由两个二聚体相互反应而产生。

④加氢及精制。α-烯烃聚合油必须经过加氢,使分子中残留的双键饱和后才能使用,否则在高温时会发生热聚和断链,影响油品的热稳定性和氧化安定性。加氢可以在蒸馏前进行全馏分加氢,或切割成馏分后分段加氢。加氢后的油还要拔去加氢时产生的轻组分,以确保油品的闪点指标。加氢后的油品与加氢前油品相比,除化学稳定性及氧化安定性得到提高外,其他物理性能均无明显变化。

4.2.3 性能特点

1. 物理性能

数据表明:各种碳数 α-烯烃的三聚体和四聚体都具有较高的黏度指数、较低的倾点和低温黏度,尤其是 $C_8 \sim C_{12}$ 的 α-烯烃的三聚体和四聚体最适合制备性能优良的润滑油。

聚 α-烯烃油与同黏度的矿物润滑油基础油相比,黏度指数高,因此,在许多应用中不需要添加黏度指数改进剂。因为黏度指数改进剂在剪切下趋于不稳定,一旦黏度指数改进剂开始降解,加入黏度指数改进剂的油品的黏度就很容易降低而达不到规定的黏度级别。

PAO 合成油的另一个优良性能是低的倾点和较低的低温黏度,这可保证油品在严寒地区的机械具有良好的低温启动性和泵送性能;绝大多数的 PAO 合成油蒸发损失都比较低,这可保证油品在较高温度使用时,不会因轻组分挥发而使黏度急剧增加,同时也能保证有较高的闪点及燃点,这是很重要的高温性能指标。聚 α-烯烃产品在温度范围的两端都优于同样黏度的矿物油基础油,这与其结构组成密不可分。聚 α-烯烃产品基本上是多种癸烯三聚物异构体(同样相对分子质量、不同结构)组成的,只有少量的四聚物存在。而相同黏度的高黏度指数矿物油则是一种范围宽的不同相对分子质量物料,对挥发度及闪点均有不利影响,它也含有高相对分子质量组分,使低温黏度增加,其中的线性烷烃使倾点增高。此外,PAO 合成油还具有良好的润滑性能并与添加剂有较好的相溶性。

2. 化学性能

(1)热安定性

聚 α-烯烃油的热安定性与双酯类油相当，优于矿物润滑油基础油。在135℃和金属催化作用下，100℃黏度为4mm²/s的PAO经168h试验后，其38℃黏度仅增大15%，而在相同条件下，100号中性矿物油的黏度增加为30%。由于聚 α-烯烃油主要由异构烷烃组成，加氢后基本上不含芳烃和胶质，因此在高温下使用不易生成积炭。聚 α-烯烃油的热安定性的顺序是二聚体优于三聚体，三聚体优于四聚体。原因是聚 α-烯烃油最不稳定的部分是分子中与叔碳原子相连的部分，即分子碳链中的支链，而高齐聚体中含有较多的支链，较易热降解。聚 α-烯烃油与双酯或多元醇酯的混合油具有很好的热安定性，这种混合油可在许多高档润滑油中广泛使用。

(2)氧化安定性

与矿物润滑油基础油相比，聚 α-烯烃油具有更好的氧化安定性。聚 α-烯烃油不加添加剂时高温氧化安定性并不好，而矿物润滑油基础油中由于含有天然的抗氧剂（硫、氮杂质），在某种程度上有一定的抗氧化效果。聚 α-烯烃油对抗氧化添加剂的感受性特别好，例如PAO6油在175℃下氧化18h，酸值（以KOH计）达到2.0mg/g，加入0.5%丁基二硫代氨基甲酸锌后，在相同条件下，达到同一酸值的时间需要104h。

此外，PAO的水解安定性也优于矿物油，对哺乳动物无毒、无刺激，用PAO制备的白油能达到食品级白油的规格要求；对皮肤及毛发的浸润性好，可用于化妆品、润肤液和护发素等。

PAO的主要缺点是会使某些橡胶轻微收缩和变硬。聚 α-烯烃油主要由线性异构烷烃组成，对某些极性较强的添加剂的溶解性较差。使用聚 α-烯烃油会使某些橡胶轻微收缩和变硬，影响密封性能，通常在用聚 α-烯烃油作为润滑油基础油时要加入部分酯类油或烷基苯等橡胶膨胀剂，以改善对橡胶的膨胀性能；其次，PAO对某些极性较强的添加剂的溶解性差，在实际应用中，通常添加10%~20%的酯类油以得到适宜的性能。

4.2.4 应用

聚 α-烯烃具有比较全面的优良性能，用途广泛，几乎遍及工业的全部领域，同时被广泛应用于航空、航天和军事等多种高技术领域。因此，尽管聚 α-烯烃合成油较矿物油价格昂贵，其在市场中仍占有重要地位，是合成油中发展最快的一种。低聚合度PAO用作航空液压油、汽车发动机油等，美国的MIL-H-83282就是低聚合度PAO航空液压油。中聚合度PAO可用作制备发动机油、压缩机油和电缆油等的润滑油基础油。高聚合度PAO可用作制备压缩机油、齿轮油、压延油和其他金属加工用油等的润滑油基础油。

4.3 合成酯类油

分子结构中含有酯基的天然物质——动、植物油脂（如猪油、菜籽油等），数千年前就被人们用作润滑材料以减轻劳动负荷，或使车轮轻快运转。公元前1650年的埃及古墓壁饰中，就有将橄榄油涂于木板上滑动运输大石料、雕像和建筑材料的记述。20世纪30年代后期，德国的Herman Zorn博士开展了人工合成酯基化合物作为润滑剂的研究。1939年，第一台燃气涡轮发动机在德国研制成功。随后酯类润滑油就一直伴随着航空发动机性能的不断提高而发展。

尽管动、植物油脂具有良好的润滑性能和承载能力，但抗氧化性能及低温性能较差，后被矿物油所替代。近年来，由于环境保护的需要，考虑动、植物油脂易被生物降解，而矿物油大部分都不能生物降解，因此人们又将目光集中于用动、植物油脂制备各种可生物降解润滑油。

酯类油是综合性能较好，开发应用最早的一类合成润滑油。国外在酯类油方面的研究已达到相当成熟阶段。目前正在开展添加剂协同效应的研究，寻求更高效的添加剂配伍性，以使酯类油的性能得到全面的发挥。在其生产技术方面，围绕稳定质量、降低成本等方面各生产厂家均开发了自己的专利技术，如无害酯化催化剂的开发。我国酯类油的研制工作始于 20 世纪 60 年代。目前国内合成酯类油的研究动向是开展酯类油催化、酯化技术和后处理技术等工作，同时进行酯类油生产原料 $C_5 \sim C_9$ 脂肪酸合成工艺研究。

4.3.1 化学反应

酯类油是由有机酸与醇在催化剂作用下，酯化脱水而获得的一类高性能润滑材料，基本反应式如下：

$$R'—\overset{\overset{\displaystyle O}{\|}}{C}—OH + ROH \rightleftharpoons R'—\overset{\overset{\displaystyle O}{\|}}{C}—OR + H_2O \qquad (4-2)$$

酯类油的分子中含有酯基官能团–COOR，根据反应产物的酯基含量，酯类油分为：双酯、多元醇酯和复酯。双酯是以二元酸与一元醇或二元醇与一元酸反应的产物，双酯具有两个酯基，其化学结构式为：

$$ROOC—R'—COOR \qquad (4-3)$$

式中，R、R′为不同碳数的烷基，如 R′的碳数为 8，则为癸二酸双酯；R′的碳数为 7，则为壬二酸双酯；R′的碳数为 4，则为己二酸双酯。这三种双酯是比较常用的酯类油。

多元醇酯是分子中含有两个以上羟基的多元醇与直链脂肪酸反应的产物。常用的多元醇酯如三羟甲基丙烷酯、季戊四醇酯和新戊基多元醇酯。

复酯是由二元酸和二元醇（或多元醇）酯化成长链分子，其端基再用一元醇或一元酸酯化而得到的高黏度基础油。复酯的平均相对分子质量较大，一般为 800~1500，故其黏度较双酯和多元醇酯高，但其热稳定性不如多元醇酯好。

4.3.2 生产过程

酯化反应一般是在搪瓷釜中进行的，反应产物是酯和水，此反应为典型的可逆反应。

1. 原料

酯化过程中常用的原料包括酸和醇两大类。其中一元酸多采用直链一元脂肪酸，由天然油脂裂解或石蜡氧化而成。直链二元酸由天然油脂或石油化工产品氧化而得。脂肪酸是合成酯类油的原料，它由石蜡经高锰酸钾氧化而得。通常生产合成润滑油所需要的是 $C_5 \sim C_{10}$ 的低碳数脂肪酸，是制皂工业的副产物。由制皂工业副产物中得到的这种低碳数脂肪酸，其中仍有 20%~30% 高碳数脂肪酸和少量的带不饱和双键的烯酸杂质，因此必须进行精制，把对产品有影响的杂质去掉，并分馏成单一成分的酸。一般采用硝酸氧化去掉不饱和物，以改善产品的抗氧化性能，即在氧化釜中以硝酸和脂肪酸在 90~95℃下回流 4h，分出酸渣，然后进行水洗，再进入精馏塔切割成单一成分的酸。支链一元醇多由烯烃聚合，再经羰基合成制取；多元醇由醇醛缩合而成。

2. 酯类油的合成工艺

（1）原料配比

由于酯化反应是可逆反应，为使酯化反应完全，一般将沸点较低的原料组分加入量比理论计算量增加 5% ~ 10%，用以打破反应平衡，使反应向着有利于生成酯的方向进行。通常生产二元酸双酯时，选择反应物醇过量；生产二元醇双酯和多元醇酯时，使反应物脂肪酸过量；生产复酯时，第一步反应按计量系数比，第二步为酸或醇过量。

（2）催化剂的选择

酯化反应可以在无催化剂条件下进行，需要及时导出反应水，使反应不断向正反应方向移动，但无催化剂存在时酯化反应速率较慢。

工业生产中，酯化反应一般都是在催化剂作用下进行的。常用的催化剂有硫酸、硫酸氢钠、对甲苯磺酸、磷酸、磷酸酯、钛酸酯、锆酸酯、活性炭、羰基钴和阳离子交换树脂等。

采用硫酸作催化剂时，酯化反应进行得比较完全，但硫酸作催化剂，会使仲醇和叔醇脱氢生成烯烃，或者导致发生异构化聚合等副反应的发生，所得酯化产物颜色一般比较深。采用磷酸和磷酸酯作催化剂，酯化产物颜色较浅，但反应速率较慢，酯化时间过长。以氧化锌为催化剂，过程中需增加酸分解工艺。有机聚合物作载体的阳离子交换树脂对双酯合成比较有效，对粗酯处理也有相当经济效益，但其耐热强度尚不足以承受新戊基多元醇酯的酯化温度。因此在现代工业生产中，最为有效而普遍采用的催化剂多为对甲苯磺酸、锆酸四辛酯、钛酸四丁酯等。

（3）酯化分水

为使反应生成的水及时离开反应体系，使过程有利于向酯化主反应方向进行，酯化过程需在减压条件下进行。如果在常压下反应，则一般需要加入苯、甲苯等低沸点溶剂作为携水剂，以降低生成水的饱和蒸气分压，与水一起汽化离开体系。冷凝后的低沸点溶剂再返回酯化釜，直至酯化过程完毕。

（4）粗酯精制

由于粗酯中含有过量的未反应的酸、醇和反应不完全的半酯或部分酯，酯化后的产物需要经过精制才能作为润滑油的基础油。另外，留在粗酯中的催化剂也需要通过精制处理，否则基础油的低温性能和热氧化安定性能均不理想。在酯类油中除去游离酸是提高酯类基础油热安定性的重要手段。

粗酯中未反应的过量酸或过量醇，通常是在酯化反应完成后在反应釜中于减压条件下蒸馏除去。在生产多元醇酯时，在 200℃ 和 3.3kPa 残压下，可将过量脂肪酸蒸出。蒸出过量酸或过量醇的粗酯，冷却至 60℃ 后，放入带夹套的碱水洗釜，再冷却搅拌至 35℃ 后，加入 3% ~ 4% 的 Na_2CO_3 水溶液，也有的采用 NaOH 或 Ca(OH)$_2$ 进行中和，水洗除去酸性催化剂及部分未反应物质，再在真空条件下进行脱水干燥，精密过滤即得基础油。

4.3.3 性能特点

1. 黏温性能

合成酯的黏度指数同样取决于其分子结构。增加酸链长度、醇链长度、聚合度、分子中直链长度以及分子骨架中不含有环状结构等，均可使酯类油的黏度指数提高。双酯黏度指数一般都超过120，高的可达180。此外，分子的几何结构也会影响酯类油的黏度指数，例如，结构紧凑的多元醇酯的黏度指数通常比相应双酯的低，但高于同黏度的矿物油。

2. 低温性能

影响酯类油低温流动性的因素有酯的类型、相对分子质量和酯的结构等，其倾点可通过增加支链的量且使支链位于分子中心、减少酸链长度、减少分子的内对称性等而得到改善。一般说新戊基多元醇酯的低温性比二元醇酯的差，相对分子质量大的酯较相对分子质量小的差，结构对称的酯比结构不对称的差。双酯的倾点一般都低于−60℃，而闪点则通常超过200℃，这是同黏度矿物油很难达到的。

3. 热安定性

矿物油的热分解温度一般在260~340℃。多元醇酯的热分解温度都在310℃以上。酯类油的热安定性与酯的结构有较大关系。研究表明，支链醇和纯油酸反应制得的合成酯具有很好的性能，纯油酸的使用提高了酯类油的热氧化安定性。

4. 氧化稳定性

酯类油具有较强的抗氧化能力，但其结构不同，相应的抗氧化能力也不同，一般情况下，C—H键发生氧化反应的程度为叔键>仲键>伯键。但酯类油作为高温润滑材料，常处于高温或接触到空气和热金属表面等强氧化条件下，仍需借抗氧剂来满足苛刻的使用要求。

5. 润滑性

由于酯链中的氧分子的存在，酯类油具有较高的极性，极性分子可以有效地吸附在金属表面生成吸附膜，并且由于大多数金属氧化表面在水汽存在下部分羟基化，在形成氢键中可给予氢原子，而酯类油可作为氢原子的接受者而减少摩擦和磨损。氢键很弱，在一定负荷和温度下易破裂，但研究表明，高负荷极压条件下的酯会裂解成酸，酸进一步反应生成皂和金属羰化物而形成化学吸附膜，因而酯类油的润滑性一般优于同黏度的矿物油。

6. 环保性

口服或皮肤接触酯类油，其毒性都极低。由于油对脂肪有较强的溶解能力，所以皮肤长期接触酯类油有发干的现象，但没有长期接触轻质溶剂或矿物润滑油基础油严重。以双酯的热油烟做动物试验表明，其危害程度并不比矿物润滑油基础油的大。多元醇酯可视为无毒化合物，对人体皮肤的刺激性低于丙三醇酯(天然油脂)。以酯类油作基础油的成品油的毒性往往是由添加剂带入的。

7. 可生物降解性

酯类合成油具有良好的可生物降解性，如用于压缩机油的双酯和多元醇酯的生物降解率可达90%以上，大大降低了对环境的污染。

酯类油的缺点是水解安定性差，防腐性一般，尤其是对铜铅腐蚀较大，且由于其中的酯基属于活性基团，所以对胶料的影响比矿物油大，会使某些橡胶发生较大的膨胀，这就要求选用橡胶密封件时要与之相适应。由于酯类油对橡胶有膨胀作用，也可用作橡胶膨胀剂，用来改善聚 α-烯烃油对橡胶的收缩作用。

4.3.4 应用

有机酸酯广泛用作航空燃气涡轮发动机油、内燃机油、二冲程发动机油、工业齿轮油、压缩机油、仪表油及润滑脂的基础油等。除此之外，还用作金属加工液、塑料加工助剂、合成纤维纺丝油剂和化妆品中的润滑剂、表面活性剂、遮光剂和珠光剂等，也被用于矿物润滑油和聚 α-烯烃合成油中改善油品的低温性、溶解性和润滑性。

4.4 聚醚合成油

聚醚以环氧乙烷、环氧丙烷、环氧丁烷或四氢呋喃等为原料，开环均聚或共聚制得的线型聚合物，其结构通式为：

$$R_1-O\left[CHCH_2O\left(CH_2CH_2\right)_xO\right]_nR_4$$
$$\overset{|}{R_2}\qquad\qquad\overset{|}{R_3}$$

$$(4-4)$$

式中，n 为 2~500。

当 $x = 1$ 时，$R_2 = R_3 = H$，称为环氧乙烷均聚醚；$R_2 = R_3 = CH_3$，称为环氧丙烷均聚醚；$R_2 = CH_3$，$R_3 = H$，称为环氧丙烷-环氧乙烷共聚醚；$R_2 = CH_3$，$R_3 = C_2H_5$，称为环氧丙烷-环氧丁烷共聚醚。

当 $x = 2$ 时，$R_2 = CH_3$，$R_3 = H$，称为环氧丙烷-四氢呋喃共聚醚；$R_1 = H$，$R_4 = $ 烷基，称为单烷基醚；$R_1 = R_4 = $ 烷基，称为双烷基醚。$R_1 = R_2 = R_3 = R_4 = H$，称为聚乙二醇；$R_1 = R_4 = H$，$R_2 = R_3 = CH_3$，称为聚丙二醇。

4.4.1 生产工艺

聚醚的制备包括单体的精制、聚合和后处理三个阶段。

1. 单体的精制

环氧烷单体往往含有杂质，其中最为有害的是醛类化合物。环氧烷中的醛是聚醚聚合的阻聚剂，醛含量增加，诱导期延长，聚合速率降低。当醛含量高至一定量时，严重影响开环聚合，有的甚至根本不聚合。因此，环氧烷中的醛含量必须控制在一定数值之内。下面介绍几种常用的脱醛技术。

（1）羟烷基肼化合物法

该法用以羟烷基肼为主要成分的混合物作脱醛剂，可直接加到环氧烷的生产装置中，制得的环氧烷含醛量低于 100mg/kg。在脱醛过程中，脱醛剂与醛类物质发生反应。在常温下，其反应速率远大于脱醛剂与环氧烷反应的反应速率，脱醛剂及其反应产物均溶于环氧烷中，反应产物的沸点比环氧烷高得多，其热稳定性也好，因此，在蒸馏过程中反应产物易与环氧烷分开。

（2）碱金属氢化物法

该法是脱醛的经典方法。碱金属氢化物（$LiAlH_4$、CaH_2、$NaBH_4$ 和 KBH_4）具有强烈的还原性能，与醛类物质定量反应，生成对应的醇类化合物。例如，在 155kg 醛含量为 70mg/kg 的环氧乙烷中，加入硼氢化钾或硼氢化钠 6~12g，使用直接固体分散法或配制成溶液，均可使环氧乙烷中的醛含量小于 10mg/kg。

（3）分子筛吸附法

将气相环氧烷通过一定孔径的 5A 分子筛后，醛化合物被选择吸收。反应器可为固定床，也可为流动床，处理后的醛含量小于 40mg/kg。

（4）相转移法

用聚乙二醇 400 为相转移催化剂，与环氧烷充分搅匀，在 0℃ 保持 15h，蒸馏后醛含量下降到 200mg/kg 以下。

（5）树脂交换法

将含有少量水的液相环氧烷与一定量的聚胺型弱碱性阴离子交换树脂装入釜式反应器中脱醛，2h 后脱醛率在 47.4% 以上，最高可达 98.69%。

2. 聚合工艺

聚醚的合成工艺有间歇式和连续式两种。间歇式工艺成熟，易于操作，但处理量小；连续式工艺条件要求苛刻，处理量大。

（1）间歇式

间歇聚合采用聚合釜，工业上按加料方式又分连续滴加式与循环式两种。连续滴加式的操作方法为：先将催化剂和引发剂加入聚合釜中，用氮气置换空气后，加热真空脱水，然后升温，单体由聚合釜的底部逐渐通入，控制加料速度和冷却水量以调节聚合温度，当计算的单体量加完后，釜内的压力降低至常压，反应结束。

循环式的操作流程见图 4-1。将催化剂和引发剂在计量槽中加热到 150～160℃ 进行干燥，由循环泵将循环物料送入反应器中的文丘里喷管，借助循环喷出的速度形成真空，抽入气化的单体，在喷管中得到充分的混合与反应，然后喷入反应器中，反应温度保持在 150～175℃，借助反应器外的蛇形管及循环系统的热交换器传递热量，当按计量所需的单体全部加完后，反应产物就可送入成品罐。按此操作工艺，物料混合好，反应速率较快，设备生产能力大，温度较易控制，产品质量较好。

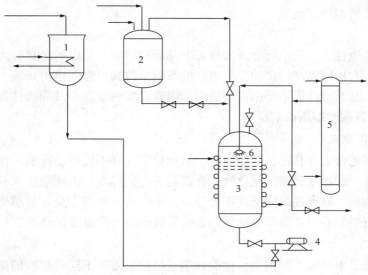

图 4-1　循环式间接聚合装置

1—引发剂计量槽；2—单体计量槽；3—反应器；4—循环泵；

5—热交换器；6—文丘里管

（2）连续式

连续式有管式反应器与多塔串联两种，均适合大规模生产。多塔串联工艺流程为：单体与引发剂、催化剂混合物从第一塔进入，依次通过各塔完成聚合反应。并可通过调节各塔的操作条件和催化剂浓度以控制聚合物的相对分子质量。

3. 后处理

聚合得到的聚醚为粗产品，含有催化剂和低聚物等杂质，色泽也较深，必须精制。后处理包括中和、过滤、蒸馏共三步。中和的目的主要是除去碱性催化剂，常采用无机酸与活性白土或磷酸与硅酸镁系统；过滤的目的是除去机械杂质或白土，采用板框滤机；蒸馏用来最后脱除聚合物中水、醛、低聚物等，采用减压蒸馏或薄膜蒸发，在低于120℃条件下进行。

4.4.2 性能

聚醚的性能取决于其分子结构，分子主链中环氧烷的类型与比例、末端基的类别与浓度、起始剂的烃链结构与长短以及聚醚相对分子质量的大小与分布等都在不同程度上影响聚醚的黏度、黏度指数、倾点、溶解性以及热氧化稳定性等，可以利用起始剂及聚合度的不同，灵活地调整聚醚产品的性能，满足不同的使用要求。

1. 黏度性能

随着聚醚相对分子质量的增加，其黏度和黏度指数也相应增加。聚醚在50%时的黏度在 $6 \sim 1000 mm^2/s$ 变化，其黏度指数约 $170 \sim 245$。具有相同黏度或相对分子质量相近的聚醚，黏度指数的排列顺序是：双醚>单醚>双羟基醚>三羟基醚。

2. 黏压特性和低温流动性

聚醚的黏压特性与化学结构和分子链的长短有关，其黏压特性通常低于同黏度的矿物油。聚醚在低温下有良好的流动性，由于分子末端羟基的影响，其凝点按双醚、单醚、双羟基醚、三羟基醚的顺序递增。

3. 润滑性

基于聚醚的极性，在几乎所有润滑状态下都能形成非常稳定的、具有大吸附力和承载能力的润滑膜，它比同黏度的矿油具有更低的摩擦系数和很强的抗剪切能力，但不如多元醇酯和膦酸酯。其润滑性能主要由黏度决定，随着黏度的增加，其润滑性能提高，且聚醚特别适合与钢-青铜摩擦副的润滑。

4. 热、氧化稳定性

与矿油和其他合成油相比，聚醚的热、氧化稳定性并不优越。在氧的作用下聚醚容易断链，生成低分子的羰基和羧基化合物，在高温下迅速挥发。因此聚醚在高温下不会生成沉积物和胶状物质，黏度逐渐降低而不会升高。聚醚对抗氧剂有良好的感受性，加入屏蔽酚类、芳胺类抗氧剂后可获得明显的效果，可将聚醚的分解温度提高到 $240 \sim 250℃$。

5. 溶解度

调整聚醚分子中环氧烷的类型、比例和端基结构可得到不同溶解度的聚醚。环氧乙烷的比例越高，在水中溶解度就越大。随相对分子质量降低和末端羟基比例的升高，水溶性增强。环氧乙烷、环氧丙烷共聚醚的水溶性随温度的升高而降低。当温度升高到一定程度时，聚醚析出，此性能称为逆溶性。利用此特性，聚醚水溶液可作为良好的淬火液和金属切削液。

6. 可燃性

聚醚的可燃性是通过闪点、燃点和自燃点来表征的，一般聚醚润滑剂的闪点在204～

206℃。聚醚的燃点一般比闪点高 28~56℃。随着聚醚黏度增加，其自燃点便升高。

综上所述，聚醚具有良好的润滑性能，闪点和黏度指数高，挥发性和倾点低，对金属和橡胶的作用小，能在高温下使用，所生成的低相对分子质量生成物易在高温下因汽化而挥发，未挥发的氧化产物也可溶解在所剩余的聚醚中，设备中不留下沉积物，这是聚醚的一个重要特性。尤其是还可以选择不同的共聚单体得到性能各异的产品，以满足不同的使用要求。

聚醚的缺点是一般不溶于矿物油、酯类油和合成烃，与添加剂的溶解度和感受性一般，黏压性不如矿物油，能溶解许多橡胶和涂料，仅对环氧树脂、聚脲基涂料和氟橡胶、聚四氟乙烯等密封材料相容等。

4.4.3 应用

由于聚醚具有许多优良性能，并且聚醚的原料环氧烷为石油化工产品，价廉易得，因此聚醚广泛应用于高温润滑油、齿轮油、压缩机油、抗燃液压液、制动液、金属加工液以及特种润滑脂基础油，是合成润滑油家族应用较广、产量较大的一类。

1. 高温润滑油

聚醚良好的黏温性能和在高温下不结焦的特性，使其可以作为玻璃、塑料、纺织、陶瓷、冶金等行业中的高温齿轮、链条和轴承的润滑材料，还可用于玻璃成型轧辊的轴承润滑，纺织品热定型机齿轮链条的润滑，塑料的压延机，自动热封机以及热空气循环鼓风机的润滑。

2. 齿轮润滑油

在聚醚中加入一些抗磨或极压添加剂，可作为一种理想的齿轮润滑剂，用于大、中功率传动的蜗轮蜗杆副、闭式齿轮和汽车减速齿轮上，降低齿轮磨损，延长换油期和检修期。适用于球磨机、粉碎机、碾压机和采矿设备的各种正齿轮、伞齿轮和蜗轮蜗杆的润滑，尤其适用超负荷运转的各种蜗轮、齿轮和闭式齿轮的长寿润滑。

3. 金属加工液

聚醚比水溶性油剂具有更好的冷却性、稳定性、抗菌性，且使用寿命长，因而是许多金属加工液的重要组成。由于聚醚具有水溶性和油溶性，在金属加工液中主要用作切削液和淬火液。

4. 润滑脂基础油

聚醚可用作润滑脂基础油，主要用于生产制动器和离合器用脂，耐烃溶剂用脂，大于300℃高温下固定用螺栓、链条用高温摩擦件用脂以及仪器机械用脂等。

5. 压缩机油、冷冻机油和真空泵油

由于聚醚具有良好的性能，且对烃类气体和氢的溶解度小，和氟利昂气体有较好的相溶性，因此很适合作为天然气、氢气等的压缩机油、冷冻机油和真空泵油。例如，国内各大炼油厂为了消灭可燃气体的排放的火炬，节约能源，采取了以丙烷为制冷剂的螺杆式压缩机回收火炬气体，由于火炬气体中主要含有甲烷、乙烯等烃类气体，所以采用聚醚型压缩机油是最佳选择。

此外，聚醚还可用于印染等行业的热定型机油、矿山等领域的阻燃液压液等。

用于润滑油的聚醚主要有全聚醚、改性聚醚和聚醚混兑油等。在全聚醚方面，有 C_2~

C_4 环氧烷开环聚合得到的聚二醇高温齿轮油；聚二醇单醚、聚二醇双醚、聚二醇甘油醚与制冷剂 R134a 相容性好，被用作冷冻机油。在改性聚醚方面，可将酯基或硅氧烷基引入，如将酯基引入聚二醇分子中，可得到性能优良的聚二醇酯齿轮油。在聚醚混兑油方面，可将聚醚与酯类油、PAO、硅油等混兑，用作各种机械的液压油、齿轮油和低温启动性优良的发动机油中。油溶性聚醚与矿物油调和而成的半合成油，可以降低产品成本，不需添加或加入少量其他黏度指数的改进剂，就可获得性能优良的润滑油。

4.5　其他合成基础油的制备

4.5.1　硅油

液体的聚硅氧烷或聚硅醚通常称为硅油或硅酮油。有机硅化学始于一百多年前。1904年，英国人 Kipping 用格氏试剂合成出许多 R—Si—X 化合物，并命名为聚硅氧烷。20 世纪 30 年代，随着合成大分子高聚物知识的增长，聚硅氧烷工业得到了快速发展。20 世纪 40 年代，道康宁公司和通用电气公司开始进行硅有机高分子工业的开发，建立了工厂进行工业化生产。二次大战期间，聚硅氧烷开始用于军事和航天工业，如用作飞机仪表的制动油。二次大战后，应用于民用范围，如防水剂、油漆、润滑油及橡胶模制的胶膜剂等。

1. 硅油的种类

硅油主要是指液体的聚有机硅氧烷，其分子主链是由硅原子和氧原子交替连接而形成的骨架；硅油的分子结构可以是直链，也可以是带支链的。硅油的性能与其分子结构、相对分子质量、有机基团的类型和数量以及支链的位置和长短有关。硅油由有机硅单体经水解缩合、分子重排和蒸馏等过程得到的。最常用的硅油为甲基硅油、乙基硅油、甲基苯基硅油和甲基氯苯基硅油。硅油的分子结构主要有以下几种形式：

$$
R - \underset{\underset{R}{|}}{\overset{\overset{R}{|}}{Si}} - O \left[\ Si - O\ \right]_n Si - R \tag{4-5}
$$

式中，R 为有机基团；n 代表链节数。

R 全部为甲基，称甲基硅油；全部为乙基，称乙基硅油。

当 R 为甲基、苯基时，就形成了另一类常用的甲基苯基硅油。根据所用苯基的不同，这类硅油有时又分为甲基苯基硅油和二苯基硅油，当部分 R 为氯苯基时，便形成甲基氯苯基硅油，当部分 R 为三氟丙基时，便形成氟硅油。此外，还有甲基含氢硅油、甲基羟基硅油、含氰硅油、烷基硅油等几种特殊硅油。

2. 硅油的性能

（1）黏温性能和低温性能

硅油具有优良的黏温特性，它的黏温变化曲线比矿物润滑油基础油平稳，是各类合成油中黏温性能最好的油品，如二甲基硅油的黏度从 25℃ 升高到 125℃ 时约降低 17 倍，而相应的矿物润滑油基础油要降低 1060 倍。这种优良的性能与其结构密切相关，低温下，硅氧烷链长缩短，R 基团产生低分子缠结，随着温度的升高，链伸长，主链必须转换 R 基团分子更紧密的高能位构型，即温度引起的分子运动加剧的效应被分子缠结所抵消，所以，柔性硅油的黏度受温度变化的影响远小于刚性烃链分子的流体。当有机基团取代甲基后，其黏温性能变坏，乙基硅油的黏温特性比甲基硅油差，而甲基苯基硅油又比乙基硅油差。即使是高苯基含量的甲基苯基硅油，其黏温性能也比其他合成油好，比矿物润滑油基础油要好得多。表4-6列出了不同品种硅油的黏度、黏度指数、凝点及使用温度范围，并与其他合成油及矿物润滑油基础油进行对比。

表4-6 硅油的黏温性和低温性

名 称	黏度/（mm²/s）		黏度指数	凝点/℃	使用温度范围/℃
	100℃	40℃			
甲基硅油	9.18	168	430	−70	−60~200
甲基苯基硅油（苯基含量5%）	25.00	600	360	−73	−70~220
甲基氯苯基硅油（氯含量7%）	17.00	850	340	−68	−65~220
甲基十四烷基硅油	166.00	1300	220	−20	−20~180
甲基三氟丙基硅油	30.00	2000	215	−48	−40~220
聚 α-烯烃油（癸烯三聚体）	3.70	2070	122	<−55	−50~170
二（2-乙基己基）癸二酸酯	3.31	1450	154	<−60	−50~175
季戊四醇四正己酸酯	4.18	2212	127	−40	−40~220

硅油的低温流动性好，这是它的一个重要优点，甲基硅油的凝点一般小于−50℃，随着黏度增大，凝点略有升高。少量苯基取代甲基并引入部分乙基均能降低凝点，如甲基苯基硅油（苯基含量5%）的凝点为−73℃。

（2）热稳定性和氧化安定性

油品在一定温度下的挥发性也可以反映该油品的热稳定程度。硅油与矿物油和其他合成油相比，其挥发度较低。低相对分子质量的甲基硅油具有一定的挥发度，但黏度大于50mm²/s的甲基硅油，其挥发度明显降低。甲基苯基硅油的挥发度比甲基硅油的低，苯含量愈高，挥发度就愈低。各种硅油与双酯和矿物润滑油基础油的挥发度比较见表4-7。

表4-7 硅油与双酯和矿物润滑油基础油的挥发度

润滑油基础油	挥发度/%	润滑油基础油	挥发度/%
甲基硅油	0.3	低氯苯基硅油	1.7
中苯基硅油	0.5	重质矿物润滑油基础油	15.7
高苯基硅油	0.1	二（2-乙基己基）癸二酸酯	15.8

注：实验条件为40g油，149℃，加热30d。

甲基硅油的长期使用温度范围为−50~180℃，随着分子中苯基含量的增加，使用温度可提高20~70℃。甲基硅油在150℃以下一般是热稳定的，它的热分解温度为538℃，实际上316℃就开始分解，这是因为Si—O键对微量杂质特别敏感，硅油中的微量水、催化剂或某些离子型物质使硅油分子发生了重排作用。

硅油在150℃下长期与空气接触不易变质，在200℃时与氧、氯接触时氧化作用也较慢，此时硅油的氧化安定性仍比矿物润滑油基础油和酯类油等为好。二甲基硅油从200℃开始才被氧化，生成甲醛、甲酸、二氧化碳和水，质量减小，同时黏度上升，逐渐成为凝胶。约在 250℃ 以上的高温下，硅链断裂，生成低分子环体。在二甲基硅油中加入抗氧剂可显著延长硅油的寿命。

（3）黏压性能

黏压性能可用黏压系数来表示，硅油的黏压系数比较小，即黏度随压力的变化较小。改变其侧链的长短和性质可改变黏压系数的大小。如果侧链是氢，如甲基氢基硅氧烷，则黏压系数变小，而侧链是苯基如甲基苯基硅氧烷，则黏压系数增大。

（4）润滑性

与其他合成润滑油基础油相比，一般认为硅油的润滑性不好，这仅指在滑动摩擦的某些金属表面才表现出较差的润滑性。甲基硅油对大多数摩擦副都具有良好的润滑性，只是对钢-钢、钢-铜之间的界面润滑不佳，但硅油是塑料和橡胶的优良润滑剂。

为了改善硅油对钢-钢之间的润滑性能，可加入润滑性添加剂，例如在甲基硅油中加入 5% 的三氟氯乙烯调聚油，或在甲基苯基硅油中加入酯类油。在硅油结构中引入其他原子，如卤素或金属锡是改善硅油润滑性的有效办法。

（5）可压缩性

硅油表面张力极低，可压缩性很高，是理想的液体弹簧。

硅油的主要缺点除了与矿物润滑油基础油、合成烃、酯类油、聚苯醚和全氟聚醚不相溶，价格高外，最主要的是在混合润滑条件下润滑性差，承载能力低，很难通过添加剂来改善。硅油的边界润滑性能不好是由其本身的性质决定的。硅油的表面张力低，在金属表面迅速展开，形成的油膜很薄。硅油的黏压系数小，黏温性能好，在高压和低温条件下，黏度变化不大，因此油膜也不增厚，润滑性能得不到改善。

3．硅油的应用

硅油的应用领域广泛，可在乳液、润滑脂、溶液等中作为基础油使用。硅油作为液体润滑，主要用于低负荷、高温或低温的场合、塑料和橡胶部件的润滑，在高负荷条件下，其润滑作用甚微。硅油更多地是应用在润滑脂中，也可与合成有机物液体实现有效的调和，以利用各自最佳的功能，如以锂皂为基础的双酯聚硅氧烷的调和物，与相当的聚硅氧烷相比，润滑性能得到提高且价格更低。此外，硅油还可用作塑料和橡胶的脱模剂、化妆品的成分及汽车、家具、皮革等的抛光剂。

4.5.2　磷酸酯

1．磷酸酯的种类

磷酸酯分为正磷酸酯和亚磷酸酯。亚磷酸酯由于热稳定性差，高温下易腐蚀金属，在油品中作为极压、抗磨添加剂使用。适合作合成润滑油基础油的磷酸酯主要是正磷酸酯。其性能主要取决于磷酸酯取代基的结构，取代基的结构不同，磷酸酯的性能有较大差异。磷酸酯类包括烷基磷酸酯、芳基磷酸酯、烷基芳基磷酸酯等，结构式为：

$$R_2O—\overset{\overset{\displaystyle OR_1}{|}}{\underset{\underset{\displaystyle OR_3}{|}}{P}}=O \tag{4-6}$$

式中，R_1、R_2、R_3 全部为烷基的是三烷基磷酸酯；R_1、R_2、R_3 全部为芳基的是三芳基磷酸酯；R_1、R_2、R_3 部分为烷基、部分为芳基的是烷基芳基磷酸酯。

2. 磷酸酯的性能

抗燃性是磷酸酯最突出的性能之一。通常三芳基磷酸酯的抗燃性比三烷基磷酸酯强，烷基芳基磷酸酯抗燃性居中。磷酸酯在极高温度下亦能燃烧，但不传播火焰。良好的润滑性能是磷酸酯的另一个突出性能。但是，磷酸酯对材料的适应性差和对环境的污染严重限制了它的应用。

（1）一般物理性质

磷酸酯的密度大致在 0.90~1.25kg/L。磷酸酯的相对密度大于矿物润滑油基础油，三芳基磷酸酯的相对密度大于1。磷酸酯的挥发性通常低于相应黏度的矿物润滑油基础油。黏度随相对分子质量的增大而增大，烷基芳基磷酸酯黏度适中，并有较好的黏温特性。磷酸酯的物理性质主要取决于取代基团的类型、烷链的长度和异构化程度。三烷基磷酸酯的黏度随烷链长度的增加而增大，直链三烷基磷酸酯比带支链的黏度要大、黏度指数要高。三芳基磷酸酯比同温度的三烷基磷酸酯的黏度要高，而黏度指数要低。烷基芳基磷酸酯的黏度和黏度指数居中。磷酸酯的凝点取决于酯的对称性。烷基磷酸酯的凝点一般低于芳基磷酸酯。烷基上带支链和芳核上引入烷基都会改善低温性能。一些磷酸酯的主要物理性质见表4-8。

表4-8　一些磷酸酯的主要物理性质

名　　称	相对密度（25℃）	黏度/（mm²/s）			黏度指数	凝点/℃
		98.9℃	37.8℃	-40℃		
三正丁基磷酸酯	0.900	1.09	2.68	47	118	-54.0
三正辛基磷酸酯	0.915	2.56	8.48	—	148	-34.4
三(2-乙基己基)磷酸酯	0.926	2.23	7.98	840	94	-54.0
三甲苯基磷酸酯	1.160	4.37	35.11	—		-26.0
三(二甲苯基)磷酸酯	1.1408	4.66	54.00	—		-30.0
正丁基二苯基磷酸酯	1.15l	2.02	7.30	1700	67	<-57
正辛基二苯基磷酸酯	1.086	2.51	9.73	2200	90	<-57
正辛基二甲苯基磷酸酯	1.060	3.15	15.30	—	61	-51
二正辛基甲苯基磷酸酯	0.980	2.63	9.99	8100	108	—

（2）难燃性

难燃性是磷酸酯最突出的特性之一。难燃性指磷酸酯在极高温度下也能燃烧，但它不传播火焰，或着火后能很快自灭。三芳基磷酸酯的难燃性优于三烷基磷酸酯。碳磷原子比增大会降低磷酸酯的难燃性。

（3）润滑性

磷酸酯是一种很好的润滑材料，很早以前就用作极压剂和抗磨剂，其中三芳基磷酸酯常用作润滑剂的抗磨添加剂。磷酸酯的抗磨作用机理是在摩擦副表面与金属发生反应，生成低熔点、高塑性的磷酸盐的混合物，重新分配摩擦面上的负荷。磷酸酯的抗擦伤性能与水解安定性有明显的关系，越易水解生成酸性磷酸酯的化合物，其抗擦伤性就越好。

（4）水解稳定性

由于磷酸酯是由有机醇或酚与无机磷酸反应的产物，故其水解稳定性不好。在一定条件下磷酸酯可以水解，特别是在油中的酸性物质会自催化水解。三芳基磷酸酯的水解安定性稍优于烷基芳基磷酸酯。三芳基磷酸酯的水解安定性不仅取决于其相对分子质量，而且取决于分子结构。当芳基上的甲基位于邻位时，其水解安定性比位于间位和对位的低得多。烷基磷酸酯和烷基芳基磷酸酯中烷链的增长对水解安定性略有好处。磷酸酯的水解产物为酸性磷酸酯。酸性磷酸酯氧化后会产生沉淀，同时它又是磷酸酯进一步水解的催化剂，因此在使用中要及时除去磷酸酯的水解产物。

（5）热稳定性和氧化稳定性

磷酸酯的热稳定性和氧化稳定性取决于酯的化学结构。通常三芳基磷酸脂的允许使用温度范围不超过 150~170℃，烷基芳基磷酸脂的允许使用温度范围不超过 105~121℃。结构上的对称性是三芳基磷酸酯具有高的热氧化稳定性的重要原因。

（6）溶解性

磷酸酯对许多有机化合物具有极强的溶解能力，是一种很好的溶剂。优良的溶解性使各种添加剂易溶于磷酸酯中，有利于改善磷酸酯的性能。许多非金属材料不适应磷酸酯有较强的溶解能力。一般适用于矿物润滑油基础油和其他合成油的橡胶、涂料、油漆、塑料等都与磷酸酯不相容。能与磷酸酯相适应的非金属材料有环氧与酚型油漆、丁基橡胶、乙丙橡胶、氟橡胶、聚四氟乙烯、环氧与酚型涂料、尼龙等。

（7）毒性

磷酸酯的毒性因结构组成不同差别很大，有的无毒，有的低毒，有的甚至剧毒。如磷酸三甲苯酯的毒性是由其中的邻位异构体引起的，大量接触后神经和肌肉器官受损，呈现出四肢麻痹，此外对皮肤、眼睛和呼吸道都有一定刺激作用。因此在制备与使用过程中应严格控制磷酸酯的结构组成，采取必要的安全措施，以降低其毒性，防止其危害。

3. 磷酸酯的用途

磷酸酯主要用作难燃液压油，其次用作润滑性添加剂和煤矿机械的润滑油。

4.5.3 含氟油

含氟合成润滑油基础油简称氟油，是以分子中含有氟原子的化合物为基础油的润滑油的总称。其基础油通常为氟碳化合物、氟化聚醚、含氟聚硅氧烷、氟酯等。

1. 氟油的分类

（1）全氟碳油

C_nF_{2n+2}，其中 $n=6~20$。

（2）氟氯碳油

$R\!\!-\!\!(CF_2\!\!-\!\!CCClF)\!\!-\!\!R'$，其中 R、R′为 CF_3 或 $CClF_2$。

（3）聚全氟醚油

例如：聚全氟异丙醚油 $C_3F_7\{CF(CF_3)CF_2O\}_mCF_2CF_3$，聚全氟甲乙醚油 $RO\{CF_2O\}_m$ $\{CF_2\!\!-\!\!CF_2O\}R'$，其中 R、R′为 CF_3 或 C_2F_5。

除上述品种外，还有氟硅油、含氟三嗪、含氟腈、含氟酯和氟溴油等，这些油价格昂贵，用量极小。

2. 氟油的性能

（1）一般物理性质

全氟碳油是无色无味的液体，重馏分是松香状物质。它的相对密度比相应的烃高两倍多，相对分子质量大于相应烃的 2.5~4 倍。全氟碳油的黏温性很差，黏度指数大多为负值，凝点较高。

氟氯碳油的轻、中馏分是无色液体，减压重馏分是白色脂状物质。与全氟碳油相比，它的相对密度稍小，但仍接近于 2，凝点稍高，但黏温性能比全氟碳油好。

聚全氟异丙醚油与上述两种油相比，黏温性能好、凝点低，相对密度为 1.8~1.9。聚全氟甲乙醚油的黏温性能最好，与三羟甲基丙烷酯相近，且凝点又低，是含氟润滑油中性能最好的油品。

（2）极优良的化学惰性

全氟碳油、氟氯碳油和聚全氟醚油都具有特殊的化学惰性，这是矿物润滑油基础油和其他合成润滑油基础油所不及的。在 100℃ 以下，它们分别与 68% 的硝酸、98% 的硫酸、浓盐酸、王水、铬酸洗液、高锰酸钾、氢氧化钾或氢氧化钠 20% 的水溶液、氟化氢、氯化氢气体等接触不发生反应。经特殊处理的全氟碳油和聚全氟醚油与肼、偏二甲肼不发生反应。

（3）不燃性

氟油在空气中不燃烧，对氧有极高的稳定性。聚全氟醚油在氧气中加热到 200℃ 也不发生燃烧和爆炸，由此可见，氟油的氧化安定性很好。

（4）润滑性

氟油润滑性优于矿物润滑油基础油。用四球试验机测定最大无卡咬负荷，氟油的结果都比矿物润滑油基础油高。氟氯碳油最高，聚全氟醚油次之，全氟碳油最低。一般矿物润滑油基础油的无卡咬负荷为 294~392N，高黏度的矿物润滑油基础油也只能达到 588~686N。全氟碳油为 960N，聚全氟醚油为 1176N，而氟氯碳油可达 2550 N。氟氯碳油在润滑性方面的优点是高温润滑性好，它的摩擦系数几乎是恒定的，不受温度和滑动速度的影响。

（5）其他特性

在许多常用的溶剂中，氟油几乎都不溶解。全氟碳油不溶于苯、甲醇、乙醇、丙酮、四氯化碳、三氯甲烷等有机溶剂和水。氟氯碳油不溶于水，基本不溶于甲醇、乙醇，但能溶于丙酮、石油醚、四氯化碳、三氯甲烷，氟氯碳油的低沸点馏分在苯中有一定的溶解度。聚全氟异丙醚油不溶于苯、石油醚、甲醇、乙醇、丙酮、四氯化碳、三氯甲烷、F112 等有机溶剂和水。全氟碳油和氟氯碳油都溶于 F113、F112 溶剂，聚全氟异丙醚油只溶于 F113 溶剂中。氟油的表面张力较一般烃类低。烃的表面张力为 $(20~35)×10^{-5}N/cm$，全氟碳油的表面张力为 $(9~18)×10^{-5}N/cm$，氟氯碳油为 $(23~30)×10^{-5}N/cm$，聚全氟醚油为 $(17~25)×10^{-5}N/cm$。含氟润滑油还具有优良的介电性能，有高的介电强度、高的电阻率、低介电常数和低的介质损耗角正切。氟油的耐辐射强度也比相应的烃类油高。

3. 氟油的应用

氟油由于密度大，化学性能稳定，抗燃性、耐化学药品性、抗氧化性、耐负荷性和润滑性等都很好，所以主要应用于核工业和航空航天工业。另外在电子工业、化学工业、造船工业、人造血液和化妆品生产中也有广泛的应用。

第5章 润滑油添加剂

5.1 概　述

二次世界大战前后，随着机械工业、交通运输业、冶金开采业、电力工业、纺织工业、农林业以及军事工业的现代化，对润滑油的品种、品质提出了新的、日益苛刻的要求。当今对润滑油性能的要求不单是一种使用目的，还要求润滑油具有多种效能。例如内燃机油，不仅能适用于汽油机，也要求能适用于柴油机；不仅能用到传动机构，还能用到汽缸；不仅能用到低温运转部位，还能适用于高温运转部位。不仅能适用于夏天，还能适用于冬天等等。表征润滑油品质的技术指标已经不单单是该润滑油的一般理化性质指标，更主要的则是润滑油在实际使用中的性能评价指标，诸如低温泵送性能、低温启动性能、对氧、热、光的稳定性能、对不同金属的抗腐蚀性能、对负荷的承载性能、对润滑表面的清净性能、对运行中生成油泥的分散性能等等。

人们在探索中意识到：单单依靠石油的天然性能，或仅依靠加工工艺的调整，难以满足这些日益苛刻的要求，于是，20世纪30年代中期开始。人们以具有某种特殊功能的化学合成物质做为改性添加剂，以不同的配方和剂量调入经良好加工的矿物油，不断推出了现代润滑油新品种。添加剂的应用、标志着世界矿物调滑油工业步入了新的现代化发展里程，使人类能够摆脱石油天然性能的限制，以更大的自由度来满足经济社会发展对润滑油不断提出的新需求。可以说，没有现代添加剂，就没有现代润滑油。所以，发展添加剂的研发、生产和使用，已成为合理利用石油资源、节能降耗、提高效益的重要经济战略。

所谓添加剂就是这样的一种物质，只要把它少量地加入到润滑油油料中，就能显著地改善润滑油的一种或几种性质。也就是说润滑油的基础油主要是承担流体流变学的性质，添加剂使润滑油在各种使用目的中充分发挥作用。添加剂的应用。不仅为润滑油加工开辟了完全崭新的道路，而且也为机械制造的进一步改进提供了可能性。

根据添加剂在润滑油中的作用机理可分两类：一类为靠界面化学作用达到润滑油的润滑目的；另一类是靠改善润滑油的整体性质而起到润滑油应起的作用。若从添加剂改善润滑油的润滑性上也可分两大类：一类是添加剂借助于改善液体的黏性达到流体力学效果；另一类是添加剂靠有机极性化合物对金属表面的吸附，或与金属表面反应生成固体润滑膜，而达到润滑效果。

润滑油添加剂种类繁多，用量最大的是清净剂和分散剂，其次是黏度指数改进剂、抗氧抗腐蚀剂、载荷添加剂，上述添加剂也被称为现代润滑油的五大添加剂。本章将对几种主要的添加剂作一介绍，以便了解和掌握其性能、作用机理和用途，正确合理使用。

5.2 清 净 剂

　　清净剂是指能使发动机部件得到清洗并保持干净的化学品，是内燃机油的重要添加剂。清净剂是现代润滑油五大添加剂之一，主要用于发动机油中，它可在高温条件下抑制润滑油氧化变质或减少活塞环区(活塞、活塞环、缸套、环槽)表面高温沉积物的生成，使发动机内部(燃烧室及曲轴箱)保持清净。它同时也兼有低温分散作用，以保持油路循环畅通，故也可称为清净分散剂。20世纪30年代末到50年代初，由于更高功率增压柴油机的推广应用和含硫燃料的增多，引起活塞积炭增多和缸套腐蚀磨损趋于严重。为了有效而经济地解决这个问题，碱性和高碱性清净剂被推广应用到发动机油中。20世纪80年代以来，性能优异的水杨酸盐、新型酚盐和灰分低性能高的镁盐等相继被开发并投入生产使用。清净剂一般不单独使用，常与分散剂和抗氧抗腐剂复合应用于内燃机油中。

5.2.1　组成结构

　　润滑油金属清净剂这类表面活性剂为兼含亲水的极性基团和亲油的非极性基团的双性化合物。极性基团，又包括各种有机酸官能团及碱性组分(即金属的弱酸盐或有机碱如胺类)，在过碱度金属清净剂中，碱性组分还包括各种碱性化合物，如碳酸盐、金属氢氧化物、醇盐等过碱度组分，这些过碱度组分有些是与正盐络合，而大部分则是与正盐形成胶团而存在，非极性基团基本上是具有各种不同结构的烃基。上述各组分，组成了一个油溶性的复杂胶态体系，一般清净分散剂就是这种复杂体系的浓缩油溶液(浓度多为40%~60%)，且其中的非极性基团及有机酸官能团合起来称为清净分散剂的"基质"，这是区分各种清净分散剂的基本组分。

　　清净分散剂的类别主要是根据有机酸官能团划分的，一般可分为磺酸盐、水杨酸盐、酚盐和环烷酸盐等。磺酸盐、水杨酸盐、酚盐等的烃基皆为烷基芳基，且主要是烷基苯基。碱性组分包括正盐与过碱度盐。所谓正盐是指清净剂内金属含量恰等于中和其有机酸根所需量的盐类；过碱度盐是指清净剂内金属含量超过中和其有机酸根所需量的盐类，清净剂碱度的大小可以用金属比、碱值(mgKOH/g)等来衡量。金属比是指碱式盐中的金属含量与正盐金属含量的比值，金属比小于2的为低碱度盐，金属比在3~5的为中碱度盐，金属比为10左右的称高碱度盐，金属比为20左右的称为超高碱度盐；总碱值(Total Base Number，TBN)是中和1g碱式盐(或正盐)所需盐酸量，以其等物质量的KOH毫克数表示。总碱值表示清净剂中和酸的能力。这种过量的金属碱性组分包括与正盐络合的部分和与正盐形成胶团的部分，金属类型可以是钡、钙、镁等。

　　金属清净剂中的过碱度部分主要与正盐分子形成载荷胶团而被胶溶于油内，形成"碱性储备"。过碱度部分的化学组成、晶型、粒度及其在油中的离解度对清净剂的使用性能均有影响。

5.2.2　作用机理

　　为了更好地理解清净剂的作用，首先有必要了解一下清净剂在油中的溶存状态。金属清净剂正盐在油中仅有一定量是以单分子状态溶解的，当单分子浓度超过临界胶团浓度(CMC)时，则超过的部分正盐分子是以多分子聚集的胶团(胶束)而分散于油中，即形成反胶团(或称为反相胶束),它是以疏水基构成外层,亲水基聚集在一起形成内核。这种反胶团的聚集数和尺寸都比较小。其形态主要是近似球形。

正盐的单分子能吸附于各种固体表面。当它们吸附于内燃机机件的金属表面上时,即形成金属表面的保护膜。当它们吸附于烟灰等污染物的粒子表面上时,可形成"载荷胶团"而使这些污染物粒子被分散于油中(称为胶溶现象),不致沉积出来造成危害。清净剂碱式盐中的过碱度组分除可能有少量是与正盐呈络合状态外,大部分也是与正盐分子形成载荷胶团而被胶溶于油内,形成"碱性储备"。

上述正盐的单分子溶解与形成的各种(非载荷的和载荷的)胶团,以及在金属表面上的吸附等,都是处于动平衡状态。总之,清净剂在油中的溶存状态如图 5-1 所示。

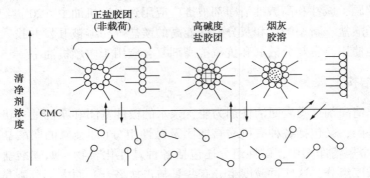

图 5-1　清净剂在油中的溶存状态

根据大量的研究,已证明各种清净分散剂都在不同程度上具有下列几方面的作用,因而能够抑制或减少各种内燃机沉积物。

1. 增溶作用

增溶的含义是借助少量表面活性剂的作用使原来不溶解的液态物质"溶解"于介质内。对清净剂而言,主要是指它们通过与润滑油氧化及燃料不完全燃烧所生成的非油溶性氧化缩合产物、胶质等液态微粒形成载荷胶团而增溶于油中,使其中的各种活性基团,如羰基、羧基、羟基等失去反应活性,或使它们在保持增溶的条件下继续反应,从而抑制它们形成漆膜、积炭和油泥等沉积物的倾向。但清净剂的增溶作用比无灰分散剂小得多。

2. 胶溶作用

胶溶作用又称分散作用。清净剂为油溶性表面活性物质,其极性端吸附在油中非油溶性的固态较大微粒(由烟灰、炭粒、树脂状物、油泥、渣状物与金属盐等聚集而成)上,而油性基团则伸向油中,形成胶溶状态,将固体微粒隔离,使它们悬浮于油中,防止其聚集成大颗粒而黏附在汽缸上或沉降为油泥。胶溶机理为膜屏障或电荷斥力。清净剂一般均能很好地胶溶 $0\sim20nm$ 直径的的粒子,并在其表面形成吸附膜,利用膜与膜间的屏障力,防止颗粒进一步聚集。对于 $500\sim1500nm$ 的粒子,清净剂能导致离子表面获得同类电荷,他们相互排斥而分散在油中,这种现象称为双电子效应。

3. 酸中和作用

在清净剂特别是高碱性清净剂的胶束中含有大量无机碱性组分,具有较大的碱性储备,能够在使用过程中,持续地中和由润滑油氧化和燃料不完全燃烧所生成的酸性氧化产物或酸性胶质,还中和含硫燃料燃烧生成的 SO_2、SO_3、硫酸及亚硫酸,不仅可防止机件腐蚀磨损，尤其可大大缓解油品进一步氧化衰败（由于酸性物质是加速氧化的催化剂），有助于改善油品的抗氧性。随着高功率柴油机和含硫燃料的日渐广泛应用，在现代内燃机油中，这种作用已日显其重要性，因而促使超、高碱度清净剂的迅速发展。

4. 清洗作用

清洗作用是上述增溶、胶溶和中和等机理的综合表现，通过润滑油的润滑清洗，使这些被增溶、胶溶和中和的物质离开摩擦副表面，以保持摩擦副的清洁光滑。

除此之外，清净剂还可能兼有其他各种作用，如抗磨作用、抗氧抗腐作用、防锈作用等，但清净剂主要具有上述四方面的作用。

5.2.3 品种及发展趋势

清净剂的种类主要有磺酸盐、烷基酚盐及硫化烷基酚盐、烷基水杨酸盐、硫代膦酸盐和环烷酸盐 5 种。

1. 磺酸盐

磺酸盐型清净剂是使用较早，应用较广和用量最多的一个品种。

按原料来源可分为石油磺酸盐和合成磺酸盐两种，二者性质差不大，但合成磺酸盐价格较高。按碱值的高低，可分为中性或低碱值磺酸盐、中碱值磺酸盐、高碱值磺酸盐和超碱值磺酸盐。按金属的种类可分为钡盐、钙盐、镁盐和钠盐。磺酸钡盐是重金属盐，早期用得多，但因其有毒且灰分高，所以几乎完全被淘汰；磺酸钙盐，尤其高碱值磺酸钙盐目前用量最多，它的高温清净性好，单位质量的总碱值高，酸中和性能和防锈性好，是调制内燃机油的主要添加剂；磺酸镁盐的防锈性能更好，灰分低，与钙盐复合还有协同效应，是适应高档汽油机油要求低灰分而发展起来的，但价格较贵；磺酸钠盐清净性好。所有的磺酸盐均具有防锈性能，而短侧链的磺酸盐的防锈性能更好一些。

磺酸盐的结构示意如下：

石油磺酸盐　　　　　合成磺酸盐　　　　　高碱值磺酸盐

磺酸盐原料易得，价格便宜，高碱值磺酸盐具有良好的高温清净性和酸中和能力，低碱值磺酸盐具有良好的分散性，所有的磺酸盐都具有防锈性，比水杨酸盐和酚盐的增溶、分散作用好，但在苛刻的高温条件下，中和速度和清净性不如水杨酸盐及烷基酚盐，并且磺酸盐的抗氧性能较差，尤其是高碱值磺酸盐添加剂甚至还有促进氧化的作用，这是因为在传统的高碱值磺酸盐清净剂中，高碱值组分是以碳酸盐的形式存在，这种碳酸化的金属清净剂在苛刻条件下会加速油品氧化，使润滑油失效，造成金属表面磨损。为了弥补此缺点，可将不同高、低碱值的磺酸盐复合使用，或者将磺酸盐与硫化烷基盐、分散剂和抗氧抗腐剂复合使用。此外，在高碱值金属清净剂中，硼化的高碱值金属清净剂的性能比传统金属清净剂更具优势，这种硼酸盐具有优良的抗氧性、减摩性能，不污染环境，不腐蚀金属，被称为新型多功能润滑油添加剂，已成为世界各大石油公司研发的重点之一。目前，美国、日本和英国的一些石油公司进行了工业化生产。

2. 烷基酚盐

烷基酚盐型清净剂是 20 世纪 30 年代后期出现的润滑油清净剂之一，并被迅速制成各种衍生物，如硫化烷基酚盐、甲醛缩合烷基酚盐等。烷基酚盐是清净剂中用量较多的品种之一，其用量仅次于磺酸盐。

从结构上来分有烷基酚盐和硫化烷基酚盐，硫化烷基酚盐的性能较全面一些，目前主要应用的是硫化烷基酚盐。

按碱值来分有低碱值硫化烷基酚盐（TBN<100mgKOH/g）、中碱值硫化烷基酚盐（TBN 在 150mgKOH/g 左右）和高碱值硫化烷基酚盐（TBN 在 250mgKOH/g 左右），目前已出现 TBN 大于 300mgKOH/g 的产品。

按金属来分有钡盐、钙盐和镁盐，目前钡盐较少，钙盐应用广泛。烷基酚钙盐和硫化烷基酚钙盐的结构如下：

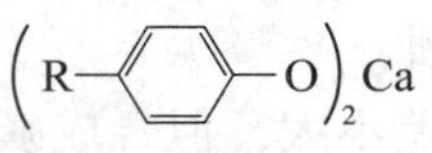

烷基酚钙 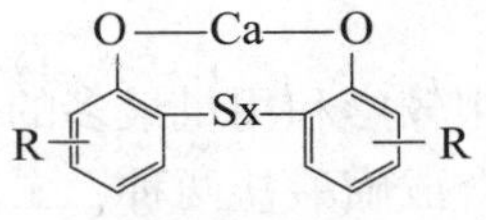　　　　　　硫化烷基酚钙 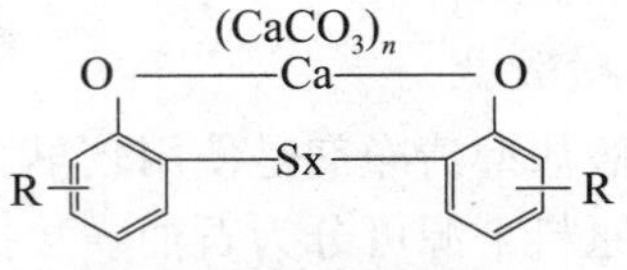　　　　　　高碱性硫化烷基酚钙

与磺酸盐相比，虽然酚盐的酸性较弱，也不容易制备高碱值产品，但硫化烷基酚盐在油介质内较易离解，故具有特别好的酸中和能力，同时还具有较好的抗氧化性能、良好的高温清净性，对抑制增压柴油机油活塞顶环槽的积炭特别有效，是增压柴油机油不可缺少的添加剂之一；与磺酸盐复合后的协同效应较好，尤其是与磺酸盐复合可以互补缺点，磺酸盐的抗氧性能较差的缺点可由硫化烷基酚盐来弥补，而硫化烷基酚盐较差的增溶分散作用，可由磺酸盐来补偿。目前，超高碱值和高碱值硫化烷基酚盐主要用于船用油，也可与其他单剂复配调制车用内燃机油。

3. 烷基水杨酸盐

烷基水杨酸盐型清净剂早在 20 世纪 40 年代就有专利发表，50 年代开始工业生产和应用。烷基水杨酸盐按碱值可分为低碱值（TBN < 100mgKOH/g）、中碱值（TBN 在 150mgKOH/g 左右）、高碱值（TBN 在 280mgKOH/g 左右）和超碱值烷基水杨酸盐（TBN 在 350mgKOH/g 左右）。

按金属来分有钡盐、钙盐、锌盐和镁盐，目前应用广泛的是钙盐。

烷基水杨酸盐的结构式如下：

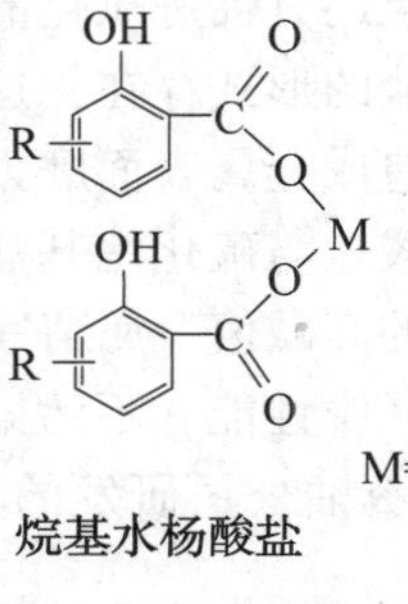

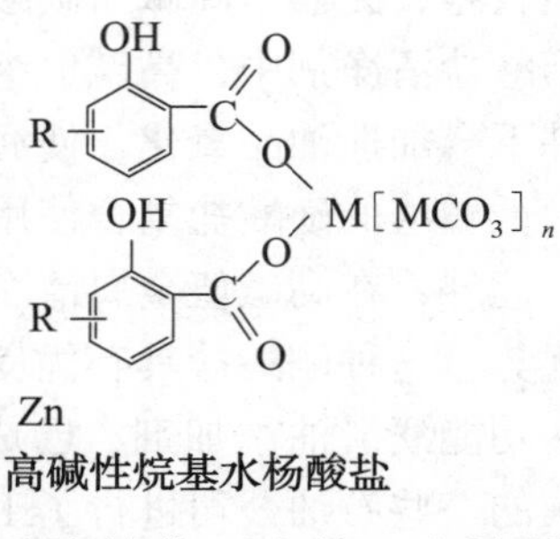

M=Ca、Ba、Mg、Zn

烷基水杨酸盐　　　　　　　　　高碱性烷基水杨酸盐

从制备角度来看，烷基水杨酸盐是由烷基酚盐转化而来的，在烷基酚盐的苯环上用

CO_2 引入羧基，并将金属的位置由羟基转移到羧基的位置，这种结构的转变使其极性加强，高温清净性大为提高，酸中和能力很强；它的含酚结构及产品中含有少量的烷基酚，使其又具有抗氧抗腐性能；从清净性看，它比烷基酚盐强，从抗氧抗腐性能看，它比烷基酚盐差，从分散性看，它比磺酸盐差。由于它的高温清净性好和酸中和能力强，又具有抗氧性，与其他添加剂复合，尤其是用于柴油机油中性能较佳。

4. 硫代膦酸盐

硫代膦酸盐型清净剂于第二次世界大战期间开始发展的，初期为硫磷烷基钾盐，应用中以硫磷化聚异丁烯钡盐为主，也有钙盐。

硫代膦酸盐按碱值可分为中碱值（TBN 在 70mgKOH/g 左右）、高碱值（TBN 在 120mgKOH/g 左右）和超碱值（TBN 在 180mgKOH/g 左右）；按金属来分有钡盐和钙盐。

硫代膦酸盐具有较好的清净性和酸中和能力，且兼具一定的抗氧化及抗磨损能力，尤其是它的低温分散性能比磺酸盐、烷基酚盐和水杨酸盐清净剂更好。在分散性能更好的无灰分散剂出现前，曾一度被认为是解决汽油机低温油泥的较好的清净剂。它的主要缺点是热稳定性不好，只能用在中、低档内燃机油中，又兼钡盐有毒，该类产品在国外 20 世纪 80 年代已被淘汰。国内 20 世纪 60 年代后半期开始试制，20 世纪 70 年代开始工业生产，主要生产中碱值的硫磷化聚异丁烯钡盐（T108）和高碱值的硫磷化聚异丁烯钡盐（T108A），目前已基本被淘汰。

5. 环烷酸盐

环烷酸盐型清净剂出现于 20 世纪 30 年代，早期使用环烷酸铝，由于它的清净性不好一直发展不快。目前主要是钙盐，其总碱值 TBN 为 250~300mgKOH/g。

环烷酸盐的结构式如下：

$$\left[\overset{R}{\underset{}{\bigcirc}} - COO \right]_x M \left[\bigcirc - CH_2(CH_2)_x - COO \right]_y M$$

环烷酸盐由于具有优异的扩散性能，Shell 和 Exxon 等公司将其用作船用汽缸油的重要添加剂组分，以保证在大缸径的汽缸壁表面形成连续性油膜而维持良好的润滑状态。但由于其清净性较差，很少应用于其他内燃机油中。

5.3 分 散 剂

5.3.1 概述

分散剂是指能抑制油泥、漆膜和淤渣等物质的沉积，并能使这些沉积物以胶体状态悬浮于油中的化学品。

早期的润滑油清净分散剂为含有金属的磺酸盐、烷基水杨酸盐、烷基酚盐、硫代膦酸盐等，称它们为金属清净分散剂。其后发展了一类不含金属的具有优异分散性能的添加剂，称为无灰清净分散剂。在 20 世纪 80 年代前，人们把这两种添加剂统称为清净分散剂，只是把含金属的称为有灰清净分散剂或金属清净分散剂，把不含金属的称为无灰清净分散剂。实际上，这两类添加剂之间是有很大区别的，一是金属清净分散剂含有金属，一般为钙、镁、钡和钠等金属，而无灰清净分散剂不含金属；二是金属清净分散剂都有碱性，大多数还是高碱性的，对酸的中和能力很强，而无灰清净分散剂没有碱性或呈弱碱性，因此没有或只有很弱的酸中和能力；三是无灰清净分散剂的相对分子质量很大，一般是金属清净分散剂有机部分的 4~15 倍，无灰清净分散剂的分散能力也比金属清净分散剂高出 10 倍左右。由于无灰清净分散剂在内燃机油中的分散作用优异，用量越来越多，且它的主要功能是分散作用，因此，20 世纪 80 年代以后，已明确把这两类添加剂分成清净剂（原金属清净分散剂）和分散剂（原无灰清净分散剂）两大类。

无灰分散剂（Ashless Dispersant）的发展与现代汽车工业的发展是分不开的。20 世纪 40~50 年代国外的汽车增多，特别是欧美国家的小汽车急剧增加，其后果是使环境污染加重、使城市交通阻塞。为减少对空气污染，普遍使用了正压进排气（PCV）系统，这样虽改善了汽车的排气，但造成燃料燃烧后的酸性物质容易窜入曲轴箱，恶化曲轴箱内润滑油的工作环境，使油泥的生成量增加；另外汽车增加造成交通常常阻塞，使城市中行驶的汽车经常低速运转和开开停停，处于这种情况下的汽车曲轴箱油的温度低，使燃料烃和燃料燃烧所产生的水汽不易排出，也容易造成漆膜和油泥等沉积物的增加。正是由于汽车采用正压进排气系统和低速短途行驶情况的增加，使润滑油中的漆状物与淤渣沉积物生成的趋势大大增加，被冷凝下来水汽与树脂、烟炱和油混合时生成大量乳化油泥，造成了阻塞管道及滤网，严重影响曲轴箱油的正常使用。对这种油泥，以前使用的磺酸盐、酚盐硫代膦酸盐等金属清净剂几乎没有效果，因此急需开发对这种低温油泥有效的添加剂。1955 年美国杜邦公司研究出一类新型的聚合型分散添加剂——甲基丙烯酸 12~14 酯与甲基丙烯二乙基胺基乙酯的共聚物，由于它不含金属，燃烧后无灰，因此被称为无灰添加剂。这种无灰剂使低温油泥问题得到一定程度的改善，但不太理想，直到 60 年代出现了非聚合型的丁二酰亚胺无灰分散剂才使低温油泥问题得到解决。但随着发动机性能不断改进，在 80 年代出现了所谓黑油泥问题，要求内燃机油兼有优异的高温清净性和低温油泥分散性，为了适应这一要求，新型聚合型高相对分子质量的分散剂应运而生，目前已成为配制高档内燃机油的主要添加剂品种之一。

5.3.2　组成结构

分散剂一般都是一些相对分子质量较大的表面活性物质，其分子由亲油基（烃基）、极性基和连接基三部分结构特征明显的基团组成。

目前分散剂的主流为以多胺为基础的丁二酰亚胺类化合物，其连接基为琥珀酸酐，极性基为胺的衍生物，通常是碱性的，一般为二乙烯三胺、三乙烯四胺或四乙烯五胺；其亲油基（烃基）是相对分子质量为 500~3000 的聚异丁烯，聚异丁烯相对分子质量对分散剂的性能有非常大的影响，相对分子质量较大的分散剂具有较好的黏温特性，能更有效地分散黑色油泥和烟炱，但对成品润滑油的低温特性有负面影响；而聚异丁烯相对分子质量较小的分散剂在分散油泥和烟炱的效果比较差。此外聚异丁烯的相对分子质量分布（即分散度 M_w/M_n，重均相对分子质量与数均相对分子质量之比）、链长和支化度等综合效果对分散剂的性能也有影响，一般相对分子质量分布越小，分散剂的性能越好。连接基主要有琥珀酸酐、酚和膦酸酯等。极性基团通常是含氮或含氧的基团，含氮基团是胺的衍生物，通常是碱性的，一般为二乙烯三胺、三乙烯四胺或四乙烯五胺。含氧基团是醇的衍生物，是中性的，一般为多元醇，如季戊四醇。这种结构的化合物在润滑油中极易形成胶团，保证了它对液态的初期氧化产物具有极强的增溶作用，以及对积炭、烟灰等固态微粒具有很好的胶溶分散作用。因而可确保内燃机油具有良好的低温分散性能，可有效地解决汽油机油的低温油泥问题。所以加有分散剂的汽油机油，换油期较长，曲轴箱中油泥也较少，同时也提高了对高温氧化所产生的烟炱和润滑油氧化产物的分散和增溶作用，特别是与金属清净剂复合后有协同效应，既提高了润滑油的质量，又降低了添加剂的加入量。具有这种结构的丁二酰亚胺类无灰分散剂得到了快速发展和广泛应用。

5.3.3　作用机理

1. 分散作用

分散剂分子中烃基（油溶性基团）比清净剂分子中的烃基大很多倍，其分散作用相当于清净剂的 10 多倍，因此能有效地形成立体屏障膜使积炭和胶状物不能相互聚集。分散剂可吸附于粒径在 2~50nm 范围的粒子表面形成胶体，使其稳定的分散在油中，避免其不断聚集而沉淀。对于相对分子质量较小离子化极性较大（如丁二酰亚胺）的分散剂，也可通过静电斥力作用胶溶更大的粒子使之分散于油中，而相对分子质量较大（如聚合型）的分散剂，它能在离子之间形成较厚的立体屏障膜，可胶溶粒径高达 100nm 的粒子，因此分散剂能有效地把 2~100nm 的粒子分散于油中形成胶束。

当发动机油含有分散剂时，发动机的污垢倾向是极性，所以分散剂的极性头附着在污垢的极性部分，分散剂的极性基头与油泥作用，使之在油中保持悬浮状态，直到换油期或者粒子结块成足够大的尺寸时被润滑油的滤网过滤掉。

2. 增溶作用

分散剂是一些表面活性剂，它可通过与不溶于油的液态极性物质（如烟炱和树脂等）相互作用，使其分散到油中，犹如溶质的溶解现象，即借少量表面活性剂的作用使原来不溶解的液态物质"溶解"于介质内。发动机油的油泥是一些氧化产物经聚合后与冷凝水混合生成的，这些聚合物不仅会形成油泥，而且会使发动机油的积炭增加，容易造成机油滤网的堵塞，影响机油泵的正常运行。而分散剂能与生成油泥的羰基、羧基、羟基、硝基、硫酸酯等直接作用并溶解这些极性基团，把它们络合成油溶性的液体而分散在油中。分散剂的增溶作用最好，比清净剂高出约 10 倍。

此外，分散剂中的多烯多胺也有一定的碱值，也能提供油品的总碱值。由于其中胺的碱性与金属清净剂相比为弱碱性，不能有效地中和油品燃烧后生成的硫酸和含氧酸，仍有一些酸性物质遗留下来造成对部件的腐蚀，因此分散剂提供的碱值不是真正的有效碱值。而金属清净剂提供的总碱值则是有效的。由清净剂和分散剂共同提供的总碱值虽然比较高，但不能使油品中的酸值增长速度变慢；而由清净剂单独提供的总碱值虽然低，但油品的酸值反而低。

5.3.4　品种

分散剂主要有聚异丁烯丁二酰亚胺、聚异丁烯丁二酸酯、硫磷化聚异丁烯聚氧乙烯酯（无灰磷酸酯）、苄胺等四种类型，四种类型分散剂的亲油基全部是聚异丁烯（PIB），这是因为聚异丁烯价格低廉，油溶性好，而且可根据需要制取各种相对分子质量不同的聚异丁烯。在这四种类型分散剂中，聚异丁烯丁二酰亚胺是使用量最多、应用最广泛的一种分散剂。

5.4 载荷添加剂

在边界润滑条件下，摩擦副间不存在流动的油膜层，其摩擦系数的大小与润滑油的黏度无关，主要取决于加入的添加剂。人们把能够减小摩擦副间摩擦和磨损、防止摩擦面烧结的各种添加剂统称为载荷添加剂(load-carrying additive)。载荷添加剂按其作用性质可分为油性剂、抗磨剂和极压剂三类。

在低负荷下能通过吸附在金属表面形成吸附膜来减少摩擦和磨损的添加剂称为油性剂(oilness agents)，有时也称为减摩剂(friction reducer)。在中等负荷及速度条件下，摩擦面温度会升达150℃，油性剂会丧失吸附能力，发生脱附。这时需使用在高温下能与金属表面作用生成保护膜的添加剂，这样的添加剂称为抗磨剂(antiwear agents)，也称中等极压剂。在低速高负荷或高速冲击摩擦条件下，即所谓极压条件下，摩擦面容易发生烧结，抗磨添加剂也无能为力。为防止烧结而使用的添加剂称为极压剂(extreme pressure agents)。极压剂在摩擦面上能与金属反应生成剪应力和熔点都比原金属低的化合物，构成极压固体润滑膜，可防止摩擦面烧结。

通常抗磨剂和极压剂往往都具有一定的减摩作用，抗磨剂也在一定程度具有抗极压的作用。因此，油性剂、抗磨剂和极压剂三者之间的区别并不是很明显，尤其抗磨剂和极压剂之间，有时很难区分，在某些应用中被归类为抗磨剂，而在另一些应用中则被归类为极压剂，有些添加剂兼具有极压和抗磨两种性质，因此按国内石油添加剂的分类，把载荷添加剂分成油性剂和极压抗磨剂两类。

5.4.1 油性剂(摩擦改进剂)

油性剂(或摩擦改进剂)是指在边界润滑条件下能增强润滑油的润滑性、降低摩擦系数和防止磨损的化学品。"油性"是指同一黏性的润滑油，表现出不同的润滑能力。指润滑油分子在摩擦面上的吸附力。确切地说是指在边界条件下由于极性分子的吸附使油品减摩和抗磨的能力。而黏性是分子之间的内摩擦力。油性和黏性都是润滑油的重要性质，但二者完全不同，润滑油的黏性相同而组成不同，其抗磨效果不同，就可用油性来解释。

油性剂通常是动植物油脂或在烃链末端有极性基团的化合物，这些化合物对金属有很强的亲和力，可通过极性基团吸附在摩擦面上形成分子定向吸附膜，阻止金属互相间的接触，从而减少摩擦和磨损。早期用来改善油品润滑性的多为动植物油脂，故称油性剂；后来发现不仅动植物油脂有这种性质，其他某些化合物也有同样性质，如有机硫化物、有机硼化物、有机钼化物、含硫磷化合物等。目前把能降低摩擦面间摩擦系数的物质统称为摩擦改进剂(Friction Modifier，简称FM)，因此摩擦改进剂的范围比油性剂更为广泛。油性剂的吸附膜多数为物理吸附膜(部分为化学吸附膜)，物理吸附是可逆的，温度升高后会脱附，因此油性剂只有在温度较低、负荷较小的情况下较为有效；因为温度升高使极性物质的吸附性能变差，到该物质的熔点时则完全不起作用。

1. 作用机理

在边界润滑条件下，摩擦副之间的润滑是通过摩擦改进剂吸附在摩擦副表面形成的吸附膜来实现的。摩擦改进剂在摩擦副表面的吸附形式有物理吸附和化学吸附两种。物理吸附指金属表面与摩擦改进剂之间靠分子间作用力形成的吸附，这种吸附是可逆的，当温度升高到一定程度时吸附膜会脱附。化学吸附指金属表面原子与摩擦改进剂分子之间发生表面化学反应(电子的转移、交换或共有)形成吸附化学键的吸附。化学吸附的吸附能不仅仅是分子间的力，还有化学结合能，比物理吸附能大得多。

对于一些摩擦改进剂，其在金属表面既能发生物理吸附也能发生化学吸附，只是形成的物理吸附膜和化学吸附膜的强度因摩擦改进剂的组成结构不同而各不相同。通常其在低温时发生的是物理吸附，随着温度升高到一定程度，开始发生化学变化转为化学吸附，有时两种吸附会同时发生。

摩擦改进剂在摩擦副表面的吸附形式不同，形成的吸附膜的厚度和性能不同。通常物理吸附膜多为多分子层吸附膜，膜较厚，化学吸附膜为单分子层吸附膜，膜较薄。摩擦改进剂在形成吸附膜时，其分子的极性基吸附在金属表面，烃基溶于油中，并在金属表面定向排列，此时分子的极性基通过氢键力或偶极矩定向力相互吸附(可提高分子在金属表面的附着力)，而烃基间通过范德华力相互吸附，从而使所有分子平行排列并垂直吸附于金属表面，形成单分子吸附层。随后，其他摩擦改进剂的分子在单分子层的定向场作用下，其碳链尾端的甲基叠到单分子层尾端的甲基上，形成第二层分子吸附层，之后其他游离分子与第二层分子间可通过极性基的吸引再形成第三层分子吸附层，如此反复进行，最后可形成多分子层吸附膜。通常摩擦改进剂形成的吸附膜难以压缩，但烃尾界面容易剪切，因此具有良好的减摩作用。

摩擦改进剂的减摩效果与极性基在金属表面的吸附能力、烃基的结构都有关系。表5-1 中给出了通过摆动实验方法评定的以各种极性基和烃基构成的的油性剂的减磨能力。

表 5-1　极性基对摩擦系数的影响(50℃)

极 性 基	碳 链	
	$C_{12}H_{25}$—	$C_{18}H_{27}$—
—OH	0.29	0.26
$-\overset{O}{\overset{\|}{C}}-OH$	0.18	0.10
$-\overset{O}{\overset{\|}{C}}-O-CH_3$	0.30	0.30
$-\overset{O}{\overset{\|}{C}}-O-CH_2-CHOH$ CH_2OH	0.13	0.12
$-\overset{O}{\overset{\|}{C}}-NH_3$		0.14
$-\overset{O}{\overset{\|}{C}}-N \overset{(CH_2CH_2O)_2H}{\underset{(CH_2CH_2O)_2H}{}}$		0.15
$-N\overset{H}{\underset{H}{}}$	0.22	0.21

极 性 基	碳 链	
	$C_{12}H_{25}-$	$C_{18}H_{27}-$
$-N\begin{smallmatrix}CH_3\\CH_3\end{smallmatrix}$		0.31
$-N\begin{smallmatrix}CH_2CH_2OCH_2CH_2OH\\CH_2CH_2OCH_2CH_2OH\end{smallmatrix}$	0.14	0.14
磷酸基 $-O-\overset{O}{\underset{O-}{P}}-OH$	0.09	

从表 5-1 中可以看出，脂肪酸、磷酸的减摩能力较强，醇和酯较差。但多元醇酯比较好。烃基链长度也有影响。从极性基为羧酸基的化合物看来，烃基碳数为 12 时摩擦系数为 0.18，烃基链长为 18 个碳时，摩擦系数为 0.10。实验表明，随烃链的加长，摩擦系数下降，烃链达到一定长度后，摩擦系数达到一恒定值，再增加链长不再降低摩擦系数。烃链的临界长度和摩擦系数的最低值依极性基的不同而异。此外，摩擦改进剂的减摩效果与极性基在烷基上的位置有关。极性基最适合的位置是在长链的最末端，这种结构的分子容易垂直地吸附在摩擦副表面，在表面上所占居的面积小，可形成较紧密的吸附层。如果极性基向内侧移动，分子就不能垂直地吸附在摩擦副表面，最极端的情况是分子平行吸附于表面，所占面积很大，阻碍了分子的密集吸附，减摩效果很差。

由于边界层主要是极性分子吸附在金属表面上而形成的，所以对于不同的金属，减摩能力也不相同。表 5-2 是脂肪酸在不同金属上的摩擦系数。

表 5-2　脂肪酸在不同金属上的摩擦系数

和钢表面接触的金属	摩擦系数	和钢表面接触的金属	摩擦系数
铁	0.140	铜	0.093
锡	0.133	镁	0.092
铅	0.130	镉	0.082
银	0.105	锌	0.075
铝	0.098		

2. 品种及应用

摩擦改进剂的种类很多，按是否含有金属元素可分为有灰型和无灰型两类。无灰型摩擦改进剂常含有氧、硫、磷、硼、氮等非金属元素，如脂肪酸、脂肪醇、脂肪胺、酰胺、长链亚磷酸酯、硫磷硼酸酯、羟基醚胺等。有灰型摩擦改进剂主要指有机硫磷酸铝、氨基甲酸钼等。按使用习惯及摩擦改进剂的结构可分为油性剂、非油溶性摩擦改进剂、油溶性摩擦改进剂等。目前，常用的摩擦改进剂主要有脂肪酸、脂肪醇类、脂肪胺及其衍生物、硫化鲸鱼油代用品、有机钼化合物等。

摩擦改进剂主要用于自动传动液、齿轮油以及内燃机油等领域。

5.4.2 极压抗磨剂

极压抗磨剂是指能够提高润滑油在极压条件下防止滑动的金属表面烧结、擦伤和磨损性能的化学品。

极压抗磨剂是随着齿轮、尤其是随着双曲线齿轮的发展而发展起来的。第一个使用的极压剂是元素硫。齿轮技术最大的发展之一是美国从 1926 年开始使用准双曲线齿轮，它有较大的传递负荷的能力，较大的抵抗齿轮破坏的能力，重心低，操作平稳，是滑动和滚动相结合，对润滑油的要求非常高。原来含动植物油脂的润滑油无法满足其要求，含元素硫极压剂的润滑油虽然有良好的抗擦伤性能，但不能解决双曲线齿轮的润滑问题。为此在 20 世纪 30 年代中期研制出了硫-氯型极压抗磨剂，用在双曲线齿轮润滑中，性能是良好的。它能满足高速和适当负荷的轿车对润滑油的要求，但在卡车中，特别是在高扭矩低速条件下磨损依然很严重。随后在 20 世纪 30 年代末开发出的硫化鲸鱼油使含硫极压抗磨剂的性能得到了很大的提高，用硫化鲸鱼油和铅皂配制的硫-铅型齿轮油广泛应用在工业齿轮的润滑上。直到 50 年代在硫-氯型添加剂中引入含磷化合物，配制成的硫-磷-氯-锌型齿轮油，既可以满足轿车又可以满足卡车的要求。但由于硫-磷-氯-锌型齿轮油的热稳定性和氧化安定性不太好，60 年代以后逐渐被新开发的硫-磷型添加剂所取代，这种硫-磷型添加剂在高速抗擦伤性、高温安定性和防锈性能方面均优于硫-磷-氯-锌型添加剂。此后，对含硫含磷极压抗磨剂单剂性能提高及与各添加剂的复合性能研究较多，近年来由于环保方面的要求，对低硫低磷及无硫无磷型极压抗磨剂的研究较多，如有机金属盐类、硼酸盐类、过碱性磺酸盐类等，作为高含硫磷型极压抗磨剂的替代产品，现已进入实际应用阶段。

1. 作用机理

抗磨剂能在摩擦面上与金属之间形成牢固的化学反应膜。在苛刻的条件下保护金属表面。与化学吸附膜不同，化学反应时，由于接触部位的高温作用，使化学吸附在金属表面上的抗磨剂分解，分解产物与金属反应生成新的化合物，金属原子脱离原来的晶格，形成牢固的化学反应膜。主要是非活性的硫化物及磷酸酯，它们在摩擦条件下能在金属表面上吸附、分解、反应，生成硫醇铁和有机磷酸铁膜，起到抗磨作用。

在极苛刻的条件下，出现极端边界润滑。抗磨剂形成的有机化学反应膜也不能很好地起到隔离金属的作用，必须采用含有高度活性的硫、磷、氯化合物以及金属有机化合物极压剂。

极压剂在载荷面的凸出点上，由于高温及新暴露金属的高活性，引起化学反应，活性元素与金属反应生成新金属的硫化物、氯化物、磷化物以及它们的金属盐等，构成极压无机固体润滑膜。由于极压膜熔点较低，在接触点的摩擦温度下处于熔融状态，起到减小摩擦的作用。同时，它们容易在摩擦的揩擦作用下被带到凹处，起到平滑金属表面的作用。

极压抗磨剂的类型不同，其作用机理不同，适用的条件也不同。

（1）含氯极压抗磨剂

含氯极压抗磨剂在使用过程中会首先吸附于金属表面，随着摩擦面间负荷的增加及温度的升高，导致有机氯化物分解或 C—Cl 键断裂生成氯原子或 HCl，并与金属表面反应生成 $FeCl_2$ 或 $FeCl_3$ 保护膜，显示出抗磨和极压作用。

氯化铁膜为层状结构(与石墨和二硫化钼相似),具有临界剪切强度低、摩擦系数小的特点,但氯化铁膜的熔点相对较低,因此其耐热强度低,在300~400℃时就会破裂,另外在遇水时会水解生成盐酸和氢氧化铁,失去润滑作用,并引起化学磨损和锈蚀。因此,含氯添加剂在无水及低于350℃的条件下使用较为有效。

(2)含硫极压抗磨剂

含硫化物早被人们用作载荷添加剂,应用最为广泛的是硫化鲸鱼油。但自从鲸被保护以后,鲸脂短缺,人们寻找各种代用品如硫化动、植物油、硫化棉籽油、硫化甘油三酯等。硫化动、植物油既有油性剂的作用和抗磨作用,也有一定的极压作用。但硫化物主要是用作极压添加剂。

试验证明,硫化物的结构不同,在抗磨区和极压区的作用是不一样的。所谓抗磨区是指低负荷条件,即抗磨膜仍然存在时的条件。所谓"极压区"是指表面膜已不能存在时,添加剂的抗烧结作用主要靠硫与表面形成无机物如硫化铁等防止烧结。

普遍认为含硫极压抗磨剂的极压抗磨性能与硫化物的C—S键能有关,较弱的C—S键能较容易生成防护膜,具有较好的抗磨效果。有机硫化物的作用机理首先是在金属表面上吸附,降低金属面之间的摩擦;随着负荷的增加,金属面间接触点的温度瞬时升高,有机硫化物与金属反应形成硫醇铁覆盖膜,从而起抗磨作用;随着负荷的进一步提高,C—S键开始断裂,生成硫化铁固体膜,起极压作用。在抗磨区二硫化物比单硫化物的效果好。因为S—S键比C—S键弱,S和S断裂后形成硫醇吸附在表面上形成硫醇盐,成为抗磨膜。如有机二硫化物极压抗磨剂,在使用过程中首先吸附在金属表面,随着负荷的增加及金属面间温度瞬时升高,S—S键断裂并与金属反应形成硫醇铁覆盖膜,随着负荷的进一步提高,C—S键断裂生成硫化铁固体膜,其反应过程如图5-2所示。

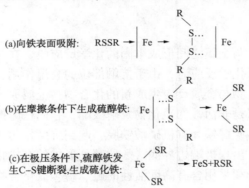

图5-2 二硫化物极压抗磨剂的作用机理

(3)含磷极压抗磨剂

对含磷极压抗磨剂的作用机理先后有两种不同的说法,早期的观点认为吸附在金属表面的含磷极压抗磨剂在摩擦表面凸起处瞬时高温的作用下分解,并与铁反应生成磷化铁,再进一步与铁生成低熔点的共融合金流向凹部,使摩擦表面变光滑,防止了磨损,称这种作用为化学抛光。后来佛伯斯(Forbes)等经研究认为在边界润滑条件下,含磷极压抗磨剂分解后与铁反应生成亚磷酸铁或磷酸铁,而非磷化铁。即含磷极压抗磨剂在使用过程中首先吸附在铁表面上,在边界条件下发生C—O键断裂,与铁反应生成亚磷酸铁或磷酸铁有机膜,起抗磨作用;在极压条件下,有机磷酸铁膜进一步反应,生成无机磷酸铁反应膜,使金属之间不发生直接接触，从而保护了金属，起极压作用。图 5-3 为二烷基亚磷酸酯在不同使用环境下的作用机理示意图。

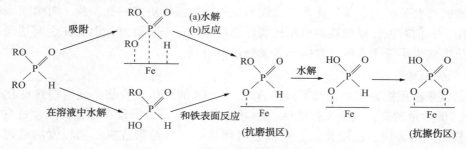

图 5-3　二烷基亚磷酸酯的作用机理

通常含磷极压抗磨剂的极压抗磨损性与水解稳定性有关，水解稳定性越差，其极压抗磨损性越好。在含磷极压抗磨剂中，次膦酸酯和膦酸酯的极压性最差，因为次膦酸酯和膦酸酯的 C—P 键比磷酸酯的 C—O—P 键要稳定。在磷酸酯中，酸性磷酸酯比中性磷酸酯的抗烧结性能要好，因为酸性磷酸酯在金属表面吸附力和反应性都较强。含磷极压抗磨剂的极压性能大小顺序为：

磷酸酯胺盐>磷酸酰胺≥亚磷酸酯≥酸性磷酸酯>磷酸酯>膦酸酯>次膦酸酯

一般来说，含磷极压抗磨剂的热稳定性越差，其抗磨性越好，但抗磨的持久性下降，添加剂消耗就快。热稳定性依赖于酯化的烷基类型，烷基芳基的热稳定性最好，其次是仲及伯烷基。通常有机磷添加剂是与有机硫添加剂复合应用的，这主要是为了通过有机硫添加剂来改善生成防护膜的强度和韧性。

(4) 有机金属盐极压抗磨剂

有机金属盐极压抗磨剂在极压条件下都会在摩擦表面分解生成金属无机化合物固体膜，防止摩擦面的烧结和磨损。有机金属盐极压抗磨剂的组成不同，形成的固体膜的组成不同，其抗磨性和极压性也不同。如二烷基二硫代磷酸锌(ZDDP)生成的固体膜是由聚磷酸锌、硫化锌、硫化铁、氧化铁及摩擦聚合物等组成；二烷基二硫代磷酸钼(MoDDP)和二烷基二硫代氨基甲酸钼(MoDTC)生成的固体膜是由二硫化钼、三硫化钼、硫化铁、硫酸铁及摩擦聚合物等组成，该膜具有较强的抗磨和负荷承载能力。环烷酸铅极压剂在铁表面与铁发生置换，生成铅的薄膜，当有含硫添加剂存在时，在铁表面会生成含有硫酸铅、硫化铅、硫化铁、铅等组分的极压性能更好的保护膜。

(5) 硼酸盐极压抗磨剂

硼酸盐极压抗磨剂的作用机理与含硫、磷、氯等极压抗磨剂不同，它在极压状态下不是通过与金属表面发生化学反应，生成化学膜来起润滑作用，而是由于摩擦副在相互滑动时金属表面会产生电荷，使硼酸盐微粒发生电泳移向金属表面并沉积，在摩擦表面上生成具有弹性且黏着力很强的半固体，这种硼酸盐膜的厚度是一般极压剂形成的极压膜的 10~20 倍，具有良好的抗磨和极压性能，特别能承受冲击负荷。由于硼酸盐膜不是通过极压抗磨剂与金属表面反应生成的，因此也将这种类型的极压膜称为"非牺牲"膜。

(6) 过碱性磺酸盐极压抗磨剂

根据已有的对过碱性磺酸盐抗磨机理研究的结果来看，其在金属表面形成的保护膜由两层组成，靠近金属表面的一层是由金属氧化物和铁组成的，上面是一层主要由金属碳酸盐组成的膜。由此可见，过碱性磺酸盐在使用过程中，处于金属表面间的碱性磺酸盐胶团随金属间摩擦强度的不断增大，磺酸盐上的碳链就会被切断，进而磺酸盐中的金属离子键断裂，释放出其中的金属碳酸盐微粒并沉积在金属表面，形成保护膜，其中靠近金属表面的金属碳酸盐会分解出金属氧化物并与铁形成一层极压性更好的保护膜，对金属表面起到保护作用。目前对碱性磺酸盐的极压抗磨性能还有待进一步研究，但其在金属切削过程中的极压抗磨效果不亚于含硫、含磷和含氯极压抗磨剂。

2. 发展趋势

长期以来极压抗磨剂主要都是一些含 S、P、Cl 的有机化合物，通常在这些化合物中 S、P、Cl 的含量越高，其极压抗磨性就越好。而 S、P、Cl 都具有毒性，因此在含 S、P、Cl 极压抗磨剂的合成、使用及废弃后都会对环境或人身健康造成不同程度的危害。近年来，随着人们对环境的不断重视，各国在环境保护和工人健康保护方面制定出了越来越严格的法规，这使得含 S、P、Cl 较高的极压抗磨剂的使用受到了越来越严格的限制，促使人们加大了对无氯、低硫或无硫、低磷或无磷极压抗磨剂的开发和研究，先后出现了多种新型或改进型极压抗磨剂品种，如硼酸盐类、过碱性磺酸盐类、稀土有机物类、纳米粒子类等。目前对润滑油极压抗磨剂的研究主要集中在对高效多功能添加剂、环境友好型添加剂、复合添加剂配方等方面。

5.5 抗氧抗腐剂

抗氧剂是指能抑制油品氧化变质从而延长其使用和贮存寿命的化学品。

润滑油在使用过程中不可避免地会发生氧化反应，对于内燃机油，燃料燃烧产物从汽缸中窜入润滑油中，其中的含氧、含氮化合物对油进一步催化氧化作用。氧化产生酸、油泥和沉淀，腐蚀金属部件；油泥和沉淀会使活塞环粘结甚至堵塞油路。腐蚀主要是由氧化引起的，所以防止腐蚀，首先必须防止油的氧化。因此，抗氧化剂同时也可作为防腐蚀剂，即抗氧抗腐蚀剂。加入抗氧抗腐剂，可有效延缓油品氧化，减少腐蚀。

5.5.1 作用机理

1. 润滑油氧化机理

润滑油在储存和使用中不可避免要与金属接触，受到光、热和氧的作用，产生氧化现象，造成润滑油逐渐变质。油品的氧化速率不仅与润滑油组成类型有关，也与油品所经受的温度、氧的浓度和催化剂的存在有关。

由原油加工得到的基础油主要是由含 5~45 个碳原子的烃类和少量非烃类化合物组成的混合物。烃类中，烷烃的抗常温氧化安定性较好，芳烃的抗热氧化安定性最好，环烷烃居中，但带有叔碳原子的环烷烃的抗氧化安定性很差，芳烃侧链愈多愈长，抗氧化安定性就越差。

润滑油在接近常温的环境下氧化速率很慢，当温度超过 94℃ 时，随温度升高氧化速率增加较为明显，通常温度每升高 10℃ 时，氧化速率会增大一倍。润滑油中溶解的氧的浓度越大，油品氧化速率越快。润滑油中若含有金属离子，尤其是金属 Cu、Fe、Co 离子，对润滑油的的氧化具有催化作用，会大大加速油品的氧化变质速度。

润滑油的自氧化过程遵循自由基的链反应机理，首先由烃分子在热、光或机械剪切应力的作用下产生烷基自由基开始，生成的烷基自由基与氧反应形成烷基过氧自由基

ROO·，烷基过氧自由基再与其他烃分子反应得到氢，生成烷基过氧化氢 ROOH 和新的烷基自由基 R·，从而使油品的氧化反应持续不断的循环进行。由于生成的烷基过氧化氢热稳定性较差，在温度较高时会分解成烷氧自由基 RO·和氢氧自由基 HO·，生成的烷氧自由基和氢氧自由基再分别与烃分子反应进一步形成更多烷基自由基，从而造成在高温时油品的氧化速率会成倍增大。氧化反应的结果使油品变质生成酮、醛、有机酸等，它们再进一步反应就会形成聚合物。如果聚合物是油溶性的，就会造成油品黏度增大，使油品变稠；若聚合物是非油溶性的，就会生成油泥和漆膜，引起活塞环黏结和堵塞油路。

润滑油的自氧化反应历程主要包括链引发、链增长、链支化、链终止四个不同的反应阶段。各阶段的主要反应可大致用以下过程表示。

烃类的氧化过程是自由基和过氧化物的连锁反应。其反应历程如下：

链引发

$$RH \longrightarrow R\cdot + H\cdot$$
$$R\!-\!R \longrightarrow R\cdot + R\cdot$$

链增长

$$R\cdot + O_2 \longrightarrow ROO\cdot$$
$$ROO\cdot + RH \longrightarrow ROOH + R\cdot$$

链支化

$$ROOH \longrightarrow RO\cdot + HO\cdot$$
$$RO\cdot + RH \longrightarrow ROH + R\cdot$$
$$HO\cdot + RH \longrightarrow H_2O + R\cdot$$

链的终止

$$R\cdot + R\cdot \longrightarrow R\!-\!R$$
$$ROO\cdot + R\cdot \longrightarrow ROOR$$
$$ROO\cdot + ROO\cdot \longrightarrow ROOR + O_2$$

从以上油品氧化历程可看出，烃类的自动氧化是由自由基进行的链反应，所以凡是能阻碍反应中任一环节的物质都能抑制氧化反应。根据作用机理，有两种抗氧化剂：一种抗氧化剂能与自由基反应，给出氢使自由基饱和，自己形成自由基。但是它自己形成的自由基不活泼，或者分子内部重排形成稳定的化合物，使链反应中断，通常将这种能够捕捉自由基从而切断油品氧化反应链的添加剂称为自由基终止剂，更有人形象地称它为自由基陷井；另一种抗氧化剂能让过氧化物分解成非自由基物质，使它不再分解成两个自由基，从而抑制了链的分枝，这静抗氧化剂习惯上称之为过氧化物分解剂。

2. 抗氧剂作用机理

（1）自由基终止剂作用机理

目前所使用的自由基终止剂主要有酚型和胺型两大类，这两类化合物都能够提供活泼氢给氧化反应链中的自由基，使其转化为较稳定的化合物。虽然自由基终止剂可与烷基自由基反应，但在氧存在的条件下，其反应速度远远低于氧与烷基自由基反应生成烷基过氧自由基的反应速度，因此，这类抗氧剂的抗氧化作用主要是通过与烷基过氧自由基反应使其转化为较稳定的过氧化物来切断油品氧化反应链，从而达到阻止油品氧化的目的。现以酚型和胺型抗氧剂中最具代表性且用量最大的 2，6-二叔丁基对甲酚和二烷基二苯胺两种抗氧剂为例来阐述两大类抗氧剂的作用机理。

2，6-二叔丁基对甲酚与烷基自由基和烷基过氧自由基的反应历程如图5-4所示。

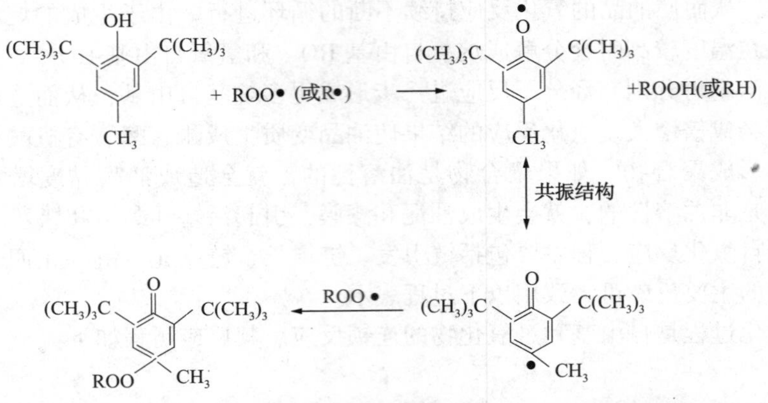

图5-4　2,6-二叔丁基对甲酚与烷基自由基和烷基过氧自由基的反应历程

从图5-4可以看出，2,6-二叔丁基对甲酚首先与烷基过氧自由基(或烷基自由基)反应生成苯氧基自由基和烷基过氧化氢(或烷烃)，苯氧基自由基可通过位阻和共振结构稳定，具有共振结构的环己二烯酮自由基可与烷基过氧自由基结合生成环己二烯酮烷基过氧化物。由以上过程可看出1mol的2,6-二叔丁基对甲酚可抑制2mol的烷基过氧自由基。所生成的环己二烯酮烷基过氧化物在温度低于120℃时是稳定的，当温度高于120℃时环己二烯酮烷基过氧化物会分解成2,6-二叔丁基-1,4-苯醌、烷氧基自由基和烷基自由基；由此可见，2,6-二叔丁基对甲酚具有良好的低温抗氧化性能，而其高温抗氧化性能是有限的。

二烷基二苯胺与烷基自由基和烷基过氧自由基的反应历程如图5-5所示。

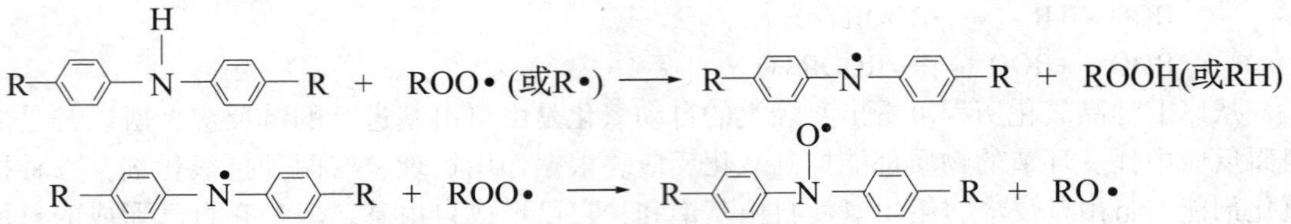

低温下，后续主要反应过程如下：

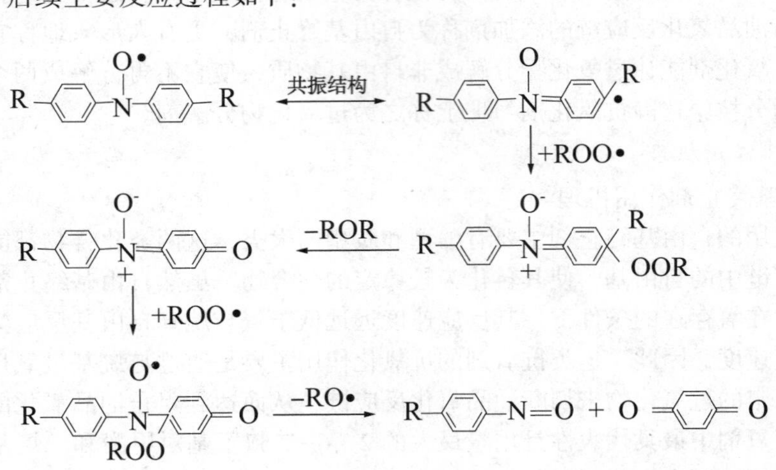

高温下，后续主要反应过程如下：

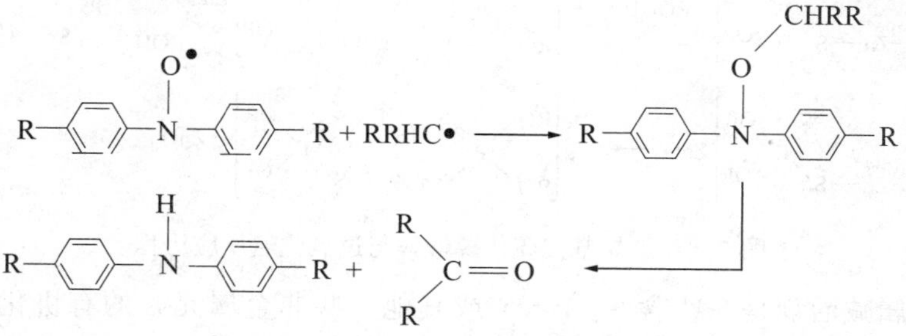

图5-5　二烷基二苯胺与烷基自由基和烷基过氧自由基的反应历程

从图示过程可看出，二烷基二苯胺首先与烷基过氧自由基（或烷基自由基）反应生成二烷基二苯胺自由基和烷基过氧化氢（或烷烃），二烷基二苯胺自由基再与烷基过氧自由基反应生成二烷基二苯硝基自由基和烷氧基自由基，二烷基二苯硝基自由基可通过共振结构稳定。在温度较低（小于120℃）时，二烷基二苯硝基自由基会与烷基过氧自由基反应生成二烷基二苯硝基过氧化物，二烷基二苯硝基过氧化物进一步消除酯分子生成硝基环己二烯酮，硝基环己二烯酮再与烷基过氧自由基反应生成硝基环己二烯酮过氧化物自由基并进一步离解成烷基氧自由基和稳定性较高的1，4-苯醌和烷基亚硝基苯。由以上过程可看出，在低温下1mol的二烷基二苯胺可抑制2mol的烷基过氧自由基。在温度较高（大于120℃）时，二烷基二苯硝基自由基会与仲烷基自由基反应生成 N-仲烷基二苯胺中间产物，中间产物进一步发生热分子重排生成酮和再生的二烷基二苯胺。除此之外，在温度较高时，二烷基二苯硝基自由基还会通过其他反应途径抑制烷基自由基和烷基过氧自由基，达到延缓油品氧化的目的。

由以上二烷基二苯胺抗氧化机理可看出，与酚型抗氧剂相比，芳胺型抗氧剂不仅具有良好的低温抗氧化性能，而且具有良好的高温抗氧化性能。

（2）过氧化物分解剂作用机理

过氧化物分解剂主要是一些含硫有机化合物，目前应用最广泛的是二烷基二硫代磷酸锌（Zinc dialkyl dithiophosphate，简称ZDDP），近几十年来由于环保方面的要求，虽出现了一些如二烷基二硫代氨基甲酸锌（Zinc dialkyl dithiocarbamate，简称ZDTC）等无磷抗氧剂，但其性能远不如二烷基二硫代磷酸锌，无法完全取代二烷基二硫代磷酸锌。现以二烷基二硫代磷酸锌和有机硫化物为例来阐述过氧化物分解剂的作用机理。

中性二烷基二硫代磷酸锌首先与烷基过氧化氢反应生成二烷基二硫代磷酸基和碱性ZDDP，碱性ZDDP进一步热分解成 ZnO 和中性 ZDDP，得到的中性 ZDDP 会重复以上过程，最终将中性 ZDDP 转化为 ZnO 和二烷基二硫代磷酸基，烷基过氧化氢则被转化为稳定的含氧化合物，其过程如图5-6所示。而二烷基二硫代磷酸基可与烷基过氧化氢反应最终生成二硫化物、三硫化物、$(RO)_n(RS)_{3-n}P\!=\!S$、$(RO)_n(RS)_{3-n}P\!=\!O$ 等活性极低的化合物。

（3）金属减活剂作用机理

金属离子对油品氧化过程中的链引发阶段和链支化阶段的反应都具有催化作用，其催化作用是通过氧化还原机理实现的。此反应机理所需要的活化能低，因此链引发阶段和链支化阶段的反应能在更低的温度下开始。

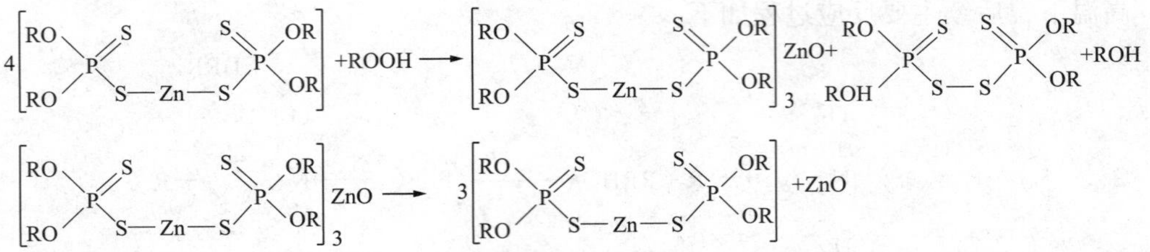

$$4\left[\begin{array}{c}RO\\RO\end{array}P\begin{array}{c}S\\S\end{array}-Zn-S\begin{array}{c}S\\OR\end{array}P\begin{array}{c}OR\\OR\end{array}\right]+ROOH\longrightarrow\left[\begin{array}{c}RO\\RO\end{array}P\begin{array}{c}S\\S\end{array}-Zn-S\begin{array}{c}S\\OR\end{array}P\begin{array}{c}OR\\OR\end{array}\right]_3 \ ZnO+\begin{array}{c}RO\\ROH\end{array}P\begin{array}{c}S\\S\end{array}-S\begin{array}{c}S\\OR\end{array}P\begin{array}{c}OR\\OR\end{array}+ROH$$

$$\left[\begin{array}{c}RO\\RO\end{array}P\begin{array}{c}S\\S\end{array}-Zn-S\begin{array}{c}S\\OR\end{array}P\begin{array}{c}OR\\OR\end{array}\right]_3 \ ZnO\longrightarrow 3\left[\begin{array}{c}RO\\RO\end{array}P\begin{array}{c}S\\S\end{array}-Zn-S\begin{array}{c}S\\OR\end{array}P\begin{array}{c}OR\\OR\end{array}\right]+ZnO$$

图 5-6　二烷基二硫代磷酸锌与过氧化氢反应历程

润滑油金属减活剂是一些含 S、P、N 或其他一些非金属元素的有机化合物。其作用机理：一是金属减活剂在金属表面生成化学膜，阻止金属变成离子进入油中，减弱其对油品的催化氧化作用；二是通过与金属离子结合形成络合物，使之成为非催化活性的物质，阻止其对油品氧化的催化作用。金属减活剂不单独使用，常和抗氧剂一起复合使用，不仅有协同效应，而且还能降低抗氧剂的用量。

5.5.2　发展趋势

随着社会的不断发展，对润滑油质量的要求越来越高，同样对润滑油添加剂的要求也越来越高。如发动机功率的不断增大要求润滑油品具有良好的高温使用性能，换油期（润滑油使用寿命）的延长要求油品有更好的氧化安定性，环保要求使用磷、硫含量较低的添加剂，甚至是无灰添加剂。为适应这些要求，国内外近年来对润滑油抗氧剂的研究主要集中在以下几个方面：

1. 复合抗氧剂

自 20 世纪 70 年代以来，对开发新型抗氧剂的研究越来越少，对复合抗氧剂的研究越来越多。由于单一抗氧剂很难满足不同使用条件下对润滑油抗氧性能的要求，而不同类型抗氧剂具有各自不同的优点，通过对不同抗氧剂间复合效应、调和比例等的研究，就可得到能够满足不同使用条件对润滑油抗氧性能要求的复合抗氧剂。复合抗氧剂不仅能满足不同润滑油对抗氧化性能的要求，同时也有助于润滑油的升级换代。目前，复合抗氧剂在润滑油抗氧剂研究中占主导地位，未来也将是抗氧剂研究的主要方向。

2. 高温抗氧剂

发动机高速、大功率、重负荷发展趋势将使发动机的使用温度越来越高，这也会加快油品的氧化速度，而现有抗氧剂将很难满足在高温条件下对润滑油的使用要求，这就要求开发高温情况下抗氧化性能好的添加剂。目前，人们多采用烷基化萘胺与烷基化二苯胺缩合来提高胺类抗氧剂的热分解温度，从而提高其使用温度；采用含硫醚酚的抗氧剂、引入大相对分子质量的塑料用抗氧剂、单酚的多聚物等方法来提高抗氧剂的使用温度和使用范围。

3. 高效多功能抗氧剂

随着润滑油的发展，油品中的添加剂加剂量越来越高，品种也越来越多，这就对添加剂的兼容性提出了更高的要求，也在一定程度上增加了生产成本。因此不少经济型配方应运而生，但这需要高效、性能全面的添加剂。除了复配以外，开发高效多功能的单剂也成为抗氧剂的发展方向，如具备抗氧化、抗磨损、耐腐蚀性能的添加剂。这就需要在现有的添加剂产品中引入新的基团，形成新的衍生物，或者开发高效多功能的新型抗氧剂。

4. 低灰分甚至无灰抗氧剂

随着机械和车辆设计技术的不断改进，向小型化、高速度、重负荷、大功率方向发展已成为趋势，在这样的条件下，使用有灰型抗氧剂会产生灰分，并形成油泥，从而影响机器的正常工作，加速机件磨损。因此用无灰型抗氧剂代替有灰型抗氧剂也是近年来抗氧剂研究的方向之一，如对氨基甲酸酯类抗氧剂的研究，诸多单酚、双酚的改进型产品在提高油品高温性能的同时，也坚持了产品的无灰化发展方向。

5. 环境友好型抗氧剂

随着物质和文化生活水平的提高，人类对环境、卫生与安全的要求也在不断提高。人们日益关注润滑油中所用添加剂的毒性和污染等问题。因此低硫、低磷，甚至无硫无磷型抗氧剂成为未来抗氧剂发展的方向。这使 ZDDP 替代品的开发成为一个热门课题。同时，抗氧化效果优良的芳胺类抗氧剂由于存在毒性，也备受争议。因此，开发环境友好的抗氧剂成为必然要求。

抗氧剂是一种很重要的润滑油添加剂，它的加入能够显著提高油品的氧化安定性，延长油品的使用寿命。目前，润滑油抗氧剂在改善油品质量方面起到了积极的作用，但面对社会进步、时代发展及环保要求，还有很多具体的工作要做。开发出环境友好、高效、多功能抗氧剂已经成为未来润滑油添加剂研究工作的重点。

5.6 黏度添加剂

5.6.1 概述

黏度添加剂，又称增黏剂、增稠剂、黏度指数改进剂。实际上它们是有区别的。用"E"值可以表示它们差别。

$$E = \eta_{s.p}(98.9℃)/\eta_{s.p}(37.8℃) \tag{5-1}$$

其含义是高温的比黏度与低温的比黏度的比值。也就是说当 $E>1$ 时，表示高温时增黏的倍数比低温时增黏的倍数大，称为黏度指数改进剂；而 $E<1$，表示低温时增黏的倍数比高温时增黏的倍数大，称为增黏剂或增稠剂。它们都是增加油品高温下的油品黏度，改善油品的黏温性质。

黏度添加剂主要用在适应宽温度范围的润滑油中，如内燃机油、齿轮油等。加增黏剂的作用，是使润滑油在较高的温度下有较大的黏度。加增黏剂的低黏度润滑油称为稠化油，由于其可以满足冬夏两季使用的黏度级别，也叫多级油。目前多级油发展速度较快，也使得黏度指数改进剂的使用量不断增加，其使用量一般占添加剂总量的 20% 左右。黏度指数改进剂受到人们的重视，其原因在于：

①用黏度指数改进剂配制的内燃机油、齿轮油和液压油，具有良好的低温启动性和高温润滑性，可四季通用。

②用黏度指数改进剂可配制出多级内燃机油，由于多级油的黏温性能好，黏度随温度变化的幅度比单级油小，在高温时仍保持足够的黏度，保证了对运动部件的良好润滑，从而减少了磨损；在低温时黏度又比单级油小，使启动容易，从而节省了动力。可见与单级油相比多级油能降低润滑油和燃料油的消耗及机械的磨损。

③由于高黏度油的资源较为短缺，可利用黏度指数改进剂将低黏度的油变为高黏度的

油，相对地增加了高黏度油的产量，使资源得到了合理的利用。

从分子结构来看，黏度指数改进剂都是一些油溶性的链状高分子化合物，这些链状高分子化合物不仅可以增加油品的黏度，更重要的是能够改善油品的黏温性能，从而提高油品的黏度指数。如溶剂精制法得到的润滑油的黏度指数 $VI=100$ 左右；加氢精制润滑油的 $VI=110\sim120$；加增黏剂的多级油可达 $150\sim200$。

黏度指数改进剂的使用性能主要通过增黏能力、剪切稳定性、低温性能和热氧化安定性等来评价。一种好黏度指数改进剂不仅要求增黏能力强、剪切稳定性好，而且要求好的低温性能和热氧化安定性能。不同结构、不同聚合度的链状高分子黏度指数改进剂的这些使用性能也不相同，各有优缺点，到目前为止，还没有一种黏度指数改进剂能够同时满足这些使用性能的要求。

5.6.2　作用机理

多级油之所以具有良好的黏温性能，是因为多级油是由低黏度的基础油加入黏度指数改进剂调配而成。而黏度指数改进剂都是一些油溶性的链状高分子化合物，在溶剂中溶解时，随所用的溶剂及温度不同而呈不同的状态，即黏度指数改进剂在不同的溶剂中或不同的温度下，其分子会收缩或伸展。在高温下，高分子化合物分子线卷会伸展膨胀，其流体力学体积增大，导致液体内摩擦增大，即黏度增大，从而弥补了油品由于温度升高而黏度降低的缺陷；反之在低温下，高分子化合物分子线卷收缩蜷曲，其流体力学体积变小，内摩擦减小，使油品黏度相对变小，如图 5-7 所示。溶解在油中的高分子聚合物，在低温下或不良溶剂中，聚合物分子之间相互作用较强，大于溶剂的溶解力，因此聚合物凝聚起来，成为小的圆形状态，聚合物分子中没有溶剂分子进入。相反，在高温或良好溶剂中，聚合物本身运动能增加，凝聚力减小，处于溶解性能起决定作用的膨胀状态。这种流体力学体积的大小，决定了这种聚合物对油品黏度增加的程度。

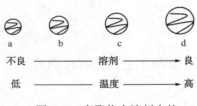

图 5-7　高聚物在溶剂中的
流体力学体积变化

5.6.3　品种及应用

可用作黏度指数改进剂的高分子化合物主要的有聚异丁烯、聚甲基丙烯酸酯、烯烃共聚物、氢化苯乙烯-双烯共聚物、苯乙烯聚酯、聚正丁基乙烯基醚等。

1. 聚异丁烯（PIB）

聚异丁烯是用炼油厂裂解生成的丁烷-丁烯馏分为原料，经低温下选择性聚合、精制后得到的产品。

聚异丁烯是最早出现的黏度指数改进剂，用于内燃机油的聚异丁烯的相对分子质量在 5×10^4 左右，用于液压油和齿轮油的相对分子质量在 1×10^4 左右。聚异丁烯具有优异的剪切稳定性和热氧化稳定性。但因聚合物分子链有许多甲基侧链，所以比较刚硬，在低温状态下，它的黏度增长很快，因此低温性能较差。在生产多级油方面受到限制，它不能配制低黏度级别（5W/30 及其以下的级别）和大跨度的多级油。国外 Exxon、Lubrizol、BASF 等公司有此产品；国内 20 世纪 70 年代开始工业生产出了中相对分子质量的聚异丁烯产品（代号为 T603）。90 年代初期国内黏度指数改进剂主要为聚异丁烯，其用量约占黏度指数改进剂总用量的80%左右。目前聚异丁烯用量很少，基本已被聚甲基丙烯酸酯和烯烃共聚物所代替。

2. 聚甲基丙烯酸酯（PMA）

聚甲基丙烯酸酯由甲基丙烯酰胺与水作用，生成甲基丙烯酸；在阻聚剂对苯二酚及催化剂硫酸存在下，甲基丙烯酸与高碳醇酯化生成甲基丙烯酸酯，经精制后，以过氧化苯甲酰或偶氮二异丁腈为引发剂，进行聚合反应制得聚甲基丙烯酸酯产品。

聚甲基丙烯酸酯的烷基侧链 R 的碳数对产品的性能影响较大，通过改变 R 的平均碳数、碳数分布和聚合物相对分子质量大小，可以得到一系列不同性能及不同用途的产品。作为黏度指数改进剂使用的聚甲基丙烯酸酯，其 R 的平均碳数为 8~10，这种结构的聚甲基丙烯酸酯不仅油溶性好，而且具有良好的黏温性能；作为增黏降凝双效添加剂的聚甲基丙烯酸酯，其 R 的平均碳数为 12~14，以 C_{14} 为最好。若在聚合时引入含氮的极性化合物，可得到如甲基丙烯酸二甲基（或二乙基）胺乙酯、甲基丙烯酸羟乙基酯、2-甲基-5-乙烯基吡啶等同时具有增黏降凝和分散作用的 PMA。分散型 PMA 既可用来作为分散剂，又可以作为黏度指数改进剂，所以常用在发动机油中，或者来代替一部分传统的无灰分散剂，或者仅用来提高其分散性能。

通常用于内燃机油的聚甲基丙烯酸酯的相对分子质量在 $15×10^4$ 左右，作为降凝剂的聚甲基丙烯酸酯的相对分子质量在 $10×10^4$ 以下。而用于要求剪切稳定性特别好的液压油和齿轮油聚甲基丙烯酸酯的相对分子质量在 $(2~3)×10^4$ 左右。

聚甲基丙烯酸酯的低温性能特别好，改进油品的黏度指数的效果好，氧化安定性好，但增黏能力、热稳定性和抗机械剪切性能较差。聚甲基丙烯酸酯最适于配制高级汽油机油、数控液压油和自动传动液（ATF）等油品。

3. 烯烃共聚物（OCP）

用作黏度指数改进剂的烯烃共聚物主要是乙烯-丙烯共聚物，是 20 世纪 70 年代发展起来的新的黏度指数改进剂，这类共聚物使用的单体主要是乙烯、丙烯，有时也使用二烯烃单体改进其性能。烯烃共聚物黏度指数改进剂是通过采用可溶性齐格勒催化剂，乙烯、丙烯单体发生溶液聚合制备的。乙烯与丙烯的比例直接影响产品的性能，若乙烯的含量过高，聚合物的结晶度增加，产品的油溶性变差，低温易形成凝胶；若丙烯的含量过高，由于主链上的碳数减少，增黏能力降低，热稳定性变差，一般乙烯与丙烯的摩尔比为 50：50~60：40。

乙丙共聚物是目前世界上用量较大的一种黏度指数改进剂，近来又发展了具有分散性的 DOCP。烯烃共聚物的增黏能力和剪切稳定性都较好，其低温性能稍差一些。可用于内燃机油，特别是柴油机油。若配制低黏度的多级油，最好与酯型降凝剂复合来改善其低温性能。用于配制多级内燃机油的乙烯丙烯共聚物相对分子质量为 $(7~15)×10^4$，使用分散型 DOCP 可减少无灰分散剂用量。

4. 氢化苯乙烯-双烯共聚物（HSD）

氢化苯乙烯-双烯共聚物有氢化苯乙烯-丁二烯和氢化苯乙烯-异戊二烯两种类型共聚物。

氢化苯乙烯-双烯共聚物的制备方法是以苯乙烯和丁二烯或异戊二烯为原料，丁基锂为引发剂进行聚合反应得到苯乙烯双烯共聚物，然后再以有机镍和三乙基铝为催化剂进行加氢反应，使双烯中不饱和键至少减少 98%（但苯环上的不饱和键减少量不能超过 5%），从而得到热氧化安定性良好的氢化苯乙烯-双烯共聚物。

在制备氢化苯乙烯-双烯共聚物时采用的工艺不同，可得到无规、嵌段和星状等不同结合方式的氢化苯乙烯-双烯共聚物。如聚合时将两种单体混合在一起可制备出无规共聚物；若先让一种单体聚合，然后再让第二种单体加入聚合，可制备出嵌段共聚物；若先让二烯单体聚合，然后把苯乙烯加入活性聚合物链，可制备出星状共聚物。

氢化苯乙烯-双烯共聚物的相对分子质量在 $(5 \sim 10) \times 10^4$，其增黏能力和剪切稳定性很好，与乙丙共聚物接近，但低温性能和热氧化稳定性较差。这类化合物在高温高剪切下黏度较低，难以满足低黏度多级内燃机油对高温高剪切速率下的黏度要求。Shell 公司发开发的星状共聚物其性能有很大的改进。国外 Lubrizol 公司生产苯乙烯-丁二烯共聚物，Shell 公司生产苯乙烯-异戊二烯共聚物产品。国内没有这类产品。

5. 苯乙烯聚酯（SP）

苯乙烯聚酯是一类具有一定分散性的酯型黏度指数改进剂，其低温性能较好，但增黏能力和剪切稳定性较差。苯乙烯聚酯制备时以苯乙烯和马来酸酐为原料，按约 1∶1 的比例混合后进行共聚，聚合后先用少量含氮化合物进行胺化反应，再用混合醇对未胺化的酸酐进行酯化而成。苯乙烯聚酯主要用于传导液和多功能拖拉机润滑油，少量用于内燃机油。

6. 聚正丁基乙烯基醚（BB）

聚正丁基乙烯基醚产品的相对分子质量约为 1×10^4 左右，其剪切稳定性和低温性能较好，热稳定性和增黏能力较差，适用于液压油中，不适用于内燃机油。前苏联开发生产出了 BB 工业产品，国内 20 世纪 60 年代开始工业生产，产品代号 T601。

5.7 降 凝 剂

5.7.1 概述

降凝剂是指能降低油品的凝点或倾点，改善油品的低温使用性能的化学品。

20 世纪 20 年代末期，偶然发现了氯化石蜡与萘的缩合物具有降凝作用，并开始了工业生产。此后人们对降凝剂进行了不断的研究，迄今为止发表有关降凝剂专利已有数百篇，但作为商品出售的降凝剂不过十余种。

凝点是指油品失去流动性的最高温度（即类似凝固点温度），倾点是指油品能够保持流动的最低温度，凝点和倾点都能够大致反映油品的最低使用温度，两个温度值的差距不大，但倾点反映的油品最低使用温度更符合实际情况，而凝点的概念更易理解，使用的时间也较长，因此，习惯上人们常常用凝点来判断油品的最低使用温度。

要想得到低倾点的润滑油有三条途径，一是对基础油进行深度脱蜡，可以得到低倾点的润滑油，但会降低润滑油的收率，同时脱掉大量的正构烃，会降低润滑油的黏度指数，有损润滑油的质量；二是近年来逐渐采用润滑油异构脱蜡工艺，可将凝点较高的正构烃转化为凝点较低的异构烃，这种工艺得到的润滑油的收率较高，但产品的成本也相对较高；三是对基础油进行适度脱蜡，再通过加入降凝剂使润滑油的倾点达到要求，这是一种比较经济可行的办法，也是当今普遍采用的方法。我国原油一般含蜡较高，因此，润滑油降凝剂的制备及其合理使用具有重要的意义。

5.7.2 作用机理

造成润滑油失去流动性的原因有黏温凝固和结构凝固两种，降凝剂对由于黏度增大使油品失去流动性的黏温凝固没有降凝作用，只对由于蜡结晶引起油品失去流动性的结构凝固具有降凝作用。

含蜡油之所以在低温下失去流动性是由于在低温下高熔点的固体烃(石蜡)分子定向排列，形成片状或针状结晶并相互联结，形成三维的网状结构，同时将低熔点的油通过吸附或溶剂化包于其中，致使整个油品失去流动性。降凝剂主要是通过分子上的烷基侧链和油中固体烃分子的共晶和吸附作用，改变蜡的生长方向和晶形，使其形成均匀松散的晶粒，防止形成导致油品凝固的三维网状结构，从而降低油品的凝点，而不是防止蜡结晶的析出。

降凝剂不能改变油品的浊点和析出蜡的数量，只是改变了蜡晶体的外形与大小，使原来析出的长度在 $20\sim150\mu m$ 的片状结晶改变为直径在 $10\sim20\mu m$ 的带分枝的星形或针状结晶，如加入烷基萘，析出的蜡为直径在 $10\sim15\mu m$ 的带少量带分枝的星形结晶；加入聚甲基丙烯酸酯，析出的蜡为直径在 $10\sim20\mu m$ 的带许多分枝的针状或星形结晶。不管在哪一种情况下，蜡的表面都证明有降凝剂存在。这是因为烷基芳香族降凝剂的芳香族基团能在蜡结晶表面上发生吸附，而聚甲基丙烯酸酯类具有梳形化学结构的降凝剂的侧链烷基会与蜡共结晶。在蜡的表面所存在的降凝剂，对结晶生长的方向起支配作用，从而可延缓或阻止蜡形成三维网状结构，达到降低油品凝点的目的。

在无降凝剂存在的情况下，一个正常的蜡单晶的在 X 轴和 Z 轴方向生长较快，导致形成大的片状或针状结晶。这些结晶通过其棱角相互黏结，进而形成三维网状骨架。在有降凝剂存在时，降凝剂分子会在蜡结晶表面吸附或与其共晶，对蜡晶的生长产生了所谓定向作用，即抑制蜡结晶向生长较快的 X 轴和 Z 轴方向生长，促进其向 Y 轴方向生长，使析出的蜡成为颗粒较小的近似等方形结晶，另外降凝剂分子留在蜡结晶表面的极性基团、芳香核或主链段有阻止蜡晶间的粘结作用，这些都可以阻止或延缓蜡晶粘结成三维网状骨架。降凝剂是以吸附还是以共晶的方式起作用，主要取决于降凝剂的化学结构，一般认为烷基萘以吸附为主，具有齿形链状结构的 PMA 或聚 α-烯烃借助于侧链烷基与蜡共晶，极性的酯链或主链则留在晶体外部，起屏蔽作用。

此外降凝剂的浓度不同蜡结晶的形态也不同，在没有降凝剂存在时结晶向 X、Z 两个方向延伸形成薄的菱形板状；当加入少量降凝剂时，结晶在向 Y 方向增厚的同时，还发生 X、Z 方向的变形，随着降凝剂浓度的增加，逐渐转移为许多树枝状结晶；如果降凝剂的浓度再增加，结晶会继续向 Y 方向生长，而向 X、Z 方向的生长减少，形成不规则的块状，并向四角锥和四角柱的形状演变。

5.7.3 品种及应用

降凝剂是一种合成的高分子有机化合物，在其分子中具有与石蜡烃的锯齿形链相同结构的烷基侧链，还可能含有极性基团和芳香核。常用的有烷基萘、聚酯类和聚烯烃类等三类化合物。

1. 聚烷基萘

烷基萘降凝剂国外在 20 世纪 30 年代就已开始应用，是世界上使用最早的降凝剂，目前仍是主要降凝剂品种之一。国内从 1954 年开始工业生产，也是我国生产的第一个添加剂品种。聚烷基萘降凝剂是用氯化石蜡与萘在三氯化铝催化剂作用下发生缩聚反应的产物，其合成反应式如下：

$$RCl_2 + \left[\text{naphthalene}\right] \xrightarrow{AlCl_3} \left[\text{naphthalene}-R\right]_n + HCl \qquad (5-2)$$

作为降凝剂的烷基萘，其 R 链为 60~66 个碳的烃基，聚合度 n 约为 6~7，其中有效组分主要是相对分子质量大于 7000 左右的高分子缩聚产物。

烷基萘的降凝效果良好，应用较广泛，但由于颜色较深，不宜用于浅色油品，多用于中质和重质润滑油中，如内燃机油、齿轮油和全损耗油等，一般加量 0.2%~1.5%。国内从 1954 年开始工业生产，产量也较大，占当时整个降凝剂的半数以上，产品代号为 T801。

2. 聚甲基丙烯酸酯(PMA)

聚甲基丙烯酸酯是一种高效浅色降凝剂，对各种润滑油均显示出很好的降凝效果，同时兼有增黏作用。其制备方法是先将 C_6~C_{18} 直链高碳醇与甲基丙烯酸反应，生成甲基丙烯酸酯单体，再采用自由基引发剂聚合，通过改变引发剂用量、反应温度、溶剂对单体比例和反应时间，或采用相对分子质量调节剂如硫醇来控制聚合物相对分子质量。

作为降凝剂其烷基侧链的平均碳数要在 12 以上才显示降凝效果，以 14 酯的效果最好。为了适应不同脱蜡深度制取的各种不同黏度及倾点以及不同油源的润滑油，常通过调整烷基侧链的平均碳数，生产出系列的降凝剂产品来满足不同油品的要求。表 5-3 为不同侧链的聚甲基丙烯酸酯对降凝效果的影响。由表 5-3 可看出，聚甲基丙烯酸癸酯几乎没有降凝效果，聚甲基丙烯酸十二酯除对 -25 变压器油效果好外，对其他的油品也没有降凝效果，而聚甲基丙烯酸十四酯对三种不同的基础油均有良好的降凝作用。

表 5-3 不同侧链的聚甲基丙烯酸酯的降凝效果(加剂量均为 0.5%)

基础油	变压器油凝点/℃		机械油凝点/℃	汽轮机油凝点/℃
不加降凝剂凝	-10	-25	-7	-18	-6
加聚甲基丙烯酸癸酯	-10	-25	-10	-18	-6
加聚甲基丙烯酸十二酯	-10	-40	-10	-20	-6
加聚甲基丙烯酸十四酯	-24	-34	-38	-44	-30

3. 聚 α-烯烃

聚 α-烯烃降凝剂是我国自行开发的高效浅色降凝剂，到目前为止国外还没有这类降凝剂的工业产品。它具有颜色浅，效果好的特点，可适用于各种润滑油中，其降凝效果与 PMA(聚甲基丙烯酸酯)相当，但价格比 PMA 便宜。聚 α-烯烃是以软蜡裂解得到的 α-烯烃为原料，在 Ziegler/Natta 催化剂存在下进行聚合，并用氢气控制反应，可得到不同相对分子质量的聚 α-烯烃产品。

聚 α-烯烃降凝剂可根据烷基侧链的平均碳数不同和相对分子质量大小不同生产出一系列产品，用于不同的润滑油。如 T803 用于浅度脱蜡油，T803A 和 T803B 可用于深度脱蜡油(T803A 比 T803B 的相对分子质量大)，一般加量 0.1%~1.0%。聚 α-烯烃降凝剂的降凝作用主要取决于其烷基侧链碳数和碳数分布，同时也受基础油性质的影响。如用单一碳链长度的 α-烯烃聚合得到的聚 13 碳烯烃，与用混合碳数 12~14 的 α-烯烃聚合得到的聚 α-烯烃比较，前者只对个别基础油有一定降凝效果，对某些基础油几乎无降凝作用。而后者对各种基础油均有降凝效果。进一步的研究表明，在适当范围内，侧链烷基碳数分布愈宽的聚 α-烯烃，其降凝效果愈好。

5.8　防锈添加剂

5.8.1　概述

防锈剂(anti-rust additive)指在金属表面形成一层薄膜防止金属不受氧及水的侵蚀的化学品。

金属受外界环境或介质的化学作用或电化学作用而引起的变质和破坏称为腐蚀，通常人们习惯将强腐蚀性化学介质造成的侵蚀破坏称为腐蚀，将氧、水和其他杂质造成的腐蚀或变色称为生锈或锈蚀。所谓锈是指金属与氧和水作用在金属表面生成的氧化物和氢氧化物的混合物，如铁锈是红色的，铜锈是绿色的，铝和锌的锈是白色的。有时也因空气中含有二氧化碳而生成的碳酸盐。如

$$Fe+H_2O+1/2O_2 \longrightarrow Fe(OH)_2 \qquad (5-3)$$
$$Fe(OH)_2+1/2H_2O+1/4O_2 \longrightarrow Fe(OH)_3 \qquad (5-4)$$

据统计世界上金属制品中约有三分之一的产品由于腐蚀而报废，许多精密仪器、设备也会因腐蚀使其不能正常运转甚至停止运转。早在第一次世界大战中，就有库存的飞机因发动机内部生锈出现故障，火力发电机的蒸汽透平和配管中因混入水而生锈。在第二次世界大战中就有武器在运输及储存中出现锈蚀的问题，因此各国都非常重视设备和武器的锈蚀问题。加入防锈剂能使油的防锈效果提高几十倍至上百倍。

最早使用的防锈剂有牛油、羊毛脂、石油脂、凡士林等物质，由于这些物质杂质多，成分多变，性能不稳定，效果不理想，因此逐渐开发研制出了人工合成防锈剂。国外在 20 世纪 30 年代出现了油溶性石油磺酸盐防锈剂，随后又出现了烷基或烯基丁二酸等羧酸以及酸性磷酸酯防锈剂，其中烷基或烯基丁二酸等羧酸型防锈剂广泛用于汽轮机油。从二次大战后期开始防锈剂得到迅速发展，到 50 年代初期，除继续开发新型合成磺酸盐、丁二酸、磷酸酯外，还出现了多元醇脂肪酸酯、有机胺盐、有机胺衍生物、有机酸金属盐、氧化石油脂、氧化石蜡及其金属盐、苯并三氮唑等多种防锈剂品种，到 60 年代初，国外报道的防锈剂品种达百种以上。

5.8.2　作用机理

金属机械在使用和储存中很难不与空气或其他介质接触，而大气中都含有氧和水蒸气，在大气相对湿度未达到饱和时(相对湿度 60%~70%)就能在金属表面形成极薄的水膜，随着湿度增大，在金属表面形成的水膜变厚，致使金属表面潮湿。在水、氧和其他介质存在的条件下，就会在金属表面发生电化学腐蚀而使金属生锈。防锈作用是在金属表面上形成一层防锈剂层，防止能起锈蚀作用的物质侵蚀金属。形成的保护层主要是靠吸附作用，所以防锈问题是液-固表面的表面现象。作为防锈剂必须在金属面上有足够的吸附性，

和对油有良好的溶解性，因此吸附分子中应该有强大的极性基和足够大的亲油基(烃基)，所以防锈剂是油溶性表面活性剂。

当含有防锈剂的油品与金属接触时，防锈剂分子中的极性基团对金属表面有很强的吸附力，在金属表面就会形成紧密的单分子或多分子保护层，阻止腐蚀介质与金属接触，起到防锈作用。防锈剂还对水及一些腐蚀性物质有增溶作用，能在油中捕集、分散水和有机酸等极性物质，将它们包溶在胶束和胶团中，起到了对腐蚀性物质的分散或减活作用，从而消除腐蚀性物质对金属的侵蚀。此外，碱性防锈剂对酸性物质还有中和作用，使金属不受酸的侵蚀。

防锈剂在金属表面的吸附有物理吸附和化学吸附两种，有的情况是二者均有。磺酸盐在金属表面的吸附，目前认为是一种比较强的物理吸附，但是有人认为是化学吸附；有机胺由于胺中的氮原子有多余的配价电子，能够同吸附在金属表面的水分子借助氢键结合，使水脱离表面，其余胺分子在金属表面产生物理吸附。化学吸附最典型代表是羧酸型防锈剂，如长链脂肪酸，烯基丁二酸能与金属生成盐而牢固地吸附在金属表面。还有一些情况是借助于配价键结合，是介于物理和化学之间的吸附。

对于防锈油来说，当其与金属接触时，防锈剂分子会首先吸附在金属表面上，形成极性基靠近金属表面、烃基远离金属表面、且排列较整齐的一层吸附膜，在该层吸附膜外部，由于防锈剂烃基与油分子(烃分子)间具有相似相溶性，油分子会深入防锈剂分子之间，使烃基排列更紧密，形成疏水性更强的混合吸附膜，能更有效地阻止水、氧或腐蚀性物质与金属表面接触。通常防锈剂分子的吸附膜越致密、坚固，其防锈性越好。

5.8.3　种类

常用的防锈剂按结构分为磺酸盐、羧酸及羧酸衍生物、酯类、有机磷酸及盐类、有机胺及杂环化合物五大类。

1. 磺酸盐

磺酸盐是防锈剂中有代表性的品种，几乎可应用于所有的防锈油中。按原料来源分有石油磺酸盐和合成磺酸盐；按金属类型来分有钡盐、钙盐、镁盐、钠盐、锌盐或铵盐，作为防锈剂的磺酸盐用的最多的是钡盐，其次是钠盐和钙盐，除金属磺酸盐外，还有铵盐。按碱值来分有中性磺酸盐和碱性磺酸盐。

磺酸盐作为防锈剂的作用机理是通过吸附与增溶作用来实现的。磺酸盐在钢表面通常会形成不可逆的较强的单分子吸附层，在油中磺酸盐分子可将水及酸性物质包裹形成油溶性胶团，使其分散于油中，磺酸盐的这种增溶作用可使油中的水及酸性物质失去活性，阻止其对金属的腐蚀。磺酸盐与其他防锈添加剂复合可产生协同效应，同时也有助于增加难溶添加剂的溶解性。

2. 羧酸、羧酸盐及其衍生物

在羧酸及其衍生物中，长链脂肪酸具有一定的防锈性，羧酸防锈剂用的较多的是烯基或烷基丁二酸，如十二烯基丁二酸是汽轮机油(又称透平油)的主要防锈剂，也广泛用于液压油、导轨油、主轴油和工业润滑油中，对钢、铸铁和铜合金都有良好的防锈效果，但对铅的防腐性较差，它与石油磺酸钡(或二壬基萘磺酸钡)复合可调制各种防锈油。十二烯基丁二酸本身的酸值高，加入油品中影响润滑油的酸值，使应用受到一定的限制，因此逐渐被后来开发出的十二烯基丁二酸半酯代替。

羧酸盐防锈剂主要有环烷酸锌和羊毛脂镁皂。环烷酸锌的油溶性好，对黑色金属和有色金属均有防锈效果，通常以2%～3%与石油磺酸钡复合使用，用于封存防锈油中。

3. 酯类

酯类防锈剂用的最多的有山梨糖醇单油酸酯（span80）、季戊四醇单油酸酯、十二烯基丁二酸半酯和羊毛脂等。制备酯类防锈剂时所用脂肪酸种类不同，产品的防锈效果也不同，其防锈效果为油酸>硬脂酸>月桂酸，而单酯与三酯的防锈效果基本相同。

山梨糖醇单油酸酯是一种既有防锈性又有乳化性的表面活性剂，具有防潮、水置换性能，用于各种封存油和切削油中。酯一般吸附力强，烃基间的凝集力强，可形成疏水性很高的吸附膜，防锈性能优异，但多半脱脂性差。另外由于含有制备时未反应的脂肪酸及加水水解产生的游离脂肪酸，因此抗油渍性差，对有色金属，特别是对铅的腐蚀性强。

十二烯基丁二酸半酯是在十二烯基丁二酸的基础上发展起来的。由于十二烯基丁二酸本身的酸值很高（300～395mgKOH/g），加入油品中影响润滑油的酸值，使其应用受到限制，从而开发出了半酯型的防锈剂。半酯的酸值只有十二烯基丁二酸的一半，但其防锈效果与之相当，将逐渐取代十二烯基丁二酸而用于各种油品中。

羊毛脂是一种天然脂，虽然是古老的防锈剂，但至今仍在广泛使用。羊毛脂是羊身上分泌出并附着在羊毛上的一种复杂脂状物，是在毛纺前对羊毛进行洗涤脱脂得到的清洗液中经回收、脱嗅、脱色、干燥后得到的黄褐色脂状物。羊毛脂主要成分是高级脂肪酸、脂肪醇，构成羊毛脂的脂肪酸95%是饱和脂肪酸，其中90%以上具有支链，约30%的为羟基酸。

羊毛脂既可用作防锈剂，也可用作溶剂稀释型软膜防锈油的成膜材料。由于羊毛脂结构中含酯键与羟基，是非结晶性的化合物，因此具有优异的低温特性及附着性。其涂膜的稳定性好，且具有较强的乳化力和水分保持性能。羊毛脂系防锈剂一般都具有良好的防锈性，特别是在海水和盐水中的耐腐蚀性优异，但对金属富有亲和性，脱脂性差。与磺酸盐复合使用具有协同效应，复合剂具有优异的防锈性和脱脂性。把羊毛脂制成金属皂，可以提高水置换性和手汗置换性，可用它来生产置换型防锈油。

4. 有机磷酸及盐类

有机磷酸盐主要是正磷酸盐、亚磷酸盐和膦酸盐，作为防锈剂使用的主要是正磷酸盐。磷酸盐通常用高级醇与五氧化二磷反应生成烷基磷酸，再用十二胺或烷基取代咪唑啉中和成盐，这种防锈剂具有防锈、抗磨性能。常用的磷酸盐型防锈剂主要有单或双十三烷基磷酸十二烷氧基丙基异丙醇胺盐，它具有抗氧、防锈和抗磨性能；烷基磷酸咪唑啉盐具有防锈和抗磨性能。

磷酸酯与石油磺酸盐、山梨糖醇酐单酯复合使用，可产生优良防锈效果。此外，磷酸酯也可作为极压抗磨剂使用，经常用在润滑油和金属加工油中。

5. 有机胺及杂环化合物

有机胺有单胺、二胺和多胺化合物，直链脂肪胺要比支链脂肪胺的防锈效果好，这类化合物主要用于冶金、化工和石油企业作抗酸缓蚀剂。一般长链脂肪胺不溶于矿物油，但将脂肪胺与油溶性的 N-油酸肌氨酸、壬基苯氧乙酸、烷基磷酸或石油磺酸等有机酸中和成盐后，不但大大提高其油溶性，而且也可大幅度提高其防锈性，如 N-油酸肌氨酸十八胺盐。国外的脂肪胺产品有硬脂酸胺，油胺，大豆油胺。羧酸作成铵盐时，羧酸与胺的链长度对其防锈性影响较大，一般一方链长，另一方链短，得到的铵盐的防锈效果好。油溶性防锈剂一般不使用碳数小的酸，这是由于这种酸的作用较强，容易引起金属腐蚀。

有机胺防锈剂具有较好的抗潮湿、水置换、酸中和性能，但对铅腐蚀性较大，对铜和锌也有一定的腐蚀性，应用时要慎重。

具有孤立电子对的杂环化合物是铜的变色抑制剂，例如苯并三氮唑、哑唑、噻唑、咪唑、吡唑、吡啶、喹啉等。为提高这些杂环化合物的油溶性，通常会在其分子中引入长链烃基，例如烷基咪唑啉中的烷基碳数在 10~18 范围时就具有良好的油溶性，可作为油溶性防锈剂用于防锈油中。

杂环化合物防锈剂应用最多的是苯并三氮唑，它是有色金属铜的出色缓蚀剂、防变色剂，对钢也有一定的防锈效果。但苯三唑难溶于矿物油中，一般在加入矿物油时需要加助溶剂，如可先将其溶于乙醇、丙醇或丁醇，再加入矿物油，也可先溶于邻苯二甲酸丁酯、二辛酯、磷酸三丁酯或磷酸三甲酚酯等助溶剂中，再加入矿物油。为了改善其油溶性，开发出了苯并三氮唑十二胺盐、十八胺盐，这些化合物除了具有防锈性能外，还有抗磨性能。

杂环化合物防锈剂中还有烃基取代咪唑啉，如十七烯基咪唑啉烯基丁二酸盐，是一种很好的防锈剂，对黑色金属和有色金属均适用。

5.9 抗 泡 剂

5.9.1 概述

抗泡剂指能抑制或消除油品在应用中起泡的化学品。

润滑油特别是内燃机油、齿轮油等含极性添加剂的油品，在高速运转、强烈震动或搅拌作用下，易形成稳定的泡沫。润滑油的发泡现象，一般用起泡力（泡沫倾向）和泡沫的稳定性来表示。起泡力表示生成泡沫的难易程度，起泡力强的润滑油，是由于油中有气体外，还存在为改善润滑油的性能而加入的各种添加剂，这些添加剂大多数属于表面活性物质，它们的存在降低了润滑油中气-液界面的表面张力，而表面张力越小，越易起泡，使润滑油的发泡力显著增强。而泡沫稳定性，则与油品的黏度、可塑性和坚韧性等因素有关，表面黏度越大，可塑性和坚韧性越好，泡沫的稳定性就越好。

1. 润滑油发泡的原因

造成润滑油发泡的原因主要有：

①使用了各种添加剂，特别是一些具有表面活性的添加剂；

②润滑油本身氧化分解也能产生部分气体；

③机械的强烈震荡及润滑油的循环；

④油温上升和压力下降而释放出空气。

2. 润滑油发泡的危害性

润滑油发泡的危害性主要表现在：

①增大润滑油与空气的接触面积，促进油品氧化，缩短润滑油的使用寿命。

②降低油品冷却效果，致使部件过热，甚至烧损。

③破坏正常润滑状态，使润滑系统产生气阻、断油等现象，加速机件磨损。

3. 润滑油的抗泡方法

目前，针对润滑油的抗泡方法主要有物理抗泡法、机械抗泡法和化学抗泡法三种。

①物理抗泡法。如用升温和降温破泡，升温可使润滑油黏度降低，油膜变薄，从而降低泡沫的稳定性，使泡沫容易破裂；降温可使油膜表面弹性降低，强度下降，也可降低泡沫的稳定性，从而达到抗泡的目的；

②机械抗泡法。如用急剧的压力变化、离心分离溶液和泡沫、超声波以及过滤等方法；

③化学抗泡法。如添加与发泡物质发生化学反应或溶解发泡物质的化学品以及加抗泡剂等，通常在油品中加入抗泡剂效果最好、方法简单，因此被国内外广泛采用。

5.9.2 抗泡剂的种类

抗泡剂是碳链较短的表面活性剂，如醇或醚等。常用的抗泡剂有硅型和非硅型两大类。

1. 有机硅型抗泡剂

作为润滑油抗泡剂使用的有机硅多是一些无臭、无味的有机液体。其结构如下所示。

$$
\begin{matrix}
& R & & R & & R & & R \\
& | & & | & & | & & | \\
R- & Si & -O- & Si & -O- & Si & \cdots -O- & Si & -R \\
& | & & | & & | & & | \\
& R & & R & & R & & R
\end{matrix}
\tag{5-5}
$$

结构中 R 为有机物，当 R 为—CH_3 时，该聚合物称为二甲基硅氧烷(简称二甲基硅油)，具有化学稳定性好、凝点低、挥发性小、抗氧性和抗高温性能好等优点，是目前使用范围最广、最普遍的一种润滑油抗泡剂。当 R 为直链且碳链中碳数增加时，聚合物会逐渐丧失二甲基硅油的特性而呈现出有机物的特点，表面张力也逐渐增大，从而丧失作为抗泡剂的能力。

二甲基硅油是一种强的表面活性物质，以高度分散的胶体粒子状态存在。硅油在润滑油中，只有处于不溶状态时，才具有抗泡性，若处于溶解态，不但无抗泡作用，反而起发泡剂作用。因此，正确选择硅油的黏度很重要。低黏度硅油易分散，破泡性好，但因溶解度大而缺乏抗泡持续性；高黏度硅油破泡性差，但持续性好。可将低黏度和高黏度硅油混合使用。

此外，分散在油中的硅油粒子越小，抗泡效果越好，持续性也越好。为此，通常采用以下方法将其加入润滑油，使硅油达到理想的分散状态：

①将硅油溶于煤油、轻柴油、溶剂油等溶剂中，配成溶液，然后在搅拌下加入润滑油；

②在高温、高速搅拌下将硅油加入油品中。

2. 非硅抗泡剂

非硅抗泡剂多是一些聚合物，使用较多的是丙烯酸酯或甲基丙烯酸酯的均聚物或共聚物。

非硅抗泡剂的优点是具有抗泡稳定性、持续性好，溶于油，易调和，在酸性介质中仍具有良好的抗泡效果，对调和技术不敏感等；缺点是用量比硅油多，主要适用于中、小黏度润滑油。

5.9.3 作用机理

抗泡剂的作用机理较为复杂，说法不一，具有代表性的观点有降低部分表面张力、扩张和渗透三种观点。

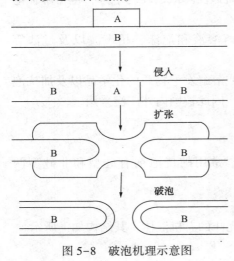

图 5-8 破泡机理示意图

1. 降低部分表面张力

这种观点认为抗泡剂的表面张力比发泡液小，当抗泡剂与泡膜接触后，吸附于泡膜上，继续浸入膜内，使该部分的表面张力显著地降低，而膜面其余部分仍保持着原来较大的表面张力，这种在泡膜上的张力差异，使较强的张力牵引着张力较弱的部分，从而使泡膜破裂。

2. 扩张（罗斯观点）

这种观点认为抗泡剂小滴 A 首先吸附在泡膜上，继而进入泡膜内成为膜的一部分，然后在膜上扩张，随着抗泡剂的扩张，抗泡剂最初进入部分开始变薄，最后导致破裂，如图 5-8 所示。

3. 渗透

这种观点认为抗泡剂的作用是增加气泡壁对空气的渗透性，从而加速泡沫的合并，减少了泡膜壁的强度和弹性，达到破泡的目的。

5.10 复合添加剂

5.10.1 复合添加剂及复合效应

把必要加入的添加剂按最佳比例混合在一起，称为复合添加剂。在复合使用时，不同的添加剂之间有着不同的效应：

①加合效应。不同添加剂的复合效能水平，基本上相当于在数量上每种添加剂的简单加合，而不同性能类型的添加剂之间互不影响。

②对抗效应。不同添加剂的复合效能水平，低于每种添加剂的简单加合水平，添加剂之间产生了相互抵消抑制作用。

③超加合效应。不同添加剂的复合效能水平超过每种添加剂的简单加合水平，比同样添加量单独使用时水平高。添加剂之间产生了相互促进、增效作用，这就是添加剂的协同效应，协同效应也叫超加合效应。

为了取得最佳而又最经济的效果，在添加剂复合时，一般应遵循以下原则：

①优先考虑加合效应。一般清净剂与分散剂或抗氧剂与金属减活剂复合都有增效作用。

②应避免对抗作用。如极压剂和摩擦改进剂都是在接触表面上起作用的添加剂，发挥功效的第一步是在表面上吸附，摩擦改进剂的极性通常比极压剂强，由于竞争吸附作用，摩擦改进剂的分子优先吸附，会造成极压剂的作用不易发挥。

③不过分追求某一参数值，配方中某一项指标特别好，可能会牺牲其他性能，甚至影响配方的全面性能。

④全面平衡复合添加剂之间性能，达到规格要求。

5.10.2　内燃机油复合添加剂

内燃机油用量占整个润滑油的半数以上，它包括汽油机油、柴油机油、通用车用发动机油、二冲程汽油机油、天然气发动机油、铁路机车用油、拖拉机发动机油和船用柴油机油。内燃机油所用添加剂占整个添加剂种类的20%，而数量约占整个添加剂的80%。它们所用的添加剂的类型有清净剂、分散剂、抗氧剂、黏度指数改进剂、降凝剂、抗磨剂及摩擦改进剂和抗泡剂等。

1. 汽油机油复合添加剂

汽油机油复合添加剂中都含有三种以上的功能添加剂，其中清净剂、分散剂、抗氧抗腐剂是必不可少的。一般清净剂常用磺酸钙、磺酸镁、硫化烷基酚钙等，分散剂常用单丁二酰亚胺、高相对分子质量丁二酰亚胺；抗氧抗腐剂常用仲烷或伯仲烷二烷基二硫代磷酸锌、二烷基氨基甲酸锌，另外，还常用二烷基二苯胺、烷基酚和有机铜化合物等作为辅助抗氧剂，为了节能还要加酯类、硫磷酸钼和二烷基氨基甲酸钼等摩擦改进剂。汽油机油质量等级每升级一次，相应的复合添加剂都在原有的基础上得到改进，或是调整了配方或是用了新的添加剂来适应评定要求。

2. 柴油机油复合添加剂

柴油机与汽油机不同，柴油机是压燃式，而汽油机是点燃式，两者有所差异。一是柴油燃烧后的烟灰比汽油多，烟灰多容易在顶环槽内沉积；二是柴油中含硫量比汽油多，燃烧后生成的酸性物质多，生成的酸易导致环和缸套的腐蚀磨损；三是柴油机比汽油机的热负荷大，汽缸区的温度高，高温易使润滑油氧化变质。从以上三个特点可看出，柴油机油应具有良好的高温清净性，酸中和性能，热氧化安定性以及其他性能。汽油机油与柴油机油所用的功能添加剂虽然都是清净剂、分散剂和抗氧抗腐剂，但由于解决问题的侧重点不同，因此各功能添加剂在复合剂中的比例和种类也有所差异。汽油机低温油泥比较突出，故其复合添加剂中分散剂的比例较大；相反柴油机的高温清净性和抗氧问题突出，其复合添加剂中清净剂的比例较大，特别是热负荷大的 CD 级以上的柴油机油复合添加剂中还要加入热稳定性好的硫化烷基酚盐来解决高温抗氧问题，分散剂要用热稳定性好的双或多丁二酰亚胺和高相对分子质量丁二酰亚胺，而抗氧剂的 ZDDP 也要用热稳定性更好的长链二烷基二硫代磷酸锌；目前为了解决尾气三元转化器中催化剂中毒问题，逐步在减少 ZDDP 的用量，并采用一些二烷基苯胺或酚酯型抗氧剂作为补充。

3. 通用汽柴油机油复合添加剂

西方国家的汽车运输队一般是汽油机和柴油机两种汽车所组成的混合车队。如果分别用汽油机油和柴油机油两种润滑油来满足要求，往往会出现错用油的现象而造成事故。通用油就是为了适应这种情况而产生的，它的出现能简化发动机油品种，方便用户，又解决了错用油问题。

通用油复合添加剂为了兼顾汽油机和柴油机对润滑油的要求，一般在 CC/SD 级以下的通用油的复合添加剂中多采用分散剂、清净剂(磺酸盐)和 ZDDP 三组分进行复合配制就能满足其性能要求(不少公司 CC 级油中也加入硫化烷基酚盐);而在配制 CD/SE 级以上通用油时,其复合添加剂的组分非常复杂:分散剂中常采用两种以上的复合,清净剂中除磺酸盐(其中包括磺酸钙及磺酸镁盐复合)外,还要加热稳定性好的清净剂,如烷基水杨酸盐或硫化烷基酚盐,抗氧抗腐剂多采用 ZDDP,其中除伯烷基外还有的添加仲烷基及长链伯烷基等抗磨及热稳性好的 ZDDP。因此,通用油中添加剂的加入量比非通用油多一些,成本也较高,这是其缺点,但通用油的换油期比非通用油长,润滑油油耗也低,二者相抵销,用通用油在经济上仍然是合理的,所以很受欢迎。

中国在发展汽油机油和柴油机油复合添加剂的同时,也发展了通用油复合添加剂。根据中国车辆情况,已经开发出 SC/CC、SD/CC、SE/CC、SF/CC、SF/CD 等汽/柴油机油通用油复合添加剂。

内燃机油复合添加剂除汽柴机油复合添加剂外还有二冲程和四冲程摩托车汽油机油复合添加剂、天然气发动机油复合添加剂、铁路机车发动机油复合添加剂等,因其润滑油所处环境不同,各发动机的技术发展过程也不尽相同,所以其润滑油质量等级的发展过程、各种添加剂的加量及复合添加剂的研发也存在差异,但复合添加剂的更新换代同样是应发动机的技术进步及环保方面的要求进行的。

国内内燃机油复合添加剂配方在近年来发展是比较快的,在各个领域内都开展了工作,也取得了相当大的进展。汽油机油已经有 SC 至 SL 级油复合添加剂,柴油机油有 CC 至 CH-4 级油复合添加剂,通用汽柴油机油复合添加剂有 SC/CC、SD/CC、SE/CC、SF/CC、SF/CD 级等。在铁路机车用油方面国内已经达到第三代和第四代油复合添加剂的质量水平,基本满足了国内机车用油的要求。拖拉机油大多用柴油机油来满足,二冲程汽油机油有 II 档和 III 档质量水平的复合添加剂和船用发动机油的汽缸润滑油、系统润滑油和曲轴箱润滑油三种类型的复合添加剂。

5.10.3 齿轮油复合添加剂

齿轮油复合添加剂包括汽车齿轮油复合添加剂、工业齿轮油复合添加剂和通用齿轮油复合添加剂。齿轮油复合添加剂一般用极压抗磨剂、摩擦改进剂、抗氧剂、抗乳化剂、防锈剂、防腐剂、降凝剂、黏度指数改进剂和抗泡剂等复合而成。

1. 车辆齿轮油复合添加剂

车辆齿轮油所用添加剂要保证油品应具有优良的承载能力,在低速高扭矩和高速冲击载荷条件下都能保护齿面。不同的添加剂在双曲线齿轮油中作用也不同,硫化烯烃在高速冲击载荷条件下有效,低活性硫化脂肪酸酯在高扭矩条件下有效,低活性硫化脂肪酸、酸性亚磷酸酯和中性硫代磷酸酯在两种情况下皆有效。脂肪酸和脂肪酸酯摩擦改进剂在高扭矩条件下有效,但在高速冲击载荷条件下有害。

目前最先进的第四代硫-磷型车辆齿轮油一般为无灰型的车辆齿轮油。硫-磷型齿轮油复合添加剂主要以硫化烯烃和磷酸酯(磷酸酯胺盐或硫代磷酸酯胺盐)为主,再加上抗氧剂、防锈剂及抗泡剂等添加剂复配而成。无灰硫-磷型车辆齿轮油具有颜色浅、热安定性、耐久性、储存稳定性及相溶性好等优点。因此,无灰第四代硫-磷型齿轮油是目前车辆齿轮油及其添加剂的研究方向,含磷添加剂的合成技术及其复配技术是车辆齿轮油及其添加剂研究的关键。随着基础油质量的提高和添加剂技术的进步,在车辆齿轮油中的添加剂的量也在逐步减少,经济性不断改善,目前国外各大齿轮油复合添加剂生产商相继推出自己的低剂量产品。

2. 工业齿轮油复合添加剂

对工业齿轮油要求具有较高的热安定性、抗乳化性和极压抗磨性，所用添加剂与车辆齿轮油相似，但有的工业齿轮油要求引入热稳定性好的油性剂。目前工业齿轮油复合添加剂主要以硫-磷型为主。

3. 通用齿轮油复合添加剂

由于车辆齿轮油和工业齿轮油所要求的含磷和含硫极压抗磨剂基本上大同小异，就为发展通用齿轮油复合添加剂奠定了基础。通用齿轮油复合添加剂既方便用户，又减少了错用油的可能性，故发展速度很快。目前单独用于车辆齿轮油或工业齿轮油的复合添加剂越来越少，更多的是使用通用型的复合添加剂。在发展这类配方时，考虑到车辆齿轮油和工业齿轮油两方面的性能要求，只要改变复合添加剂中各功能单剂的配比，就可满足不同类型和不同质量水平的齿轮油的要求。

通用齿轮油复合添加剂性能稳定、使用方便，也可减少调和误差、方便储存，可以避免储存多种单功能添加剂的麻烦，对生产添加剂的公司或厂家来说，可以把若干添加剂配套销售。

我国车辆齿轮油的生产开始于 20 世纪 60 年代初，目前国内已经有工业齿轮油、车辆齿轮油和通用齿轮油复合添加剂，其加剂量与国外相当，完全能满足现行齿轮油规格的要求。

5.10.4 液压油复合添加剂

液压油主要有防锈抗氧液压油、抗磨液压油、低温液压油和抗燃液压油，并且国内外都有相应能满足其性能要求的液压油复合添加剂。

1. 防锈抗氧液压油复合添加剂

防锈抗氧液压油复合添加剂主要是以抗氧剂、防锈剂为主配制而成的复合添加剂，具有优良的防锈性和氧化安定性能，适用于通用机床的液压系统。

2. 抗磨液压油复合添加剂

抗磨液压油是在防锈抗氧液压油的基础上发展而来的，其复合添加剂是以抗磨剂、防锈剂和抗氧剂为主，并添加金属减活剂、抗乳化剂和抗泡剂配制而成。与防锈抗氧液压油相比，抗磨液压油在中、高压系统中使用时不仅具有良好的防锈、抗氧性，而且抗磨性更为突出，可提高液压油泵(叶片泵、活塞泵、齿轮泵、凸轮泵、螺杆泵)的寿命，一般比普通防锈抗氧液压油延长数十倍。

目前，抗磨液压油复合添加剂有含锌型(有灰型)和无锌型(无灰型)两类型。含锌型复合添加剂使用的抗磨剂主要是仲烷基的 ZDDP，这类 ZDDP 具有良好的抗磨、抗氧性能，抗乳化及水解安定性也不错，成本也低，唯一缺点是热稳定性差。使用的防锈剂多为烯基丁二酸和中性石油磺酸钡；其抗氧剂为 2，6-二叔丁基对甲酚和萘胺等；金属减活剂为噻二唑衍生物和苯三唑衍生物；此外还使用有抗乳化剂、降凝剂和抗泡剂等。无锌型抗磨液压油复合添加剂与含锌型复合添加剂的不同之处在于用烃类硫化物、磷酸酯、亚磷酸酯等或把它们与硫代磷酸酯(或其胺盐)复合作为抗磨剂来代替 ZDDP，因此，无锌型抗磨液压油复合添加剂具有灰分低、水溶稳定性强、抗氧化性好、腐蚀性低等优点。无灰型抗磨液压油已得到应用，但价格较贵，目前国外仍以含锌型抗磨液压油为主，无灰型占少数。

3. 低温液压油复合添加剂

低温液压油主要性能是凝点低、黏度指数高、低温黏度小、油膜强度大和稳定性好等。为保证低温液压油的性能，在低温液压油复合添加剂中除含有抗磨剂、抗氧剂、防锈剂和抗泡剂等功能添加剂外，所使用的黏度指数改进剂为抗剪切性和低温性能都较好的聚甲基丙烯酸酯，也有的配方用聚异丁烯、聚烷基苯乙烯。

4. 抗燃液压油复合添加剂

抗燃液压油的介质不是油而是水或磷酸酯，它所用的添加剂有些差异，乳化型的一定要用乳化剂使油水乳化，然后添加一些防锈、抗氧和抗磨剂等，有的是水溶性的，这是与前面所用添加剂的不同之处。

目前国内生产液压油所用的添加剂，如 ZDDP 抗磨剂，酚类和胺类抗氧剂，石油磺酸盐和烯基丁二酸防锈剂，用作乳化剂的表面活性剂，苯三唑衍生物和噻二唑衍生物型金属减活剂，硅型和非硅型抗泡剂和降凝剂等国内均有工业生产。国内防锈抗氧液压油和抗磨液压油复合添加剂(无灰和有灰型抗磨液压油复合添加剂)均有工业生产。国内生产的由各类单剂复合配制的高压抗磨液压油复合添加剂可满足现行液压油的规格要求。

5.10.5　自动传动液复合添加剂

自动传动液(ATF)是一种多功能、多用途的液体。它主要用于轿车和轻型卡车的自动变速系统，也用于大型装载车的变速传动箱、动力转向系统，农用机械的分动箱。在工业上广泛用作各种扭矩转换器、液力偶合器、功率调节泵、手动齿轮箱及动力转向器的工作介质。

自动传动液通常应具有良好的低温流动性、清净分散性、氧化安定性、抗泡性、防橡胶膨胀性和防锈性能等。针对这些要求，自动传动液复合添加剂一般都含有黏度指数改进剂、降凝剂、清净剂、分散剂、抗氧剂、抗磨剂、防锈剂、金属减活剂、摩擦改进剂、抗泡剂、密封材料溶胀剂等多种添加剂。自动传动液中总加剂量高达 10%~15%，其中约一半为黏度指数改进剂。

现代自动传动液复合添加剂中，无灰分散剂占大部分，主要是烯基丁二酰亚胺；抗氧剂中胺型或酚型品种非常重要，可控制氧化延长油品的使用寿命；抗磨剂以磷为基础，从烷基磷酸酯或亚磷酸酯一直到含有锌或无锌的二硫代磷酸酯，能防止金属之间的磨损；力求达到好的低温流动性的特殊类型黏度指数改进剂，是复合添加剂中添加量最大的组分之一，主要类型有聚甲基丙烯酸酯和聚烷基苯乙烯等；密封膨胀剂用来防止橡胶膨胀、收缩和硬化以保证密封性，主要有磷酸酯、芳香族化合物和氯化烃；抗泡剂用来抑制自动传动液在狭小油路里高速循环时起泡，以保证油压稳定和防止烧结，主要是硅油或非硅抗泡剂；摩擦改进剂主要是由长链极性物质组成，如脂肪酸、酰胺类、高相对分子质量的磷酸酯或亚磷酸酯和硫化鲸鱼代用品等，能使自动传动液有适当油性，保证有相匹配的静摩擦系数和动摩擦系数。

我国汽车自动传动液经过科技攻关，研制的无锌和低锌两种复合添加剂产品，达到了国外同类产品的质量水平，可以应用到一些进口汽车自动传动液。

5.10.6　其他复合添加剂

除了前述的几种复合添加剂以外，还有一些复合添加剂，其中用得较多的有补充复合添加剂、导轨油复合添加剂、液压导轨油复合添加剂、汽轮机油复合添加剂、压缩机油复合添加剂、链条油复合添加剂、蜗轮蜗杆油复合添加剂、导热油复合添加剂、油膜轴承油复合添加剂、变压器油复合添加剂、针织油乳化复合添加剂和防锈油复合添加剂等。除补充复合添加剂不能单独使用外，其他都可单独使用。

补充复合添加剂通常是与主复合添加剂配合后起作用，一般可提高主复合添加剂的性能或等级。如有的补充复合添加剂可与主复合剂复配后提高原复合添加剂的等级，有的可通过调节与主复合剂的比例来满足不同等级润滑油的要求；也有作为成品油增强剂使用的，在一定质量水平的油品中补加这种成品油加强剂就可提高原成品油的等级。

复合添加剂的发展是润滑油生产的一大进步，也是今后润滑油生产的方向。

第6章 润滑油的调和

6.1 概　述

随着经济和科学技术的飞速发展，对润滑油使用性能的要求越来越高，单一组分的润滑油基础油很难满足这种不断提高的要求，所制备的产品也达不到各类润滑油产品的规格标准；此外，润滑油品种繁多，若要对生产每种牌号的润滑油都要在原油初馏时专门切割出一个馏分，那是根本无法实施的。解决上述问题的方法是在原油初馏时，先切割出许多窄馏分，经精制加工后得到基础油，再按照不同的规格要求，选定几种润滑油基础油并加入一种或几种添加剂，将该体系均匀混合构成润滑油产品，以赋予或改善润滑油的某些理化性质和使用性能，满足产品的规格标准。因此，润滑油调和技术就成了现代润滑油生产过程的不可缺少的内容。

在一定条件下，把性质和组成相近的两种或两种以上的基础油，按一定比例混合并加入添加剂的过程称为调和。因此所谓润滑油调和包括基础油的调和和基础油与添加剂的调和两方面内容。基础油调和是把不同牌号的中性油调和成黏度、凝点等理化指标满足要求的基础油；基础油与添加剂的调和则是按配方规定的比例把已混合好的基础油与添加剂调和成理化指标和使用性能都符合规格标准的商品润滑油。润滑油调和一般需要 1~3 种基础油和 1~5 种添加剂。

研究调和技术的目的一是利用合适的组分，生产出符合规格要求的、性质稳定的商品润滑油；二是合理利用资源、扩大生产灵活性、降低成本，取得好的企业经济效益和社会效益。总之，通过调和，可以改善基础油本身的抗氧化安定性、热安定性、极压性和黏度等理化指标，赋予其新的特殊性能，或加强其原来具有的某种性质，满足更高的质量要求。润滑油调和技术涉及许多方面的知识，如油品物性、计算机应用、仪表自控等，还需要树立质量意识、成本意识、效益意识等，同时要有丰富的实践经验，以便用最少的原料、用最短的时间，尽可能一次调和出质量符合要求的产品。

随着润滑油的市场竞争日趋激烈，也促使润滑油产品朝着精、细、廉的方向发展。因此，润滑油调和技术越来越受到重视和研究开发。

6.2 调 和 机 理

润滑油调和大部分为液-液相互相溶解的均相混合；个别情况下也有不互溶液-液相，混合后形成液-液分散体；当润滑油添加剂是固体时，则形成液-固相的非均相混合或溶解。固态的添加剂不多，而且最终因要求互溶而形成均相。所以，主要讨论一下液-液相互相溶解的均相混合。

经过研究，一般认为液−液相均相混合遵循以下三种扩散机理：

1. 分子扩散

由分子的相对运动引起的物质传递称为分子扩散。这种扩散是在分子尺度的空间内进行的。

2. 涡流扩散

当机械能传递给液体物料时，在高速流体和低速流体分界面上的流体，受到强烈的剪切作用，产生大量的涡旋，由涡旋分裂运动所引起物质传递称为涡流扩散。这种混合过程是在涡旋尺度的空间内进行的。

3. 主体对流扩散

主体对流扩散包括所有分子运动或涡旋运动以外的大范围的全部液体循环流动所引起的物质传递，如搅拌槽内对流循环所引起的传质过程。主体对流扩散把不同的物料"剪切"成较大的"团块"而混合到一起，主体内的物料并没有达到均质。通过大"团块"界面间的涡流扩散，把物料的不均匀程度缩小到涡流本身的大小，此时虽没有达到均质混合，但是"团块"已经变得很小，而数量很多，使"团块"间的接触面积大大增加，为分子扩散的加速创造了条件，最后通过分子扩散使全部油料达到完全均匀的分布。这种混合过程是在大尺度空间内进行的。

润滑油调和是上述三种扩散过程的综合。但由于油品的黏度差别很大，在实际调和时究竟哪种扩散起主导作用是不尽相同的，例如，对于低黏度的轻质润滑油调和，涡流扩散将起到重要的作用，但最终还是要由分子扩散达到完全均匀的混合。

6.3 调 和 工 艺

润滑油调和工艺或调和方法随着科学技术的发展，尤其是计量手段、控制手段和质量检测、性能测试评定手段的进步和发展，不断得以改进，形式多种多样。但是常用的调和工艺归纳起来仍可划分为两大基本类型：一是罐式调和；二是管道调和。这两种调和工艺具有各自的优势，分别适用于不同场合，所以目前两种调和方式共存。罐式调和也称为间歇调和、离线调和，该调和系统是将基础油、添加剂按比例直接送到调和罐，经过搅拌后，即为成品油。管道调和也称为连续调和、在线调和、连续在线调和，该调和系统是根据配方要求，按照各组分比例控制管道内原料油流速，经过混合器后即成为成品油，可直接输送到缓冲罐进行罐装。罐式调和系统的特点是各组分送到调和罐的速率快，但搅拌时间长。润滑油管道调和控制系统包括基础油管道和添加剂管道，通过变频器实时在线调整管道泵的转速，使得各条管道中原料油的流量实现动态调整以达到预设定的比例，保证最优的调和精度。有时也将油品调和工艺分为三种方式：罐式调和、罐式−管道调和（部分在线调和）、管道自动调和。其中，罐式−管道调和是根据生产需要介于两者之间的一种复合型工艺（过渡型工艺）。

6.3.1 罐式调和

罐式调和是把待调和的组分油、添加剂等，按所规定的调和比例，分别送入调和罐内，再用泵循环、电动搅拌等方法将它们均匀混合成产品的调和工艺。这种调和方法操作简单，不受装置馏出口组分油质量波动影响，适合批量少、组分多的润滑油调和，也适用于存在非流体状态添加剂的润滑油产品的调和。目前国内大部分润滑油生产厂采用此调和方法，但需要数量较多的组分罐，调和时间长、易氧化、调和过程复杂、油品损耗大、能源消耗多、调和作业必须分批进行，调和比不精确。在具体操作中有以下两种方案：

①组分罐与成品油调和罐分开，各装置生产的组分油先单独进组分油罐，确定调和的目的产品，然后采样分析组分油的质量指标，通过计算公式或经验确定调和量进成品调和油罐。

②不分组分罐和成品油调和罐，各装置生产的组分油合流进罐，采样分析罐中油品质量指标，符合调和的产品质量指标即可出厂，不符合调和产品质量指标，将其他组分油通过计算或经验确定调和量进调和油罐，并循环。

根据罐内搅拌方式的不同，罐式调和主要有机械搅拌调和和泵循环调和。

1. 机械搅拌调和

机械搅拌调和是指被调和物料在搅拌器的作用下，形成主体对流和涡流扩散传质、分子扩散传质，使全部物料性质达到均一。罐内物料在搅拌器转动时产生两个方向的运动：一是沿搅拌器的轴线方向的向前运动，当受到罐壁或罐底的阻挡时，改变其运动方向，经多次变向后，最终形成近似圆周的循环流动；二是沿搅拌器桨叶的旋转方向形成的圆周运动，使物料翻滚，最终达到混合均匀的目的。

搅拌器的安装方式有两种：

①罐壁伸入式：采用多个搅拌器时，应将搅拌器集中布置在罐壁的 1/4 圆周范围内。

②罐顶进入式：可采用罐顶中央进入式，也可不在罐顶正中心。

搅拌器的结构类型对搅拌效果的影响很大。一般按搅拌器对流体作用的流动方向可将搅拌器分为两类：轴流型与径流型。现在实际应用的有很多新型搅拌器。如推进式搅拌器、桨式搅拌器、螺带式搅拌器等。推进式搅拌器是一种轴流型搅拌器，当其旋转时能很好地使流体在随桨叶旋转的同时上下翻滚。一般适用于低黏度流体的混合操作；桨式搅拌器是一种径流型低速搅拌器，需要较长的调和时间，但所需的功率较小。

2. 泵循环搅拌调和

泵循环搅拌调和是指用泵不断地将罐内物料从罐底部抽出，再返回调和罐，在泵的作用下形成主体对流扩散和涡流扩散，使油品调和均匀。为了提高调和效率，降低能耗，在实际生产中通过不断对泵循环调和的方法进行改进，目前主要有泵循环喷嘴搅拌调和和静态混合器调和等方式。

(1)泵循环喷嘴搅拌调和

泵循环调和是把需要调和的各组分油送入罐内，利用泵不断地从罐体底部抽出油品，然后把油品打回流至罐内，如此循环一定时间，使各组分调和均匀，达到预期要求。在调和油罐内设有喷嘴，通过喷嘴射流混合被调和的物料。高速射流穿过罐内静止的物料，可以推动前方的液体流动形成主体对流运动，同时，在射流边界上存在的高剪切速率造成大量旋涡，把周围液体卷入射流中，把动量传给低速流体，同时使两部分流体很好混合。这种方法适于调和比例变化范围较大、批量较大和中黏度、低黏度油品的调和，设备简单，效率高，管理方便。

喷嘴分为单头喷嘴、多头喷嘴、旋转喷嘴等类型。单喷嘴本身就是一个流线型锥形体，安装在罐内靠近罐底的罐壁进油管上，倾斜向上。喷嘴喷出的油流延长线与罐顶最高液面的交点应在油罐直径的 2/3 处。多喷嘴一般由 5 个或 7 个喷嘴组合而成，整套安装在罐底部中心，采用法兰与油罐内输油管线相连接，并垂直向上，四周喷嘴围绕中心喷嘴，以一定角度向四周倾斜。旋转喷嘴安装方式与多头喷嘴相同，就是在多头喷嘴基础上增加旋转轴承。

（2）静态混合器调和

静态混合器调和就是在循环泵出口、物料进调和罐之前增加一个合适的静态混合器，以强化混合，大大提高调和效率。据报道，这种调和比机械搅拌缩短一半以上的调和时间，且油品质量也优于机械搅拌。

6.3.2 管道调和

管道调和（包括油罐-管道调和）是利用自动化仪表控制各个被调和组分的流量，并将各基础油与添加剂按预定比例送入总管和管道混合器，使基础油与添加剂在其中混流均匀，调和成符合质量指标的成品油；或者在先进的在线成分分析仪表的监控下连续控制调和成品油的质量指标，实现各组分油在管线中经管道混合器混流均匀，自动调和目的。经过均匀混合的油品从管道的另一端出来，理化指标和使用性能达到预定要求，油品即可直接灌装或进入成品油罐储存。管道调和适于品种少、量大的油品调和。前期投资相对较大，但能节约时间，降低能耗，实现优化控制。

管道调和一般由以下部分组成：

1. 储罐

连续调和装置中的储罐主要有基础油储罐、添加剂组分罐和成品油罐。

2. 组分通道

每一个组分的通道包括配料泵、计量表、过滤器、排气罐、控制阀、温度传感器、止回阀和压力调节阀等。组分通道的多少依据调和油品的组分数而定，一般为 5~7 个通道。

3. 总管、混合器和脱水器

各组分通道出口均与总管相连，各组分按预定的准确比例汇集到总管。混合器又称为均质器，物料在此被混合均匀，该设备可以为静态混合器，也可以为电动型混合器。脱水器的作用是将油品中的微量水脱除，一般为真空脱水器。

4. 在线质量仪表

在线质量仪表主要包括黏度表、倾点表、闪点表和比色表等。

5. 自动控制和管理系统

根据控制管理水平的要求，可选用不同的计算机及辅助设备作为自动控制和管理系统。

6. 扫线及清洗控制系统

自动球扫线系统采用中央计算机控制，可以自动完成管道清扫工作，清扫效果良好，可实现用一根输油管输送不同种类的油品。

管线清扫系统一般由清扫球、发球站、收球站、特殊输送管线、管线分配阀、管线三通阀和可用球扫的装车臂等组成。

6.3.3 两种调和工艺的比较

罐式调和是把定量的各组分依次或同时加入到调和罐中，加料过程中不需要度量和控制组分的流量，只需确定最后的数量。当所有的组分配齐后，调和罐便可开始搅拌，使其混合均匀。调和过程中随时采样化验分析油品的性质，也可随时补加某种不足的组分，直至产品完全符合规格标准。这种调和方法，工艺和设备比较简单，不需要精密的流量计和高度可靠的自动控制手段，也不需要在线的质量检测手段。因此，建设此种调和装置所需投资少，易于实现。此种调和装置的生产能力受调和罐大小的限制，只要选择合适的调和罐，就可以满足一定生产能力的要求，但劳动强度大。

管道调和是把全部调和组分以正确的比例同时送入调和器进行调和，从管道的出口即得到质量符合规格要求的最终产品。这种调和方法需要有满足混合要求的连续混合器，需要有能够精确计量、控制各组分流量的计量器和控制手段，还要有在线质量分析仪表和计算机控制系统。由于该调和方法具备上述先进的设备和手段，所以连续调和可以实现优化控制，合理利用资源，减少不必要的质量过剩，从而降低成本。该调和过程是连续进行的，其生产能力取决于组分罐和成品罐容量的大小。

综上所述，油罐调和设备简单，投资较少，适合批量小、组分多的油品调和；而管道连续调和相对投资较大，适合生产规模大、品种和组分数较少，又有足够的储罐容量和资金能力时的调和。调和厂的建设具体采取何种调和方法，需作具体的可行性研究，进行技术经济分析才能最后确定。

6.3.4 调和优化软件

近年来，为了满足高品质润滑油质量指标的要求，润滑油调和工艺发生了巨大变化，国外各大软件厂商纷纷开发出各自的调和优化软件包，其中同步计量自动调和 SMB(Simultaneous Metering Blender)、自动批量调和 ABB(Automatic Batch Blender)以及在线调和 ILB(In Line Blender)是现代润滑油调和过程较为先进的调和生产工艺。

1. 同步计量自动调和技术(SMB)

目前国际上 ABB 和 FMC 公司的润滑油调和技术较为成熟，也为国际石油公司在中国的润滑油生产厂所普遍使用。同步计量自动调和 SMB 就是将组分罐中各组分基础油和添加剂分别用泵通过质量流量计从多个调和支管同步进入一个集合管网中，然后输送到下游制定的调和罐中进行调和。SMB 调和系统各组分直接通过集合管进入储罐调和，储罐中配备搅拌设施，使产品混合均匀。SMB 调和系统中还配有清扫球系统，可先将罐内的存油全部扫入调和罐内。

与传统调和工艺相比，同步计量自动调和 SMB 不仅可将生产周期大大缩短，而且投料精度也远远高于传统计量方式，在大批量润滑油生产过程中具有效率高、能耗低以及计量准确的优势，适用于任何批量大小的产品。

2. 自动批量调和技术(ABB)

自动批量调和技术 ABB 属于罐式调和，根据调和配方要求，由主控系统的计算机计算出各种基础油、添加剂原料需要量，通过质量流量计或悬挂着的称重罐计量后，依次注入调和釜，然后开启搅拌器，通过机械搅拌至混合均匀。ABB 装置一般采用钢结构支撑的上下两层调和釜结构，添加剂进料预调和釜位于装置上层，底釜一般用于基础油和加入比例较大添加剂的混配，并配置桶装添加剂抽提单元(Drum Decanting Unit，DDU)用于桶装添加剂的加入。

由于 ABB 是采用称重电子原件对进料量进行控制，投料的精度比 SMB 高，因此 ABB 调和一般用于生产批量小、原料种类多、添加剂加入比例精度高(一般不低于 0.1%)的小批量高档产品调和。

ABB 所配套的 DDU 装置可实现对桶装添加剂的抽提，自身所带的清洗装置可实现对桶身挂壁添加剂的回用，一般的称重精度能达到±0.2kg。

3. 在线调和技术(ILB)

在线调和技术 ILB 是一种最高效的润滑油调和工艺，生产时各种组分按照工艺配方要求被同时按照比例注入调和母管，通过管道上的混合装置在线混合，直接生产出润滑油产品。ILB 装置的主要包括调和站和计算机管理系统两部分，调和站一般设置 4~9 个通道，每个通道适合一定比例范围组分。最大的通道一般用于基础油，占调和量的 15%~100%；最小的通道则用于桶装添加剂，占调和量的 0.2%~1%；中间的几个通道可以计量基础油和添加剂，分别占调和量的 10%~50%、5%~30% 等。每个调和通道处均设有空气干燥器、质量流量计、温度传感器、控制阀、单向阀以及扫线阀等。

在线调和适用于成品配方组分相对较少(一般不超过 6 种组分)、原料质量水平稳定、产品分析周期短、大批量状况下的快速生产。但相对来说，该法生产弹性较差，遇到原料物性参数变化，设备需按照参数变化规律曲线修正在线输送原料的流量，这可能会导致生产出的成品质量出现较大波动，因此，这种技术在国内尚未大范围普及，不过它的高效、快捷为众多润滑油生产企业所青睐，是现代化润滑油生产的发展方向。

目前，国外润滑油调和已广泛应用 SMB 系统、ABB 系统以及 ILB 系统，而国内大多数润滑油生产厂仍主要采用传统的罐式调和工艺，若能广泛推广先进的调和系统，将大大缩短国内在润滑油调和技术方面与国外先进国家的差距。

6.4　影响调和质量的因素

润滑油调和后的质量取决于多方面，如调和组分的质量、调和设备(泵、混合设备等)的效率等。这里主要分析工艺和操作因素对调和后油品质量的影响。

1. 组分的精确计量

组分的精确计量是各组分投料时正确比例的保证。批量调和虽不要求投料时流量的精确计量，但要保证投料最终的精确数量。对于连续调和而言，若流量计计量不准确，将会导致组分比例的失调，进而影响调和产品的质量。连续调和设备的优劣，除混合器外，就在于该系统的计量及其控制的可靠性和精确的程度，它应该确保在调和总管的任何部位取样，其物料的配比均是正确的。

2. 组分中的水含量

组分中含水会直接影响调和产品的浑浊度和油品的外观，有时还会引起某些添加剂的水解而降低添加剂的使用效果，因此应该防止组分中混入水分。但在实际生产中系统有水是难免的，为了保证油品质量，管道调和器负压操作，以脱除水分，或采用在线脱水器除水。

3. 组分中的空气

空气的存在不仅可能促进添加剂的反应和油品的变质，而且也会因气泡的存在导致组分计量的不准确，影响组分的正确配比，因为计量器一般使用容积式的。为了消除该不良影响，在管道连续调和装置中不仅混合器负压操作，还在辅助泵和配料泵之间安装自动空气分离罐，当组分通道内有气体时配料泵自动停机，直到气体从排气罐排完，配料泵才自动开启，从而保证计量的准确。

4. 调和组分的温度

调和温度过高可能引起油品和添加剂的氧化或变质；温度偏低会使组分的流动性变差，所以，要按照不同的油品和不同的添加剂量选择不同的调和温度，调和温度一般控制在 55~65℃ 的范围内。此外，还要特别注意避免物料的局部过热现象，否则会因基础油氧化、添加剂分解等现象而影响产品质量。

5. 调和时间

一般应按照物料数量、容器大小、搅拌力度等因素来确定调和时间。调和时间的选取需要一定的经验，如调和量大的需要的搅拌时间长一些，调和量小的搅拌时间可短一些，一般 10t 原料的调和时间为 30~40min。若加入难以混溶的添加剂量大，需要搅拌时间应适当延长一些。

6. 组分投料顺序

一般遵从的投料先后的原则为：先加入难以混溶的材料，如增黏剂；再加入添加量特别少的材料，如抗泡剂；最后加入其他容易混溶的材料。

7. 组分投料方法

有些添加剂非常黏稠，使用前必须熔融、稀释，调制成合适浓度的添加剂母液，否则既可能影响调和的均匀程度，又可能影响计量的精确度。但添加剂母液不应加入太多的稀释剂，以免影响润滑油产品的质量。

8. 调和系统的洁净度

调和系统内存在的固体杂质和非调和组分的基础油和添加剂等，都是对系统的污染，都可能造成调和产品质量的不合格，因此润滑油调和系统要保持清洁。从经济性考虑，无论是油罐调和还是管道调和，一个系统只调一个产品的可能性是极小的，因此非调和组分对系统的污染不可避免，管道连续调和采用氮气反吹处理系统，油罐间歇调和在必要时则必须彻底清扫。实际生产中一方面尽量清理污染物，另一方面则应尽量安排质量、品种相近的油在一个系统调和，以保证调和产品质量。

6.5　调和指标计算

涉及润滑油的主要质量指标有黏度、凝点和倾点、酸值、闪点、氧化安定性、残炭、灰分、水溶性酸碱、水分等。在这些质量指标中，有些在调和过程中是呈加成关系的，称为加成性参数，如胶质、硫含量、灰分、密度、残炭等；有些在调和过程中不呈加成关系的，称为不可加性参数，如黏度、闪点、凝点等。

加成性参数计算可采用下式：

$$M = \sum M_i P_i$$

式中　M——调和油品的理化参数；

M_i——各调和基础油的理化参数；

P_i——各调和组分的体积（或质量）分数。

不可加性参数的计算较复杂。可参阅相关资料借助于一些经验公式或者图表进行求取。

参 考 文 献

[1] 林世雄.石油炼制工程(第3版)[M].北京:石油工业出版社,2006.

[2] 陆士庆.炼油工艺学[M].北京:中国石化出版社,2007.

[3] 张宜哲,郭小川,何燕,等.表面活性剂在润滑油中的应用[J].重庆理工大学学报(自然科学),2017,31(3):66-71.

[4] 郑灌生.润滑油生产装置技术问答[M].北京:中国石化出版社,2005.

[5] 安青,刘善培,朱士荣.润滑油加氢改质工艺的优化方案[J].炼油技术与工程,2018,48(1):25-27.

[6] 关子杰,钟光飞.润滑油应用技术问答[M].北京:中国石化出版社,2012.

[7] Ushio M, Kamiya K. Production of high *VI* base oil by VGOdeep hydrocracking[J]. ACS Div Pet Chem Inc Preprints, 1992, 37(4): 1293-1302.

[8] 沈本贤.石油炼制工艺学[M].北京:中国石化出版社,2013:445-449.

[9] 张晨辉,林亮智.润滑油应用与设备润滑[M].北京:机械工业出版社,2001.

[10] Roslaili A A, Nor Amirah A S, Nazry S M, et al. Determination of Structural and Dimensional Changes of O-Ring Polymer/Rubber Seals Immersed in Oils[J]. International Journal of Civil & Environmental Engineering, 2010, 10(5): 1-12.

[11] 邢颖春.国内外炼油装置技术现状与进展[M].北京:石油工业出版社,2006.

[12] 丁丽芹,张景河,梁生荣等.Mg盐清净剂金属化工艺的纳米化学微反应机理[J].石油学报(石油加工),2009,25(1):96-101.

[13] 关子杰,钟光飞.润滑油应用与采购指南(第2版)[M].北京:中国石化出版社,2010.

[14] Hourani N, Muller H, Adam F M, et al. Structural level characterization of base oils using advanced analytical techniques[J]. Energy & Fuels, 2015, 29(5): 2962-2970.

[15] 孔劲媛.国内外润滑油基础油市场分析及展望[J].润滑视界,2009(10):49-53.

[16] 熊云.油料应用及管理[M].北京:中国石化出版社,2004.

[17] 张志鹏,李瑞,施美玲,等.硫化烷基酚盐碱值对润滑油过滤性结果影响的研究[J].润滑油,2018,33(2):48-50.

[18] 李普庆,关子杰,耿英杰等.合成润滑剂及其应用(第二版)[M].北京:中国石化出版社,2006.

[19] H Kim, G Fannin. Optimize online monitoring of base oil[J]. Hydrocarbon Processing, 2015, 94(3): 73-75.

[20] 梁治齐.润滑剂生产与应用[M].北京:化学工业出版社,2000.

[21] 钱伯章.2013年世界润滑油市场状况[J].润滑油与燃料,2014,24(123):33-34.

[22] Haseeb A S M A, Masjuki H H, Siang C T, et al. Compatibility of Elastomers in Palm Biodiesel[J]. Renewable Energy, 2010, 35(10): 2356-2361.

[23] 魏顺安.天然气化工工艺学[M].北京:化学工业出版社,2009.

[24] 张景河,张君涛,梁生荣等.PAO润滑油基础油的使用性能及其应用动向[J].润滑油与燃料,2006,16(6):1-8.

［25］郑发正，谢凤．润滑剂性质与应用［M］.北京：中国石化出版社，2006.

［26］SH/T 0429—2007 润滑脂和液体润滑剂与橡胶相容性测定法［S］.北京：中国石化出版社，2007.

［27］陈波水，方建华，李芬芳．环境友好润滑剂［M］.北京：中国石化出版社，2006.

［28］胡松伟，郭庆洲，夏国富，等．异构脱蜡润滑油基础油组成对其性质的影响［J］.石油学报(石油加工)，2015，31(4)：831-835.

［29］丁丽芹，张君涛，梁生荣．润滑油及其添加剂［M］.北京：中国石化出版社，2015.

［30］Bai G，Wang J，Yang Z，et al. Preparation of a highly effective lubricating oiladditive-ceria/graphene composite［J］. RSC Advances，2014，4(87)：47096-47105.

［31］谢泉．润滑油品研究与应用指南(第 2 版)［M］.北京：中国石化出版社，2007.

［32］胡胜，田志坚，阎立军，等．一种生产低浊点高黏度指数润滑油基础油的方法：中国，CN101942336A［P］.2010-09-07.

［33］杨俊杰，伏喜胜，翟月奎．润滑油脂及其添加剂［M］，北京：石油工业出版社，2011.

［34］王宝仁，孙乃有．石油产品分析(第 2 版)［M］.北京：化学工业出版社，2009.

［35］伏喜胜．车辆齿轮油添加剂相互作用关系研究［D］.西安：西安交通大学，2001.

［36］李东．石蜡、润滑油、润滑剂(脂)提炼技术、工艺流程及质量检验实务全书(第三册)［M］.北京：当代中国出版社，2007.

［37］董浚修．润滑原理与润滑油(第 2 版)［M］.北京：中国石化出版社，1998.

［38］梁文杰，阙国和，刘晨光等．石油化学(第二版)［M］.山东：中国石油大学出版社，2009.

［39］韩月，严志宇，严志军，等．合成纤蛇纹石润滑油添加剂的研究［J］.硅酸盐通报，2017，36(9)：3048-3052.

［40］张晓熙．国内外润滑油添加剂现状与发展趋势［J］.润滑油，2012，27(2)：1-4.

［41］徐先盛．中国石油添加剂大全［M］.大连：大连出版社，1 999.

［42］葛德俊，慕秀峥．工业齿轮油的现状及发展趋势［J］.能源研究与管理，2010(1)：9-12.

［43］岳义．硅酸盐矿物微粒润滑油添加剂的摩擦学性能与磨损自修复机理［D］.北京：中国地质大学(北京).2009.

［44］李淑培．石油加工工艺学［M］.北京：中国石化出版社，2009.

［45］刘维民，许俊，冯大鹏等．合成润滑油的研究现状及发展趋势［J］.摩擦学学报，2013，33(1)：91-104.

［46］唐俊杰．石油产品应用知识丛书：合成润滑油［M］.北京：烃加工出版社，1986.

［47］宋延锋，苏佩汝，陈红蕾，等．原油混炼对润滑油黏度指数的影响［J］.石化技术与应用，2018，36(3)：182-186.

［48］水天德．现代润滑油生产工艺［M］.北京：中国石化出版社，1997.

［49］李敏，迟克彬，高善彬等．润滑油基础油生产工艺现状及发展趋势［J］.炼油化工，2009(20)：5-8.

［50］王先会．新编润滑油品选用手册［M］.北京：机械工业出版社，2001.

［51］杨俊杰，高辉．中国润滑油现状及发展趋势［J］.润滑油，2009，24(1)：1-10.

[52] 卜岩，贾丽，侯娜．高茹度指数润滑油基础油生产技术进展[J]．炼油技术与工程，2017，47(17)：1-4.

[53] 王先会．润滑油脂选用与营销指南[M]．北京：中国石化出版社，2008.

[54] 王毓民，王恒．润滑材料与润滑技术[M]．北京：化学工业出版社，2005.

[55] Lynch T R. Process Chemistry of Lubricant Base Stocks[M]. Boca Raton：CRC Press, 2007：21-55.

[56] 徐春明，杨朝合．石油炼制工程(第四版)[M]．北京：石油工业出版社，2009.

[57] 王汝霖．润滑剂摩擦化学[M]．北京：中国石化出版社，1994.

[58] 王林工，邓新宇．重质润滑油基础油和微晶蜡生产工艺研究[J]．当代化工，2018，47(1)：174-177.

[59] 王海彦，陈文艺．石油加工工艺学[M]．北京：中国石化出版社，2009.

[60] DIC 株式会社．二烷基多硫醚、二烷基多硫醚的制造方法、极压添加剂和润滑流体组合物：中国，105228981A[P]．2011-01-06.

[61] 吕涯．石油产品添加剂[M]．上海：华东理工大学出版社，2011.

[62] 蔡智，黄维秋等．油品调和技术[M]．北京：中国石化出版社，2005.

[63] 马莉莉，蔡烈奎，焦祖凯，等．异构脱蜡润滑油基础油降浊点催化剂的研制[J]．工业催化，2018，26(2)：77-80.

[64] 张远欣，王晓路．润滑剂生产与应用[M]．北京：中国石化出版社，2012.

[65] 郑帅周，周琦，杨生荣，等．氟化石墨烯的制备及其作为润滑油添加剂的摩擦学性能研究[J]．摩擦学学报，2017，37(5)：402-408.

[66] 曹喜焕，李建军．润滑油检测及选用指南[M]．北京：化学工业出版社，2013.

[67] 邓文安，曹萌萌，李传，等．含氮与含硫化合物对润滑油基础油光安定性影响的研究[J]．石油炼制与化工，2017，48(1)：78-83.

[68] 赵长义．石油炼制化学[M]．甘肃：兰州大学化出版社，1993.

[69] 方建华，董凌，王九．润滑剂添加剂手册[M]．北京：中国石化出版社，2010.

[70] 关子杰．内燃机润滑油应用原理[M]．北京：中国石化出版社，2001.

[71] 崔敬佶，李延秋．PAO 和酯类油在合成润滑剂中的应用[J]．润滑油，2004，19(1)：7-12.

[72] 周少鹏，尹开吉，唐红金，等．润滑油与橡胶相容性的研究现状[J]．润滑油，2018，33(1)：1-11.

[73] 王先会．工业润滑油生产与应用[M]．北京：中国石化出版社，2001.

[74] 张金玲，宋春敏，王延臻苹，等．Co-Mo/SiO_2-Al_2O_3润滑油加氢处理催化剂的制备[J]．燃料化学学报，2018，46(5)：543-550.

[75] 黄文轩．润滑剂添加剂性质及应用[M]．北京：中国石化出版社，2012.

[76] 宋峻，兰奕．硫化烯烃在润滑油中的应用[J]．润滑油，2018，33(1)：46-50.

[77] 王小伟，王鲁强，宋春侠，等．分子组成对润滑油基础油黏度指数的影响[J]．石油炼制与化工，2018，49(3)：30-34.

[78] 钱伯章．GTL 润滑油市场与发展前景[J]．润滑油，2014，29(2)：1-5.